智慧协同标识网络系列

移动互联网内容分发技术

Mobile Internet-Oriented Content Distribution Technologies

许长桥　张宏科　贾世杰　王目　著

人民邮电出版社
北京

图书在版编目（CIP）数据

移动互联网内容分发技术 / 许长桥等著. -- 北京 :
人民邮电出版社, 2020.12
（智慧协同标识网络系列）
国之重器出版工程
ISBN 978-7-115-55261-7

Ⅰ. ①移… Ⅱ. ①许… Ⅲ. ①移动通信－互联网络
Ⅳ. ①TN929.5

中国版本图书馆CIP数据核字(2020)第223109号

内 容 提 要

本书针对现有移动互联网内容分发（移动内容分发）前沿问题，由浅入深，阐述了移动内容分发的基本概念和研究挑战，详细介绍了用户行为认知方法、内容分发服务体系、网络资源管理与维护、族群化数据转发机制、移动网络传输控制、分布式协作缓存和内容预取机制等关键技术，为读者勾勒出一幅移动内容分发研究全景图。同时，本书还对各种方案进行了理论分析与实验验证，注重基础理论与工程技术的相互结合，按照基本理念、问题模型、算法设计和实验性能的研究逻辑，通过图文并茂的叙述方式，将内容展现给读者。

本书既可作为计算机、网络、通信等方向研究生教材或相关专业本科生选修教材，也可作为相关 IT 从业人员的技术参考资料。

◆ 著　　　　许长桥　张宏科　贾世杰　王　目
　责任编辑　代晓丽
　责任印制　杨林杰

◆ 人民邮电出版社出版发行　　北京市丰台区成寿寺路 11 号
　邮编　100164　　电子邮件　315@ptpress.com.cn
　网址　https://www.ptpress.com.cn
　固安县铭成印刷有限公司印刷

◆ 开本：720×1000　1/16
　印张：16.75　　　　2020 年 12 月第 1 版
　字数：310 千字　　　2020 年 12 月河北第 1 次印刷

定价：158.00 元

读者服务热线：(010)81055493　印装质量热线：(010)81055316
反盗版热线：(010)81055315

《国之重器出版工程》
编辑委员会

李伯虎 中国工程院院士

李应红 中国科学院院士

李春明 中国兵器工业集团首席专家

李莹辉 国际宇航科学院院士

李得天 国际宇航科学院院士

李新亚 国家制造强国建设战略咨询委员会委员、中国机械工业联合会副会长

杨绍卿 中国工程院院士

杨德森 中国工程院院士

吴伟仁 中国工程院院士

宋爱国 国家杰出青年科学基金获得者

张　彦 电气电子工程师学会会士、英国工程技术学会会士

张宏科 北京交通大学下一代互联网互联设备国家工程实验室主任

陆　军 中国工程院院士

陆建勋 中国工程院院士

陆燕荪 国家制造强国建设战略咨询委员会委员、原机械工业部副部长

陈　谋 国家杰出青年科学基金获得者

陈一坚 中国工程院院士

陈懋章 中国工程院院士

金东寒 中国工程院院士

周立伟 中国工程院院士

郑纬民　中国工程院院士
郑建华　中国科学院院士
屈贤明　国家制造强国建设战略咨询委员会委员、工业和信息化部智能制造专家咨询委员会副主任
项昌乐　中国工程院院士
赵沁平　中国工程院院士
郝　跃　中国科学院院士
柳百成　中国工程院院士
段海滨　“长江学者奖励计划”特聘教授
侯增广　国家杰出青年科学基金获得者
闻雪友　中国工程院院士
姜会林　中国工程院院士
徐德民　中国工程院院士
唐长红　中国工程院院士
黄　维　中国科学院院士
黄卫东　“长江学者奖励计划”特聘教授
黄先祥　中国工程院院士
康　锐　“长江学者奖励计划”特聘教授
董景辰　工业和信息化部智能制造专家咨询委员会委员
焦宗夏　“长江学者奖励计划”特聘教授
谭春林　航天系统开发总师

前　言

随着移动通信网络技术的发展，越来越多的智能设备（如智能手机、平板电脑、可穿戴设备）走入人们的日常生活，给我们带来了全天性、泛在的移动互联网服务。然而，传统移动互联网内容分发（移动内容分发）模式网络认知不足、资源协同困难，导致移动网络面临分发性能受限、资源供需失衡、服务质量无法保障等诸多问题，难以满足移动互联网的发展需求。因此，探索新型移动内容分发模式，研究创新式的移动内容分发技术，实现大规模、高质量、自适应、个性化的移动网络服务，已成为促进移动互联网发展的关键。

本书以作者自身科研项目为根本，对移动内容分发关键技术及其应用进行了介绍，全书共 8 章。第 1 章对移动内容分发的发展历史、关键技术和未来研究方向等进行了概述。第 2 章详细介绍了移动网络用户行为认知方法，为后续讲解内容分发技术优化奠定基础。第 3 章总体介绍了移动网络的内容分发服务体系。第 4 章针对移动互联网高动态性导致的资源管理难题，介绍了移动虚拟社区的内容资源管理与维护方案。第 5 章针对移动网络环境下数据转发效率低、可靠性差等问题，介绍了族群化的移动网络数据转发机制。第 6 章针对请求到达的随机性、链路条件的动态性和缓存状态不确定性等特性，介绍了基于随机优化的移动网络传输控制方法。第 7 章对内容缓存优化问题进行了描述，并介绍了一种均衡服务质量和系统负载的分布式协作缓存技术。第 8 章针对内容分发优化时面临的用户隐私安全问题，介绍了一种与差分隐私结合的移动内容预取机制。

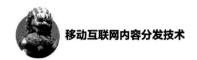

本书主要由许长桥、张宏科等撰写完成。在撰写过程中参考了课题组前期研究成果及相关博士、硕士论文。特别感谢为此书撰写做出贡献的陈星延、郝昊、肖寒、马云霄等研究生，他们为本书提供了很多宝贵意见与支持。

由于作者水平有限，书中难免有错误与不足之处，恳请读者批评指正。

许长桥

2020 年 9 月于北京邮电大学

目录

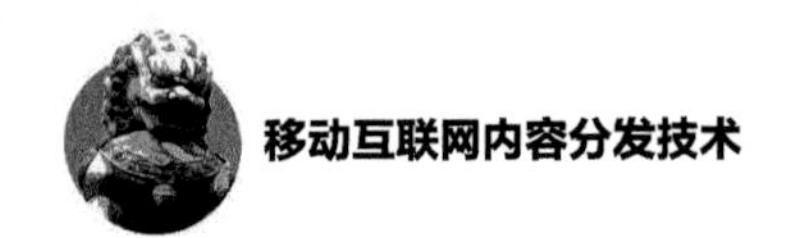

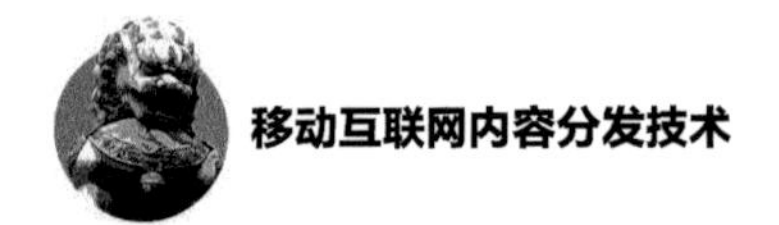

第1章 绪论

随着无线通信技术的快速演进以及智能终端的普及，移动互联网服务在近年来得到了快速的发展，已经成为国家发展和社会进步的重要支柱产业之一。移动互联网内容分发（移动内容分发）作为移动互联网服务的关键技术，一直以来都是工业界和学术界关注的重点领域。移动内容分发针对移动用户，以移动网络为媒介，对网络资源和内容进行部署、管理、分发等，旨在提高移动互联网服务质量、节约网络资源和开销。本章概述移动内容分发的基本概念、发展趋势和挑战等，从移动用户认知、网络资源管理、数据转发与路由、无线传输控制、内容缓存和隐私等方面简单介绍当前移动内容分发的相关技术，并结合区块链和人工智能等新兴技术对未来移动内容分发的研究方向进行展望。

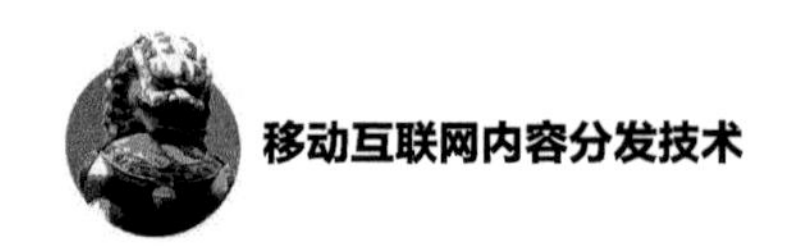

1.1 引言

自 1969 年互联网的雏形 ARPANET 问世以来，互联网已走过半个世纪的历程。在此期间，我们共同见证了无线通信技术的发展，网络应用与服务的日益丰富以及移动互联网的繁荣盛况。思科（CISCO）全球互联网趋势年度报告白皮书[1]指出，预计 2023 年，移动互联网用户规模将达到 57 亿，全球无线设备连接数将超过 131 亿，并且移动网络的平均链路传输速率将从 2018 年的 13.2 Mbit/s 提升至 2023 年的 43.9 Mbit/s，5G 链路平均传输速率将达 575 Mbit/s。此外，我国第 45 次《中国互联网络发展状况统计报告》[2]表明，截至 2020 年 3 月，我国网民规模达 9.04 亿，使用手机上网的比例达 99.3%，移动互联网普及率已超 6 成。由此看来，移动互联网已成为当前人们生活中不可分割的部分。然而，随着移动设备的不断增多，网络规模的不断扩张，海量并发的数据传输也对移动网络的承载能力提出了巨大挑战。此外，虚拟现实（Virtual Reality，VR）、增强现实（Augmented Reality，AR）、4K/8K 超高清和 360°全景直播等诸多新应用依然受限于移动网络带宽容量，难以大规模普及。虽然，目前互联网取得了巨大成功，但是移动网络技术的研究和发展依然任重道远。

移动内容分发是一种针对移动互联网内容服务的网络技术。它通过感知用户移动、需求等行为的变化，协调移动网络中服务器、基站、智能手机等组件的资源和内容部署，并按照特定规则将数据交付给用户，最终实现高质量的内容服务。高性能的内容分发是实现快速数据定位、最大化资源利用、高效内容管理与维护的关键，在解决移动网络传输时延高、服务质量差等问题上具有十分重要的作用。可以说正是因为移动内容分发技术的不断发展和完善，移动网络的内容服务质量（Quality of Service，QoS）得以提升，用户才能享受到便捷和高质量的移动互联网服务。为辅助读者理解，下面先简要介绍几种关键的内容分发技术。

（1）移动用户行为的感知与需求预测

移动用户作为服务的需求方，其行为方式对移动内容分发优化具有极大影响。感知、分析用户的需求偏好、移动轨迹等能够帮助内容分发系统预测用户的未来行为，从而指导内容或资源的部署，提升移动网络资源利用率。

（2）移动网络资源的管理与维护

随着网络规模的增大，移动网络的资源（如计算、存储、通信等）总量不断增加，这使得移动网络成为了一个复杂巨系统。因此，灵活调配、管理和维护网络资源变得愈加困难。

（3）移动环境的数据转发技术

移动环境下，由于节点的移动、请求行为具有不确定性，用户会频繁切换网络接入点（如从 Wi-Fi 切换到蜂窝网络），这增加了移动内容交付的难度。为了避免由于切换所导致的链接中断问题，研究者尝试结合用户行为感知技术，通过预测用户的移动轨迹，实现内容的预先部署和分发，从而实现移动无缝切换和连续数据转发。

（4）移动数据传输控制技术

当用户与服务器建立传输链接后，由于移动网络路径质量的动态变化，传输技术需要动态调整数据的发送速率，从而避免网络拥塞和网络丢包，保障内容传输的可靠性。

（5）移动网络的内容扩散与缓存

对于移动互联网服务，将内容完全部署在数据中心服务器会导致核心网负载激增和接入时延高等问题。边缘缓存是解决该问题的重要技术，通过将内容部署在网络边缘，实现了内容服务就近获取，极大地降低了内容获取时延和核心网流量负载。

（6）移动内容预取与隐私安全

虽然边缘缓存技术提升了移动互联网的服务效率，但缓存也带来了数据隐私安全问题。例如，将用户历史访问信息缓存到网络边缘，就可能导致用户隐私信息的

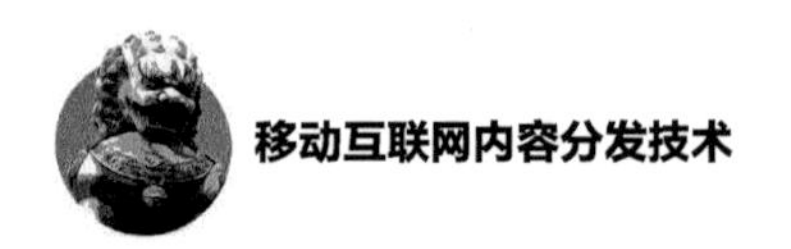

泄露。因此，在高效分发的同时保证数据隐私安全也是移动内容分发技术的关键。

1.2 移动内容分发的基本概念

本节旨在直观地向读者展现移动内容分发的相关基本概念，下面将从移动内容分发所针对的主要服务和移动内容分发的主要组件两方面进行具体介绍。

1.2.1 移动内容分发所针对的主要服务

一般来说，网络中的内容数据主要包括两部分：元数据与编码媒体数据[3]。元数据是对内容属性信息的描述，是用于描述编码媒体数据的信息。例如，针对视频内容，元数据可以是视频大小、视频码率、播放时长等。有了元数据，内容提供者能够更好地实现对内容的管理，有助于提高内容分发的效率。编码媒体数据又可以具体分为静态、动态和流媒体数据（如视频、音频、文档、图片等）。不同类型的编码媒体数据，在内容特性和产生方式上显著不同，因此对网络资源、传输性能、服务质量等的需求也显著不同。下面将介绍两种互联网中最为重要的内容服务：视频点播（Video on Demand，VoD）服务和在线直播（Live Streaming）服务。

1. **视频点播服务**

视频点播是一种流式传输交互型多媒体内容服务，它允许用户在没有完全下载整个视频的情况下播放并观看视频，而且用户可根据自身的观看偏好，进行快进、快退、跳转等类录像机（Video Cassette Recorder，VCR）操作。在20世纪，最流行的流媒体内容是无线广播节目。20世纪90年代，随着互联网和网络协议电视（Internet Protocol Television，IPTV）技术的不断发展，内容消费者开始从客户端/服务器（Client/Server，C/S）服务模式向当时非传统的以内容为主的消费模式靠拢，电视和个人计算机上的VoD服务得到了迅猛的发展。

近年来，互联网电视已经逐渐成为非常受欢迎的视频点播媒体。如以苹果iTunes为首的在线内容商店等桌面应用程序以及以亚马逊Prime Video为代表的智能电视应用程序，都允许用户临时租赁和购买视频点播服务。此外，其他一些互联网点播系统也向用户提供捆绑的视频娱乐内容，其中常见的有Netflix、Hulu、Disney+和爱奇艺等，它们采用订阅的服务模式，要求内容消费者按月支付一定的费用，从而消费者可获取特定电影、电视节目和原创电视剧等的访问和点播权限。然而，视频点播服务在丰富了人们娱乐生活的同时，也给移动内容分发带来了巨大挑战。时至今日，我们依然需要面对高速移动环境下播放卡顿、热点区域接入困难以及流量费用高等问题。网络基础设备的提升并不能完全解决视频点播服务所面临的所有问题，高质量服务还需要借助高效的移动内容分发技术来提高移动网络资源利用率、降低系统开销、改善用户视频播放体验。例如：提前预测用户移动轨迹，预先将内容部署在用户将要经过的网络节点；针对人群密集的热点区域，动态调配更多的网络资源，从而保障该区域的服务质量。

近年来，对等网络（Peer-to-Peer，P2P）作为提供大规模视频点播服务的候选架构之一，能够利用网络中客户的设备资源，为内容消费者提供服务，从而有效降低核心服务器的负载开销，为解决 VoD 服务所面临的资源短缺、开销高昂等问题提供了新的思路。一些内容供应平台，如 Spotify[4]就通过使用 P2P 内容共享框架迅速扩大它们平台的规模。据报道，Netflix 也考虑改用 P2P 模式来解决下游内容供应商的网络负载等问题。

2. *在线直播服务*

在线直播是指实时地录制和播放流式媒体内容的服务。该服务主要包括社交媒体、视频游戏和职业体育赛事转播等。目前提供直播服务的全球性内容提供平台有 Twitch、Facebook Live、Periscope、抖音、快手、斗鱼和哔哩哔哩等。近年来，直播服务已经变得越来越受欢迎，在 2014 年，Twitch 平台的流量就已经超越 HBO（Home Box Office）互联网电视服务。而且，很多直播平台也支持视频点播功能，如直播回看等，这些回放视频为直播平台提供了海量、丰富、高质量的内容。根据 Twitchtracker[5]数据统计，2020 年，每月平均有超过 580 万直播者进行直播，平均实时在线的观众数超过 194 万。另外，国内斗鱼直播平台每月的活跃主播数也达到 50 万左右，并且每日活跃观众数达到 2 500 万[6]。

直播的即时表演特性为用户提供了丰富、新奇的内容体验，但是相比于视频点播，在移动环境下提供直播服务会给网络带来更沉重的负担。首先，直播服务具有更严格的时延需求，内容提供平台需要保证直播者和观众之间的交互体验。此外，为了适应移动网络质量的变化，很多直播平台都会提供多个分辨率的视频内容。有些视频平台还支持动态自适应码率（Dynamic Adaptive Streaming over HTTP，DASH）功能，其中 HTTP（Hypertext Transfer Protocol）指超文本传输协议。这意味着，在

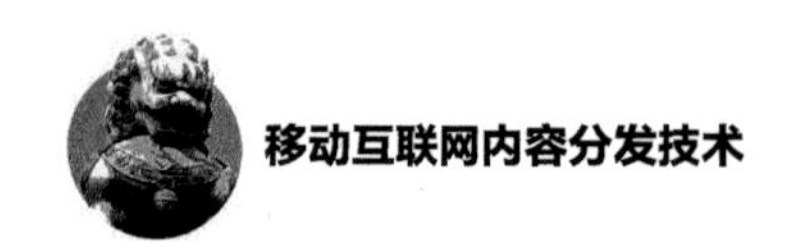

提供即时视频内容传输的同时，平台还需要实时地感知网络状态和播放设备，并将视频转码到最合适的分辨率。完成视频转码需要大量、稳定的计算资源。例如，转码单个 1080P/60 frame·s^{-1} 的直播视频流，就需要 454%的虚拟中央处理器（Central Processing Unit，CPU）资源[7]。另外，直播服务和视频点播都需要消耗大量的带宽资源，因此提供高质量、低成本的在线直播服务极具挑战性。

1.2.2 移动内容分发的主要组件

本节将介绍移动内容分发技术中的主要组件，在移动内容分发中，网络组件往往需要相互协同工作、共同承载网络服务，因此组件之间具有较强的相关性。具体来说，移动内容分发的主要组件有：媒体库、媒体服务器、缓存服务器、内容路由系统、负载监控系统、日志服务系统和报告/分析服务器等。它们主要具有存储、管理内容、分发内容、缓存部署、数据备份、性能检测、监控等功能。接下来，本节将具体介绍各组件的主要服务与功能。

（1）媒体库

媒体库是一个存储库，内容发布者可以在媒体库中发布内容。一般来说，媒体库是由大型文件服务器（如 NetApp、Dell EMC Isilon）来支持的。媒体库的功能主要是优化内容的存储而非内容分发。因此，媒体库一般只支持少量的用户并发连接。为满足海量用户的接入需求，需要结合网络缓存技术，将媒体库拓展到媒体集群服务器。一般来说，媒体库是移动内容分发网络的原始数据中心。

（2）媒体服务器

媒体服务器负责将内容提供给用户，它们支持网络缓存功能，是移动内容分发优化的主要组件。一般来说，媒体服务器可以同时支持大规模并发用户请求。

（3）缓存服务器

缓存服务器一般指具有缓存功能的服务器，通常缓存网络中比较流行的内容，能够为用户提供内容接入服务。缓存服务器通常以分层的方式部署，在移动内容分发网络中，一般会部署 2～3 个层次的缓存服务器。第 1 层缓存服务器为原始层，主要部署在媒体库附近；第 2 层为中间层，主要是部署在核心网的缓存服务器；第 3 层称为边缘层，通常是部署在网络边缘的服务器。移动用户在请求内容时，请求会先被转发到边缘服务器，边缘服务器如果没有所需内容，请求则会被向上递交，直至找到用户请求内容，并将内容交付给移动用户。

（4）内容路由系统

当移动用户请求内容时，请求会先被转发到内容路由系统，然后再被转发到适当的缓存服务器。内容路由系统的职责是将移动用户的请求路由到能够提供内容的缓存服务器。一般来说，路由结果可能包括多个符合条件的缓存服务器，因此，就需要内容路由系统根据一定的标准来选择最佳的缓存服务器，具体标准的参考指标包括缓存服务器的负载状态、缓存服务器的服务可用性以及移动用户和缓存服务器间的地理距离等因素。此外，将移动用户请求路由到缓存服务器的方法也有很多，目前应用最广的是基于域名系统（Domain Name System，DNS）请求的路由机制。当用户请求某个指定的统一资源定位符（Uniform Resource Locator，URL）时，URL 地址前缀将被解析，并定位到边缘层中距离用户最近服务器地址。假设媒体采用 HTTP，则浏览器/播放器将会与缓存服务器建立基于传输控制协议（Transmission Control Protocol，TCP）的连接，并从缓存服务器中获取内容。内容路由系统是内容交付的关键组件，一般具有较高的可用性。

（5）负载监控系统

负载监控系统会定期监测网络中的缓存和媒体服务器的状态，以实时监测它们的负载与服务可用性。具体监测的指标包括：① 服务器的负载指标，如 CPU、内存、磁盘和网络端口利用率；② 应用程序负载指标，如 TCP 连接数、服务的吞吐量等。负载监控的系统信息会定期发送给内容路由系统。

（6）日志服务系统

对于一个移动内容分发系统，每秒可能会产生成百上千条日志信息。生成的日志信息包括服务日志（如事务性的访问日志）和系统日志（如重要事件日志）。一般来说，日志服务系统和媒体服务器是独立的，目的是让媒体服务器更高效地处理内容分发任务。因此，很多移动内容分发系统会专门部署日志和日志聚合服务器。日志服务器的功能是执行日志收集、存储和聚合，通过收集日志生成报告，并在系统出现严重故障时（如网络链接故障）通知系统管理员。

（7）报告/分析服务器

根据移动内容分发系统的检测信息，如服务利用率和服务可用性，生成实时报告（通过简单网络管理协议（Simple Network Management Protocol，SNMP）或从缓

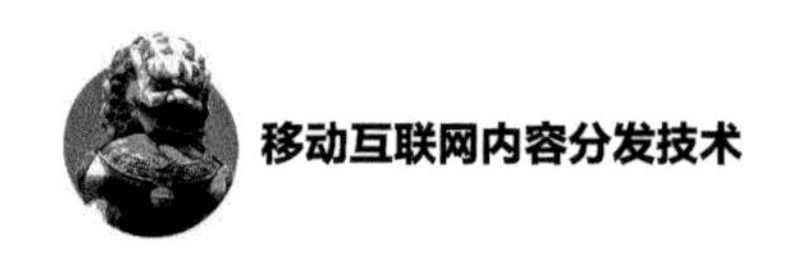

存/媒体服务器获取统计信息）和历史报告（基于历史日志信息）。

（8）供应和管理系统

供应和管理系统是移动内容分发系统的重要组成，主要包括两部分：① 服务的供应和管理；② 网络的供应和管理。在移动内容分发过程中，移动用户若要请求实时的流媒体服务，需要向系统提供获取服务的必要信息（如实时内容提供者、请求的并发量、带宽需求等），移动内容分发系统根据该信息来启用各种网络设备实现服务。具体来说，供应和管理系统会获取服务的相关配置，并转化为设备配置命令实现系统设备的配置，如路由器/交换机的配置、缓存/媒体服务器的负载平衡等。

（9）负载均衡器

负载均衡器一般部署在网络服务提供点，即在可用的缓存间分配负载。负载均衡主要包括 4 层、7 层负载均衡机制，大部分的路由器/交换机都支持 4 层负载均衡技术。在使用 4 层负载均衡时，设备将根据 4 层的参数（如源/目的 IP（Internet Protocol，互联网协议）地址、TCP/UDP（User Datagram Protocol，用户数据报协议）端口号等）来决策负载分配。使用 7 层负载均衡技术时，设备会根据 HTTP 请求的 URL、URL 查询参数和请求标头来决策负载分配。

除此之外，移动内容分发的组件还包括动态站点加速器、数字版权管理服务器、用户门户主页等。

1.3 移动内容分发的发展与趋势

1.3.1 移动内容分发的发展历史

在移动内容分发的几十年发展过程中，学术界和工业界研究人员针对该领域进行了大量研究。早期的内容分发系统大多以内容分发网络（Content Delivery Network，CDN）的形式出现。内容分发网络是由阿卡迈科技公司（下文简称 Akamai）建立的。该公司的内容分发网络负责全球互联网流量的 15%～30%，并且在 120 个国家和地区拥有 2 200 多个服务节点，这些服务节点隶属于 1 500 多个网络。在此之后，美国电话电报公司（AT&T）、澳洲电信（Telstra）和德国电信（Deutsche Telekom）等公司都效仿 Akamai 建立了内容分发公司。

在内容分发技术的支持下，移动互联网的流媒体内容（如音频、视频和相关数据流）得到了飞速的发展，网络流量也在不断增大。迄今为止移动内容分发发展的生命周期可以分为 4 个阶段。

（1）预形成阶段

该阶段出现了服务器集群、分层的缓存结构，Web 服务器得到了改进并且实现了缓存代理的部署。该阶段的主要内容包括基础架构开发、服务器镜像技术、缓存和多源数据交付等。这些技术为移动内容分发的发展创造了一个完美的起点。

（2）第一阶段移动内容分发

该阶段移动内容分发主要关注动态和静态两种内容分发方式，因为该阶段主要针对 Web 内容服务。该阶段的主要技术包括内容备份的创建和实现、智能路由和边缘计算方法、应用程序和信息在服务器集群的分发扩散机制等。

（3）第二阶段移动内容分发

该阶段重点关注视频点播服务，即移动用户和媒体服务器中视频和音频内容的交互式分发服务。该阶段重点讨论了如何向移动用户分发视频内容，在当时取得了革命性的成功。该阶段重点使用了 P2P、云计算等技术来分发和维护内容，不过当时这些技术并不成熟。

（4）第三阶段移动内容分发

该阶段通过节点自主构建社区的方式解决移动内容分发问题，这意味着移动内容分发向普通用户和个人设备方向拓展。节点自主配置已经逐渐成为移动内容分发的新技术机制，移动网络通过自我管理和自主交付等方式提升用户服务体验质量。

在十几年发展历程中，移动内容分发技术一直在适应的过程中不断改变，并逐渐成为支撑移动互联网发展的基石。可以预见，未来移动互联网行业还将迅速扩张，并推动人类社会的进步与发展。然而，伴随着移动互联网向更大规模、更高质量、更低时延的服务需求迈进，移动内容分发技术的研究任重道远。未来移动内容分发的主要目标包括提升服务性能、容量、可用性和安全性等。为了适应更高需求的移动互联网服务，许多新兴技术也在逐步应用到移动内容分发技术中，如利用机器学习、深度学习技术分析并预测用户行为模式等。

1.3.2 新型网络体系架构

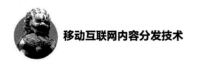

为了提供高效的移动内容分发，满足新兴移动业务对高带宽、低时延、高可靠性和高安全性等方面的需求，国内外诸多学者提出了一系列未来互联网架构，包括信息中心网络（Information Centric Networking，ICN）[8]、软件定义网络（Software-Defined Networking，SDN）[9]和智慧协同网络（Smart Identifier Network，SINET）[10]等。本节将简单介绍这些新型互联网架构。

1. 信息中心网络

信息中心网络是一种革新式的互联网架构，它摒弃了传统互联网主机–主机的通信模式，通过使用内容名称而非 IP 地址进行数据通信。此外，ICN 依然保持传输控制协议/因特网协议（Transmission Control Protocol/Internet Protocol，TCP/IP）互联网沙漏形的 7 层结构设计，如图 1-1 所示。该架构针对物理链路和通信专门设计了底层协议，同时，根据独立应用需求也针对性地制定了上层协议，ICN 与 TCP/IP 网络的主要区别在于中间层用内容块替换 IP 地址[11]。

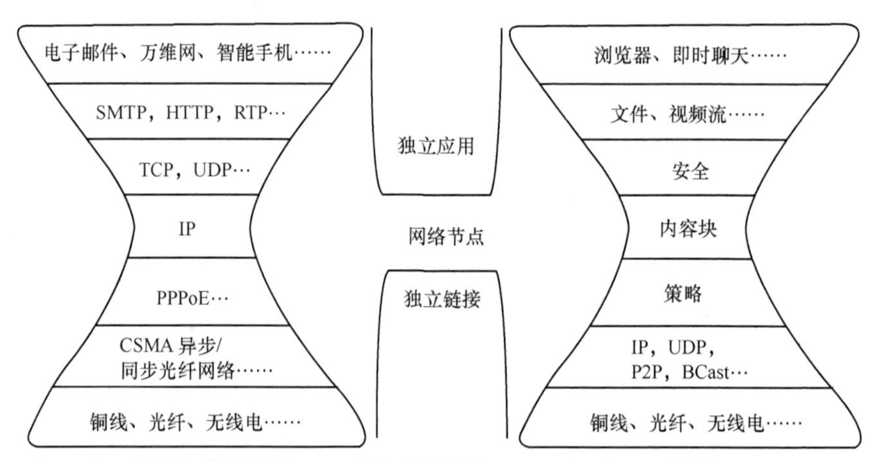

图 1-1 互联网以及 ICN 沙漏模型

命名数据网络（Named Data Networking，NDN）[12]是 ICN 的一个代表性实例，该方案实现了传统网络端到端的通信机制，将内容信息与节点位置分离，通过名称标识互联网中的内容，形成以信息为中心的网络通信架构设计。相比于 TCP/IP 网络，该架构建立了一个更安全、可靠、可扩展的网络，并且能够为位置透明性与用户移动性提供支持。

NDN 架构主要包含两类包：兴趣（Interest）包和数据（Data）包，如图 1-2 所示。Interest 包是用来请求内容的包，其请求的内容就是名称与之对应的 Data 包。在 NDN 中，一般称请求用户（接收端）为消费者，消费者通过向网络发送 Interest 包，来获取所需的内容。如果接收到 Interest 包的网络节点拥有所请求的 Data 包，该网络节点会响应该请求。在 NDN 网络中，提供 Data 包的节点称为生产者。Data 包作为 Interest 包的响应包，其自身不需要特定的路由转发机制，只是简单地沿着 Interest 包的传输路径原路返回。这种由消费者驱动的数据传输模式，与传统 TCP/IP 中由生产者驱动的内容交付是完全不同的，同时，NDN 的消费者驱动机制有助于网络中数据流的平衡。

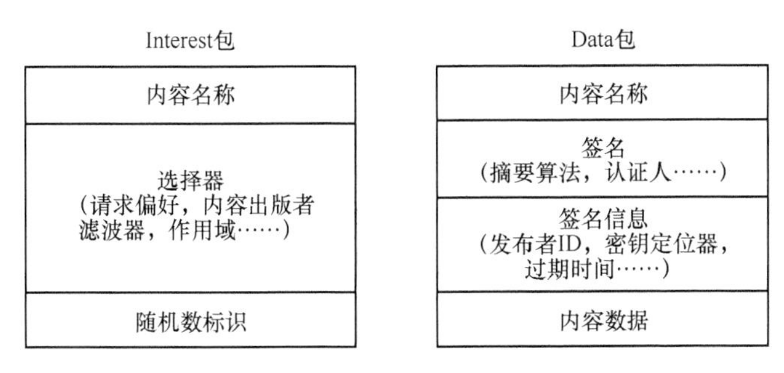

图 1-2　NDN 架构中的两类包

Interest 包和 Data 包都含有内容名称，内容名称作为包的唯一标识，替代了 TCP/IP 架构中的 IP 地址。由于 IP Data 包需要包含源地址和目的地址，并且需要维护特定的传输路径来实现数据传输，所以，当会话结束后传输路径就失去了意义。NDN 架构中的 Interest 包和 Data 包都是由内容名称标识的，所以其生存周期和具体的会话无关，当 Data 包被网络节点接收后，节点可以进行缓存，以满足后续其他消费者节点可能的相同内容请求。

为了实现上述功能，NDN 路由器将持续维护 3 张数据结构表，如图 1-3 所示，NDN 架构利用这 3 张数据表的信息实现内容路由和数据转发。

① 内容存储表（Content Store，CS），用于缓存节点所接收到的 Data 包。

② 待处理兴趣包表（Pending Interest Table，PIT），用于缓存 Interest 包的相关信息，包括内容名称和 Interest 包的访问接口集合等。

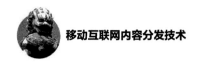

③ 转发信息表（Forward Information Base，FIB），用于存储当前网络环境下 Interest 包的路由和转发策略。

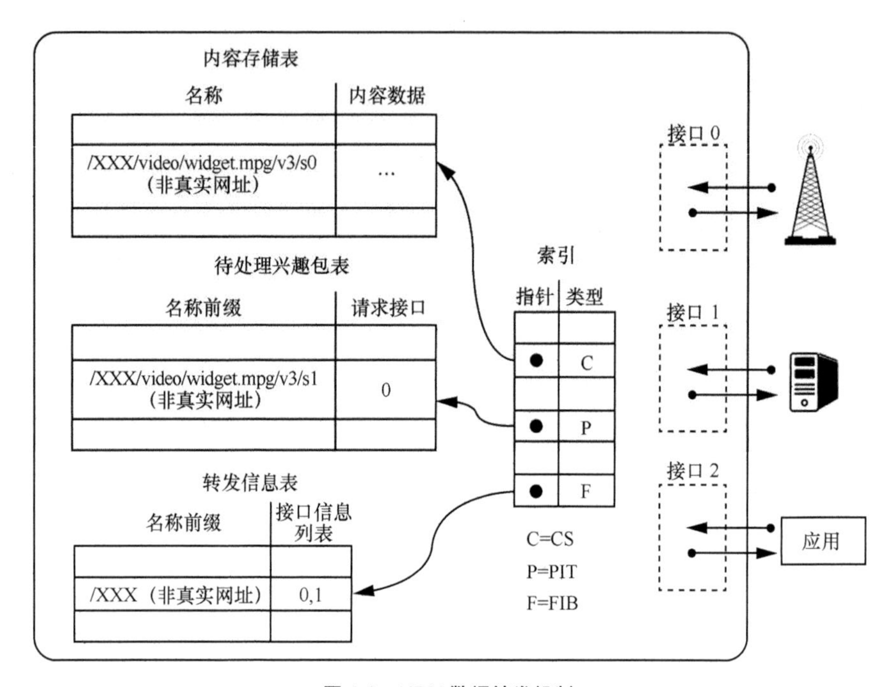

图 1-3　NDN 数据转发机制

FIB 的功能是将 Interest 包路由至潜在的内容提供者，NDN 的 FIB 保存有<名称前缀，接口信息列表>元组，并采用最长名称前缀匹配机制进行数据转发。NDN 架构支持并发式数据转发，即允许消费者从多个内容提供者处同时获取数据内容。此外，NDN 还支持并行数据查询。同时，为了适应移动网络的动态特征，FIB 中的信息会通过特定的配置或名字路由协议进行更新。

CS 类似 TCP/IP 架构下的网络缓存，在 IP 网络的缓存机制中，一般采用 P2P 架构。在该架构下，网络中间路由器只进行数据转发，一般以流的形式传输数据，完成传输任务之后，包对于中间路由器就失效了，并且路由器缓存区的内容无法被再次利用。对于 NDN 架构，网络路由器可通过 Interest 包中的内容名称识别请求并查看自己的 CS，如果 CS 中缓存有对应名称的 Data 包，路由器将 Data 包返回给用户。

PIT 保存 Interest 包中的内容名称和请求接口信息，为了保证传输路径上的中间节点能够将内容数据正确地交付给消费者，当 Data 包到达中间节点时，节点会查询并删除与该内容名称匹配的 PIT。此外，对于长时间未返回的内容，PIT 会在超时后清除它。另外，PIT 可以实现对 Interest 包的聚合，来自不同消费者的相同内容请求会在 PIT 中进行合并，也就是说，中间节点即便接收到相同内容的多次请求，也只会发送一个 Interest 包给上游的内容提供者。

接口可以是节点与其他网络节点连接的网络接口，也可以是进程与本地应用程序间的接口。接口具有多种传输模式，它可以通过网卡广播或者组播包，也可以利用传输层中节点的地址或构建传输隧道（如 TCP 隧道）接收或者发送包。NDN 所有的包都必须通过接口进行发送或接收。

NDN 路由器在接收到 Interest 包后，首先会查看 CS，如果有对应的数据缓存，该数据将被作为应答包响应该请求。CS 相当于路由器的内容存储器，无论是 IP 路由器还是 NDN 路由器，其实都有数据缓存功能。不同的是，IP 路由器转发后内容缓存会被清空，而 NDN 路由器不会，因为内容名称在整个 ICN 中是唯一不变的，消费者还能够通过内容名称继续请求该内容。具体来说，NDN 架构具有如下几个特点。

① 沙漏形架构。ICN 遵循互联网的“沙漏形”架构设计，传统架构的核心为网络层 IP 地址，而在 ICN 中被替换成了内容块，ICN 继承了传统架构的一些优势，在一定程度上保证了上下层技术的拓展性。

② 架构具有内生安全特性。最初的互联网架构并没有考虑安全性问题，网络安全是后期补充的，因此安全性问题对目前内容分发造成了许多限制。ICN 架构的“细腰”是内容块，在 ICN 架构中，内容请求者和内容提供者之间不需要互相告知地址，请求者只要知道内容名称就能请求内容，这为网络节点间的通信建立了安全屏障。

③ 自适应网络流量均衡。流量均衡是网络内容分发稳定的必要条件。传统 IP 架构采用的是开放式数据传输模式，传输协议提供单播流量平衡。不同于 IP 架构的开环包交付，ICN 架构在细腰模型中增加了流量平衡机制。每个 ICN 的数据都对应一个 Interest 包，并遵循逐跳网络流量平衡机制。因此，ICN 能够在不依赖于传输协议条件下，自适应地调节网络流量。同时，ICN 也实现了路由和数据转发机制的分离。

④ 以用户为中心的互联网架构。TCP/IP 架构设计最初未考虑用户相关的因素，但是全球化的内容分发网络部署证实：“网络架构不应该是中立的”[13]，ICN 架构

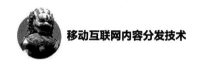

重点关注的应该是如何提高用户服务质量。目前的全球网络路由系统一般采用单路径数据传输，并且网络中的节点收到 Data 包后不会缓存该内容，这导致用户在请求内容时很难从多个节点同时获取内容。ICN 架构支持多路径数据转发功能和原路内容回传（即发送一个 Interest 包，Data 包会按照请求路径原路返回），请求者可以同时探索多条网络路径，并根据网络路径的质量，做出最优的资源获取决策。例如，在多宿主用户和小型服务供应商之间，请求者可以选择性能最佳的内容提供商，这提升了网络服务质量和系统鲁棒性。

2. 软件定义网络

软件定义网络是一种新兴的网络设计架构，其核心思想是将网络控制平面与转发平面物理分离，并通过网络控制平面实现对网络中多个设备的集中控制。软件定义网络是一种集成动态可管控、经济有效和自主适应性等优良特性的网络架构，目前已经成功应用到部分商业数据中心网络中。OpenFlow 协议是构建 SDN 架构的基础元素，该协议实现了控制器对网络设备的转发控制，进而为网络全局内容流的分发控制提供了架构支持。

为便于理解，我们给出 SDN 架构，如图 1-4 所示。SDN 架构具有以下几个关键特性。

① 可直接编程。在该架构下，网络流量控制机制是可以编程实现的。例如，网络需要改变内容的路由策略，网络管理员可以在应用层进行路由策略的编程设计，从而实现对下层基础设施数据转发的控制。

② 高度灵活性。SDN 将转发功能抽离出来，网络管理员可以通过改变转发策略动态调节网络中的流量分布，从而灵活地适应动态变化的网络流量。

③ 集中式管理。SDN 架构通过控制器的集中控制实现高效的数据流分发，其控制器拥有网络状态的全局信息。

④ 编程化网络配置。SDN 架构下，网络管理员能够动态地、自动化地配置和管理网络转发策略，因此能够实现快速流量优化管理和对网络资源的管理与保护。

⑤ 开放的标准协议。SDN 架构的协议标准是开放的，其网络的控制只与 SDN 控制器相关，不依赖于网络服务供应商的设备和特定协议等。

OpenFlow 协议规范是软件定义网络的首个标准，也是开放软件定义网络体系结构的重要组成部分。具体来说，OpenFlow 是属于数据链路层的网络通信协议，具有控制网络交换机或网络路由器数据转发的功能。通过该协议，SDN 的中心控制器才能与底层的交换机和路由器进行交互，从而协同调度数据流的网络分发。

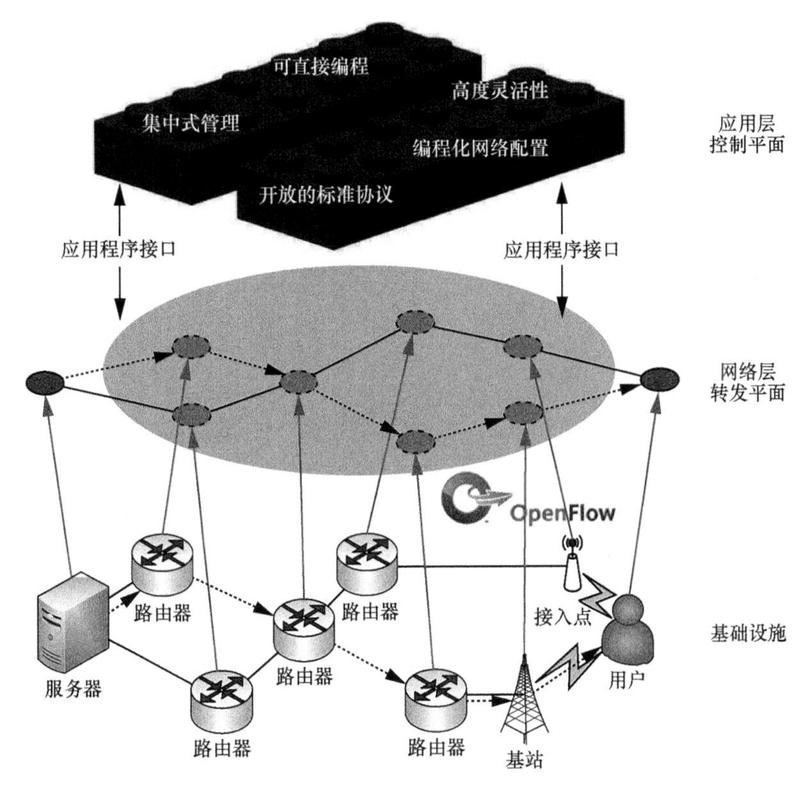

图 1-4　SDN 架构

3. **智慧协同网络**

智慧协同网络是由本书作者，北京交通大学张宏科教授的团队提出的一种新型网络架构，其目标是解决当前互联网设计上的弊端。互联网所采用的“沙漏模型”存在“三重绑定”特征，即：服务的“资源和位置绑定”、网络的“控制和数据绑定”及“身份与位置绑定”。这使得互联网体系和机制在设计原型上是相对“静态”和“僵化”的，因此很难解决网络可拓展性、移动性、安全性等方面的问题。为了提高网络资源利用率，提供高速、高效、泛在的互联网服务，张宏科教授团队意识到需要一种革新式的互联网架构，来彻底解决目前互联网设计的弊端。SINET 能够很好地解决路由可扩展性、移动性、安全性、可靠性方面的问题，为我国新一代网络架构的发展奠定了坚实的基础。

SINET 体系结构如图 1-5 所示，包含“三层”“两域”总体模型与理论。“三层”即智慧服务层、资源适配层和网络组件层，“两域”包括实体域和行为域。在“三层”模型中，智慧服务层引入服务标识（Service ID，SID），通过矢量化元素表征了服务类型、描述等信息；资源适配层引入族群标识（Family ID，FID），将缓存、计算、通信等资源进行分类分组，统筹管理；网络组件层引入组件标识（Node ID，NID），对网络中具体的基础设施（如交换机、路由器、基站等）进行统一的矢量化描述。在标识量化描述基础上，网络管理者可以设计相应的策略，实现智慧服务层到资源适配层的动态适配和映射，资源适配层对智慧服务需求和网络组件行为进行博弈决策，进而映射到网络组件层以选定相应的网络组件。在“两域”模型中，实体域使用服务标识来标记一次智慧服务，实现服务的“资源和位置分离”；使用族群标识来标记一个族群功能模块，使用组件标识来标记一个网络组件设备，实现网络的“控制和数据分离”及“身份与位置分离”。行为域使用服务行为描述（Service Behavior Description，SBD）、族群行为描述（Family Behavior Description，FBD）和组件行为描述（Node Behavior Description，NBD）来分别描述实体域中服务标识、族群标识和组件标识的行为特征。将网络实体域中遇到的问题转化到行为域中解决，再将解决方案返回到实体域中执行。SINET 架构的“三层”“两域”模型有效解决了现有互联网架构的“三重绑定”问题，为网络资源适配提供了一种高效的网络架构。

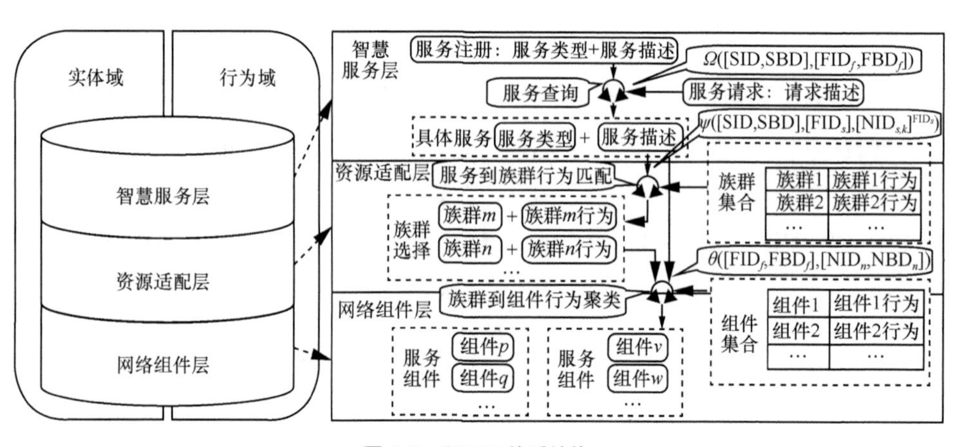

图 1-5　SINET 体系结构

1.4　移动内容分发的现状与挑战

1.4.1　应用现状

在美国、欧洲和亚太地区，内容分发技术的广泛应用推动了相关市场的发展。相关报告[14]指出，2018 年内容分发相关市场价值 92.4 亿美元，预计到 2024 年将高达 389.7 亿美元，平均年增长率为 27.30%。如今，内容分发服务提供商越来越多，下面对其中部分企业以及其运用的内容分发技术进行简单介绍。

1. **阿卡迈科技公司**

正如前文所提到的，Akamai 是第一个内容分发网络公司，提供全球范围内的商业 CDN 服务，是该领域的领跑者。该公司成立于 1998 年，目前在全球 130 多个国家/地区拥有超过 240 000 台服务器。据统计，Akamai 的服务器每天大约通过 2.5 EB 流量，与 13 亿台设备互动。Akamai 主要与苹果、微软、IBM 等大型品牌和大型企业合作，拥有大量并发访问量。

当网络拥塞时，Akamai 服务框架会通过相关算法将更多的服务器资源分配给高负载网站，并就近服务用户。Akamai 服务框架中的映射系统会根据请求的服务、用户位置和网络状态来解析主机名，并使用 DNS 实现网络负载均衡。另外，映射系统使用边界网关协议（Bonder Gateway Protocol，BGP）确定网络拓扑结构等信息，并提供详细、动态的网络结构视图和相关服务质量测量。

Akamai 服务框架通过监测下载网络服务对象时的误差率和下载次数来模拟用户行为，并根据这些信息分析整个系统的性能，从而停用存在问题的数据中心和服务器。Akamai 服务框架分别利用 HTTP 和超文本传输安全协议（Hypertext Tranfer Protocol Secure，HTTPS）传输静态和动态内容：根据内容生存周期等特性来支持静态内容的分发；通过边缘侧缓存（Edge Side Includes，ESI）在边缘服务器上处理动态内容，降低核心服务器的压力。目前，Akamai 服务框架支持微软（Microsoft）Windows Media、Real 和苹果 QuickTime 等多种格式的流媒体服务。

2. **阿里云**

阿里云隶属于阿里巴巴集团，是亚洲最大的域名服务商，旨在提供一体化服务，包括域名服务、存储服务和基于云的CDN服务等。2015年，阿里云从阿里巴巴集团获得了10亿美元的投资，并开始全球扩张。目前，阿里云拥有2 500多个节点，其中200个在中国境外，为全球4 000多万个域名提供技术支持。阿里云的用户包括飞利浦、施耐德等众多企业。

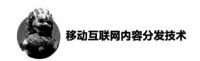

阿里云为跨国场景提供了优化解决方案。为了避免因跨国传输速度慢、时延高而造成的用户体验差等问题，阿里云CDN提供了IP应用程序加速功能。该功能集成了最近访问、智能路由、传输协议优化和负载均衡等多种网络技术，以确保最优数据传输。其中，实时智能路由检测系统可以解决由单源站点、流量峰值和网络拥塞而导致的高时延等传输问题，并可以快速确定和调整网络路由，以找到更短的路径到达目的地。该系统实时选择最优传输路径，有效降低了误码率和传输时延，提高了数据传输的可靠性。

阿里云具有较高的安全性，提供安全加速服务。阿里云的多层次的边缘保护技术可以通过设置黑名单和白名单、网页请求分析、区域阻塞和IP信誉评分来实现精确的访问控制。专门设计研发的频率分析引擎可以拦截发起异常访问请求的IP地址。阿里云的网络应用防火墙部署在每个CDN节点上，可以有效防御网络攻击，防止隐私数据泄露，确保源站点安全。

3. 其他企业

亚马逊网络服务（Amazon Web Services，AWS）是由亚马逊（Amazon）于2006年成立的，是目前世界上最大的云计算和服务提供商，提供例如CDN、存储、分析和在线数据库等一系列服务。AWS的内容分发服务基础架构拥有117个网络服务提供点（Point of Presence，PoP），其中106个是较小的本地化PoP，另外11个是较大的区域性PoP。公司的定价遵循即用即付的原则，客户可以根据所用内容分发服务流量的带宽资源进行付款。

Microsoft Azure是2010年成立的内容分发服务提供商，Azure CDN框架属于该公司的600项服务之一。最初，Azure CDN并不使用自己的基础架构来向客户交付内容，而是与Akamai合作。2018年8月Microsoft Azure推出了自己的内容分发服务基础架构，在140多个国家/地区拥有54个PoP，也成为了最早将内容分发服务基础架构扩展到非洲的公司之一。

1.4.2 主要挑战

虽然移动内容分发技术在商业上已经取得了巨大的成功，但是其规模的增长并未放缓。实际上，在未来移动内容分发的发展中，移动网络流量还将成倍增长，移动设备的增长速度将超固网的两倍以上。另外，用户对于服务体验质量的要求也在不断提高，相关调查显示，超 60%的人会放弃多次缓存的视频内容。高质量的用户服务体验是公司保留客户的关键，但是提供高质量服务十分昂贵，而且不同用户的偏好与需求也存在较大差异。因此，高效的移动内容分发还面临许多挑战。

（1）挑战 1：移动网络规模的增长

随着移动流媒体和应用的发展，用户对内容服务质量的要求越来越苛刻。在 2017 年用户体验状态的报告中，有近一半的访问者会因为网站加载时间超过 5 s 而离开，并且有 43%的用户认为网站速度太慢会让他们离开该网站，并从其他内容供应商获取内容。随着内容供应平台的不断发展，如何弹性提供高质量的移动内容服务变得至关重要。为了在用户持续增长的条件下维持高效内容分发，内容提供商需要使用全球的专用网络，例如，内容分发网络。内容分发网络能够将流行的内容缓存到网络边缘，从而降低用户获取内容的时延，提高内容分发效率。

（2）挑战 2：移动分发性能

用户体验质量是移动互联网服务的核心问题之一，体验质量也因应用程序的特性具有差异。一般来说，对于视频服务，高质量意味着视频播放的快速启动、高清流畅等；对于网络冲浪，令人满意的网络体验包括快速的页面加载、灵敏的交互式响应体验与流畅的嵌入式视频和动画播放等。单纯依靠网络基础设施的升级来提供高质量服务是非常困难的，因为移动网络的资源状态具有不确定性。因此，为了获得高质量的视频和 Web 服务，内容提供者构建了分层的内容分发架构，来支持动态和静态的内容快速分发，从而实现网页的快速响应与加载、视频的快速启动与流畅播放、文件的可靠下载等。

（3）挑战 3：泛在的内容获取

用户在体验服务时，并不会考虑自身使用的设备，他们希望无论使用什么设备都能够获得高质量的移动内容服务。但是，不同设备可能会带来对带宽、内容比特率的不同限制，内容提供者需要考虑这些因素，以避免不必要的网络资源浪费，提供多样化、个性化的用户服务。针对视频服务，如果两个移动用户观看同一视频，一个是连接光纤的智能网络电视，另一个是连接无线蜂窝网络的智能手机，内容提供者就需要根据设备的屏幕尺寸，为二者提供不同分辨率的视频内容。此外，内容提供者还需要检测网络质量，一旦获知用户设备类型和网络条件，便可以优化用户内容的获取速率与媒体格式。

（4）挑战 4：地理位置与通信覆盖

内容提供商占有的市场范围越广，其提供服务面临的挑战就越大。对于全球性的内容提供商而言，需要和全球性的网络基础设施供应商寻求合作，来解决地理上的内容分发挑战。移动内容分发技术可以有效降低全球内容提供的成本，因此对移动内容分发的全球性服务部署至关重要。

（5）挑战 5：网络内部资源限制

对于大多数内容提供商来说，提供全方位的移动内容分发服务需要维护管理内容，保障文件存储可靠性和数据安全性等。因此，需要内容提供者具有充足的网络资源。然而，目前网络资源（如计算、通信、交换等资源）存在限制，如何高效地利用它们变得非常具有挑战性。

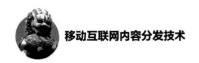

1.5 移动内容分发的关键技术

1.5.1 用户行为感知与认知

用户作为移动内容服务的主体，其行为对内容服务模式与移动网络资源优化具有重大影响。其中典型的用户行为包括：用户移动行为、用户服务需求等。为此，本小节介绍几种常用的网络移动模型与用户请求行为模型，并详细介绍相关的基础概念与技术，以促进读者对后续章节内容的理解。

1. 用户移动行为模型

移动节点与固网节点存在较大差异，前者的带宽、能量等资源有限，且网络位置高度动态。网络节点的随机移动行为会导致移动接入点切换滞后、时延波动显著、服务质量失衡等诸多问题。为解决这些问题，许多研究者提出将用户移动行为建模为量化数学模型，来帮助研究者分析用户移动行为。本节归纳了几种较常见的用户移动行为模型，这些模型极大地简化了移动网络场景相关问题研究。

（1）随机漫步模型

根据现实世界中的随机运动，例如分子布朗运动，研究者提出了随机漫步的节点移动模型[15]（简称随机漫步模型），该模型能够有效模拟网络节点的不规则移动行为，如图 1-6（a）所示。随机漫步模型将时间表示为一系列时间间隙（简称时隙），在该模型下，节点会从边界进入移动区域，并在时隙开始时随机地选择一个移动速率与移动方向。所选的速率 v 需要在预设的速率限制范围内，通常设定为$[v_{\min},v_{\max}]$，一般来说，速率选择服从高斯分布。另外，移动方向可以是二维平面中的方向，也可以是三维乃至 n 维平面中的方向。在二维平面中，方向可选的范围为$[0,2\pi]$。当节点在移动过程中触碰边界时，会按预设策略（如光的反射规则）进行反向移动，并重新进入移动区域。

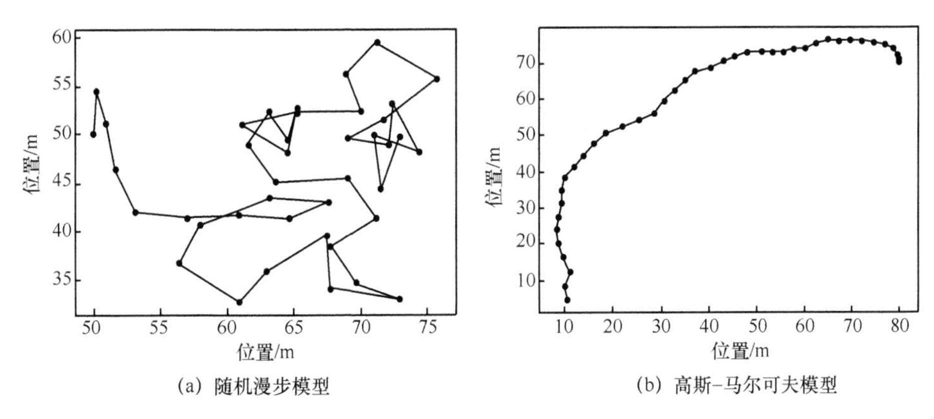

(a) 随机漫步模型　　(b) 高斯–马尔可夫模型

图 1-6 用户移动行为模型节点移动轨迹示例

（2）高斯–马尔可夫移动模型

高斯–马尔可夫移动模型是另一种常用的用户移动行为模型[16]，该移动模型每个时隙下的移动策略都与上一时刻的移动行为有紧密的关联，在此基础上，模型同时加入了随机性来产生新时隙下的速率与方向，该模型的计算公式如下。

$$v_n = \alpha v_{n-1} + (1-\alpha)\overline{v} + \sqrt{1-\alpha^2}\, w_{v,t} \tag{1-1}$$

$$d_n = \alpha d_{n-1} + (1-\alpha)\overline{d} + \sqrt{1-\alpha^2}\, w_{d,t} \tag{1-2}$$

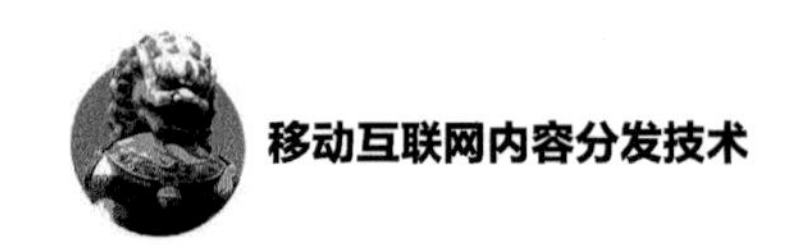

与随机漫步模型不同，高斯-马尔可夫模型考虑了时间因素对移动状态与模式的影响和变化。其中 v_n 与 d_n 分别表示节点在第 n 个时隙时的移动速率与方向。$\alpha \in [0,1]$代表当前时隙对历史移动性行为的记忆等级，$w_{v,t}$ 与 $w_{d,t}$ 为非相关高斯分布下的随机变量。随着移动过程的进行，下一时刻节点的最终位置可以通过计算速度与方向角的余切值得到，图 1-6（b）所示为高斯-马尔可夫模型的节点移动轨迹示例。

此外，常用的用户移动行为模型还有方向移动模型，该模型对节点移动方向进行了优化，通过预测用户移动方向，对不同的方向赋予不同的概率，从而呈现较好的追踪效果；曼哈顿移动模型，主要模拟用户在城市环境下受街区道路限制所呈现出的移动模式，可以展现出用户在路口可能产生的转弯、直行等行为。通过这些用户移动行为模型，我们可以实现较为真实的用户移动仿真。例如，著名的开源交通仿真软件（Simulation of Urban Mobility，SUMO）[17]，通过导入并制作交通环境为移动节点提供真实的移动环境，每个节点可以按照特定的移动轨迹活动，这些移动轨迹可以是真实采集的用户移动，因此能够呈现较符合实际的测试结果。

2. **用户请求行为模型**

移动用户作为服务需求的发起方，其请求行为对内容服务质量产生了极为深刻的影响。当用户请求内容时，该消息将通过回程链路提交给内容服务器，并经过长途传输回传到用户端从而完成内容服务。然而，随着新兴服务（如无人驾驶、虚拟现实等）的兴起，用户端对服务请求时延、网络可用带宽提出了越来越高的需求。为了应对这一变化，国内外研究者针对性地构建了用户请求行为模型，并将其作为移动服务理论的重要组成部分，为移动网络的内容分发优化奠定了用户感知基础。为此，本小节将针对常见的请求建模理论进行简单介绍，以宏观视角为读者展现用户行为感知方面的前沿技术。

（1）随机请求行为模型

用户所请求的内容集合通常是云端服务器的媒体库，一般来说，该库可以表征为一个内容集合 $L=\{1,2,\cdots,l\}$，设 $N=|L|$为集合的内容总数，即可提供服务内容的数量。然而，由于用户本身的类型、偏好具有较大差异，用户对不同内容的请求概率具有偏好性。虽然一种简单的建模方式是将请求行为建模为一个随机概率模型，即在每一时刻用户将以某一概率请求库中所包含的任意内容，但是该模型未能考虑用

户需求的差异性，只能提供请求行为的基本抽象化描述。

（2）基于内容流行度的请求行为模型

为了解决随机请求策略无法考虑用户差异性需求的问题，研究者开始关注真实环境下用户对不同内容的个性化需求，以及内容在移动网络环境下的请求概率和传播过程所呈现出的非均匀性。具体而言，内容库中的元素按照流行度依次排列，满足齐夫分布（Zipf Distribution）[18]与二八定律，即移动网络中 20%的内容占据了 80%的移动流量，内容被请求的概率从流行到不流行之间呈现逐次下降的趋势。对下标为 r 的内容而言，其被请求概率 $P(r)$满足式（1-3）。

$$P(r)=\frac{\left(\sum_{k=1}^{N}\frac{1}{k^{\rho}}\right)^{-1}}{r^{\rho}} \tag{1-3}$$

其中，$r\in[1,N]$表示流行度排名为 r 的服务内容，而 $0<\rho<1$ 为齐夫指数，被用来描述齐夫分布中的流行度偏好，ρ 越大表示流行指数的集中度越高，也就是说，用户所请求的内容主要是少部分流行度高的内容。

（3）面向请求行为的预测模型

上述的请求行为模型都是针对较为理想的静态环境，即考虑某段时间范围内，网络中内容的流行度与用户请求行为不会发生变化。然而，在实际的场景中，由于不断有新的内容产生，网络内容的流行度是高度动态的，移动用户对内容的请求概率是时变的。一般而言，每时每刻都会产生新的媒体内容，例如，每周都会有多部新电影上映，每个月都会发布当月的音乐流行指数，并且你会发现每个月的流行音乐排行榜是不同的。变化的内容流行度更加符合真实环境下用户的行为，因此，需要高准确率的预测机制来预测用户对内容的请求方式，从而预先告知内容提供者，提前部署网络资源，提高移动网络的资源利用率。

目前，大数据技术与人工智能技术为预测内容流行度提供了有力支持，图 1-7 所示为一个基于循环神经网络的流行度预测模型。其中，x_t 为时刻 t 的历史输入数据。U，V，W 分别是循环神经网络的权值参数，$\boldsymbol{s}=[s_1,s_2,\cdots,s_t]$表示时序间的状态转移，$\boldsymbol{o}=[o_1,o_2,\cdots,o_t]$表示不同时刻所输出的预测结果。该模型可以表示为式（1-4）。

$$o_t=g\left(f\left(Ux_t+Wx_{t-1}\right)V\right) \tag{1-4}$$

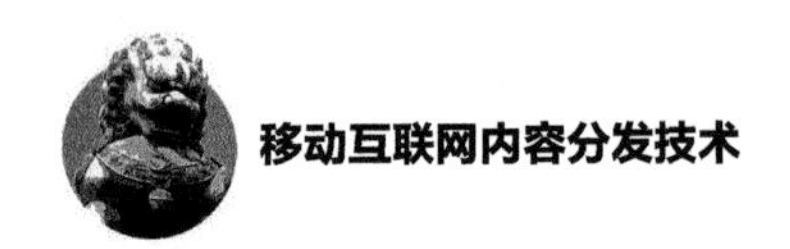

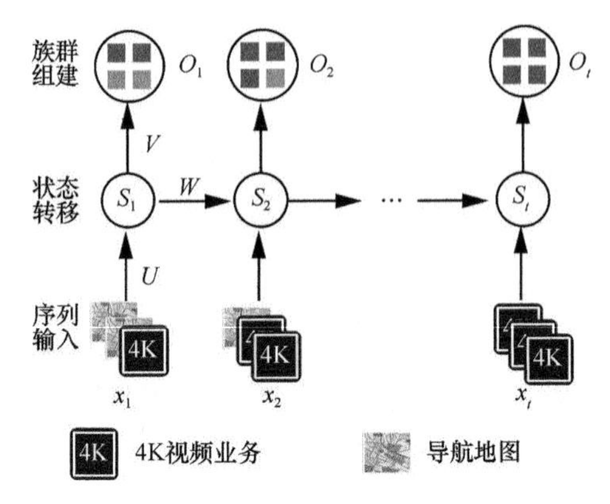

图 1-7　基于循环神经网络的流行度预测模型

在神经网络训练过程中，一方面，可以通过分析用户的历史请求行为获取用户特征，从而构建用户偏好模型，另一方面，近年来人工智能技术尤其是循环神经网络与强化学习技术不断取得了突破性进展，前者所包含的记忆单元能够充分利用历史时序数据，挖掘连续时段对请求行为的影响规律，后者拥有优越的决策性能，能够实现高精准度与实时性的预测，从而提高网络资源部署效率，极大地优化移动用户的视频服务观看体验。

1.5.2　移动内容分发的资源管理与维护

内容作为移动网络分发的主体对象，其管理与维护对分发质量起着至关重要的影响。具体来说，移动网络分发节点需要及时有效地组织、分析与管理存储内容，从而在接收到用户所发出的内容请求时，能够快速完成内容索引，帮助定位所需要的内容资源。然而，资源节点的动态变化给资源的管理与维护带来了极大挑战。目前，随着通信技术的进步，移动设备、网关、基站等位于网络边缘的基础设施通常具有一定的存储、计算等能力，并由此催生了边缘缓存、设备到设备（Device to Device，D2D）通信、对等网络等网络范式，这些技术都为利用和管理相应的内容资源提供了架构基础。本小节将对其进行简单概述，并讨论如何通过合理部署、调配、管理内容资源，在保障用户服务体验质量的同时提高内容资源利用率。

（1）边缘缓存

边缘计算主要针对靠近请求方、数据来源的网络边缘[19]，通过在边缘（基站、路由、路边单元等）部署一定的服务资源（如存储、计算、通信等）将云端的服务压力卸载到离用户更近的边缘设备上。当用户产生内容资源请求时，边缘节点将优先检索自身存储空间中的索引，以判断是否拥有用户所需的内容。当缓存命中，即存储空间包含所请求的内容时，边缘节点能够以单播、组播等方式将内容资源快速交付给用户，从而降低了中心网络的负载。同时，边缘服务节点还能为用户提供更低时延的内容获取。该技术依靠高效的缓存决策与缓存替换等管理策略，能够有效缓解云端的通信服务压力，极大提高了移动服务的质量。

（2）设备到设备通信

对于移动节点（如智能手机、手持平板等）自身，其作为内容服务的请求发起者，也具备一定的存储、通信能力。移动节点间存在天然的内容资源协作管理能力，同时，D2D 通信也为节点间协作提供了通信技术保障。D2D 通信能够复用利用率较低的通信频段，实现两个移动终端节点在短距离范围内建立直接的通信链路[20]。通过 D2D 通信，移动设备节点的内容资源能够被其他设备访问。每个节点能够同时担任内容请求者与内容提供者两个角色。而且，该技术还能够实现节点的自组织通信与内容资源自主管理，显著提高了移动设备缓存资源的利用率。

（3）对等网络

对等网络是一种分布式的应用体系结构。在对等网络中，彼此连接的多台通信设备处于对等的地位，具有同等效力、同等特权。网络的每个参与者将在网络上共享其拥有的一部分硬件资源（存储空间、计算能力等），从而成为网络中的对等节点。这些共享资源通过网络提供服务和内容，从而能够被其他对等节点直接访问而不需要中心服务器或主机的协调。每个节点既是客户端，又承担了服务器的角色[21]。与 D2D 通信不同的是，对等网络是建立在大规模网络节点之上的逻辑概念，通过在节点内维护树、环形等数据结构，使得每个节点能够依据自身所需要的资源快速定位到相应的节点，并建立逻辑上的通信连接，从而极大改善内容资源的获取效率，显著提高用户的服务体验质量。对等网络由于在资源管理方面的优越性能，目前已经在分布式存储、文件下载等领域得到了广泛应用。

此外，在对等网络的基础上，学术界还将单节点的资源管理模式扩展到多节点协同方案，从而衍生出了以虚拟社区为代表的新型资源管理方案[22]。虚拟社区作为描述复杂系统对象间关系的重要方式，将具有内容关系的移动节点在逻辑上组织为一个动态的互助组织结构，从而能够快速定位资源并实现内容的高效移动分发与交付。本书以该方案作为重点在后面的章节中进行详细介绍。

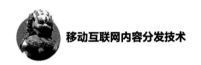

1.5.3 移动环境的数据转发与路由

1. 移动内容转发技术

在传统的无线网络解决方案中，转发与路由是不可分割的，通过路由确定中继转发节点足以证明二者之间起到的相互支撑与补充的作用。然而，这种以主机地址驱动的静态转发方式极大限制了移动网络性能的提升。为了解决该问题，新兴的未来移动网络架构进行了改进。为此，本小节将以命名数据网络为例，介绍相关的内容转发技术。

（1）转发机理

首先，NDN 路由器在接收到用户请求后，将根据请求信息查询 CS，并根据内容对象的名称前缀匹配相关结果，判断是否存在内容缓存。如果本地存储了该内容，节点将通过内容请求接口返回数据，从而满足用户请求。如果本地没有缓存该内容，节点将进入转发流程。在转发过程中，节点会查找 PIT，看是否存在来自其他节点发起的相同内容请求。若存在，则将当前兴趣包的进入接口添加到已存在的 PIT 中，否则在 FIB 中新增一个条目。

FIB 通过最长名称前缀匹配规则进行路由寻址。值得一提的是，在匹配 PIT 的过程中，如果存在多个接口，转发节点会将请求内容复制多份，并通过组播的方式交付给请求者们。因为 Data 包会沿着 Interest 包的原路径返回，所以 Data 包的转发路径与 Interest 包恰好相反。上述转发流程的具体细节如图 1-8 所示。

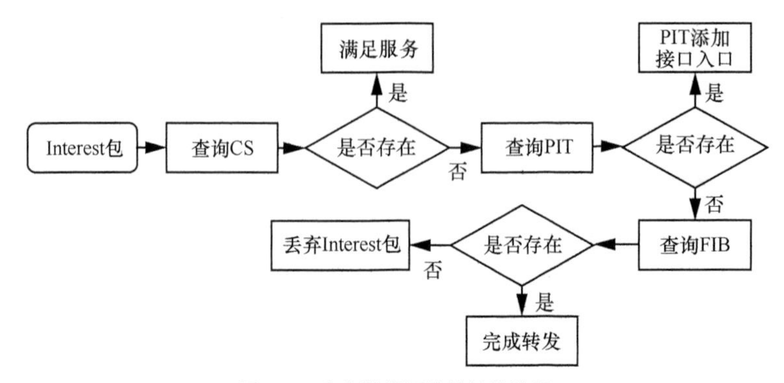

图 1-8 命名数据网络的转发流程

（2）常用转发策略

在了解上述转发流程后，我们将以该框架为基础，结合不同应用场景与转发需求，为读者介绍几种常用的转发策略。

① 可靠转发策略

为了解决移动网络通信的安全问题，该策略通过为每个转发接口定义可靠度量评估来保障转发路径的稳定与安全。该度量主要包含两方面，分别是内容流行度和内容转发反馈值。当节点收到未缓存内容的 Interest 包时，节点会增加该内容的负反馈值，反之则增加该内容的流行度，通过迭代更新转发节点的信任度，保证节点能够优先选择可以满足请求且相对可靠的转发路径。

② 高效转发策略

不合理的数据转发常常导致大规模的网络拥塞，极大地损害系统的承载能力，用户也难以获得满意的服务体验。该策略通过判断端口的待处理请求数量决定其内容被转发的优先级。当请求内容被处理时，端口的拥塞程度降低，该端口的内容将优先被转发。反之，当新的 Data 包需要被转发时，该端口的拥塞程度增加，转发优先级将降低。最终，优先级较高的端口对应较低的拥塞程度，数据将被优先转发，从而缓解了网络拥塞，实现了数据转发的负载均衡。

2. 移动内容路由技术

在充分认知用户行为模式、完善网络资源管理的基础上，移动网络将通过制定有效的路由策略，将内容快速转发给请求用户，从而为用户提供及时、高效的数据交付。为此，本小节将从移动内容路由技术介绍当前移动数据转发方面的基础知识。

移动无线网络比传统的固网环境更加复杂多变，此外，无线网络可能缺乏相应的基础设施。在这种情况下，固网的路由方案是无法直接应用于移动网络环境的。但是，目前的无线路由技术大部分都是基于固网路由思想设计的。例如，在实际传输前，网络会预先选择一个或多个固定的路由，而在节点移动过程中，链路需要通过反复建立连接来实现持续数据传输，这样做浪费了大量移动网络资源。因此，下面我们将简单介绍几种适用于移动网络场景的新兴路由技术。

（1）机会路由

机会路由借助无线通信的广播特性克服了移动环境的不可靠问题[23]。机会路由与传统固网路由方法不同，该方案会预先广播一个 Data 包，并在收到 Data 包的邻居节点中形成一个候选中继节点集合，在此基础上，通过利用多个中继节点的协同路由，实现中继转发节点的动态选择，从而显著减少了由链路故障引起的 Data 包重传。机会路由以较低的成本实现了较高的鲁棒性，目前已被广泛应用于紧急通信、农业物联网等领域中。

（2）多跳路由

多跳路由是移动网络的一种特殊情况，发送端与接收端需要通过连续多次路由与转发从而实现数据交付，极大地扩展了覆盖范围与通信能力[24]。一个常见的例子是蜂窝网络与 D2D 通信混合的多跳通信场景，通过多跳 D2D 通信，基站可以将内容传输到基站范围外的移动用户手中，这不仅能够极大提高设备的利用效率，而且还能在灾害环境下提供通信支持。该方案已正式并入 3GPP R13～R15 的通信标准中[24]。然而，尽管其具有强大的灵活性与适应性，但如果中间节点无法正确路由，多跳网络的性能将会急剧降低。

（3）多路路由

顾名思义，多路路由是通过为内容交付构建多条传输路径，并通过并发传输完成移动服务的一种路由方式[25]。多条传输路径能够提高数据传输的鲁棒性，当所选择的路径出现故障时，可以在多条路径间自主调整数据传输。此外，该路由方案的目标是实现网络流量的负载均衡，通过同时利用移动网络的多条路径，可以实现更均匀的网络流量负载分配。在此过程中，所构建的可用路径数量与质量决定了多路路由的性能。使用多路路由，可以满足大部分应用服务对时延、吞吐量与可靠性的服务需求，从而有效保障用户的服务体验质量。

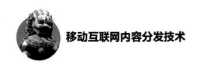

1.5.4 面向异构无线环境的传输控制

TCP 能够提供可靠的端到端数据传输。该协议在传统的固网环境中具有较好的性能，但在移动网络中会暴露出诸多缺陷。与固网相比，移动网络的无线信道是不稳定的，在该情况下，TCP 面临路由故障、带宽争用和高误码率等问题。为了提高 TCP 在无线移动网络中的性能，研究者们提出了许多解决方案，例如 TCP-F（TCP-Feedback）[26]，该方案解决了 TCP 无法区分路由失败和路径拥塞的问题。如果路径上的节点检测到路由故障，那么它将立即通知源节点，以避免不必要的传输拥塞控制。当网络层检测到传输路径因为节点移动而中断时，它将使用路由故障通知（Route Failure Notification，RFN）通知源节点。在节点接收到 RFN 消息时，每个中间节点将不再会将其 Data 包发送给失败的路由。此外，如果任何中间节点上存在一条到目的地的备用路由，则中间节点将 Data 包发送到该路径并丢弃 RFN 消息；如果不存在该路由，中间节点将 RFN 消息转发给源节点。

TCP 是面向连接的、单一的可靠性传输协议，且只会构建一条网络数据流，并不能充分利用异构的无线网络资源。多路传输协议则是解决该问题的方案之一，图 1-9 所示为移动网络的多路传输场景。一般来说，多路传输机制可以归纳为两大类：基于 TCP 的多路传输和基于非 TCP 的多路传输。

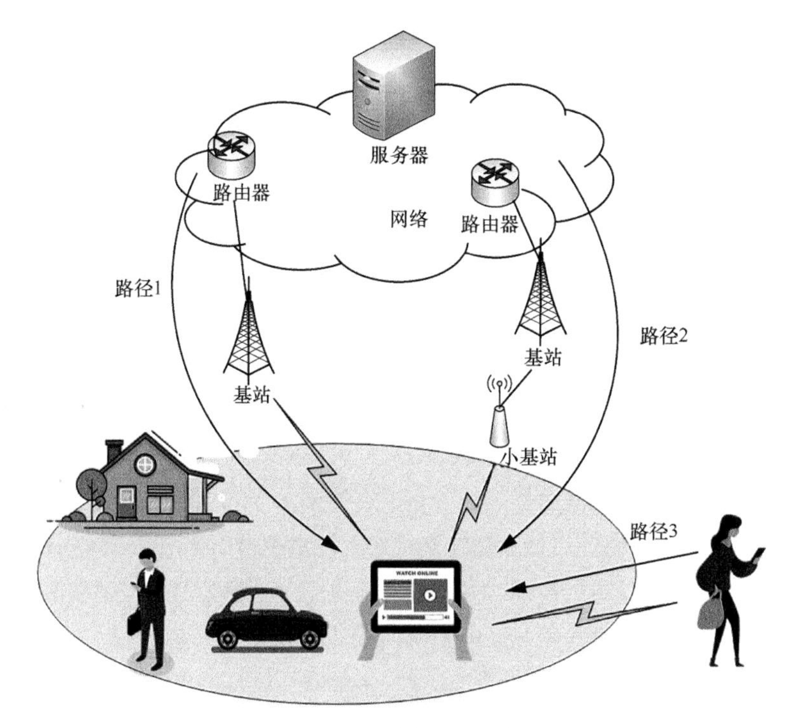

图 1-9　移动网络的多路传输场景

1. 基于 TCP 的多路传输

融合 TCP 和多接口技术的思想由来已久，早在 1995 年，Huitema 等[27]就向互联网工程任务组（Internet Engineering Task Force，IETF）提出了多宿 TCP 草案，旨在结合 TCP 和多接口技术实现数据的多路传输。2009 年，IETF 成立了专门研究工作组，旨在深入研究多路传输控制协议（Multipath TCP，MPTCP）[28]。2011 年，IETF 颁布了 MPTCP 标准。MPTCP 设计的初衷是为了将多路传输机制与网络中占主导地位的 TCP 相融合，以实现与现有网络设备、应用接口和协议等高度融合。目前，

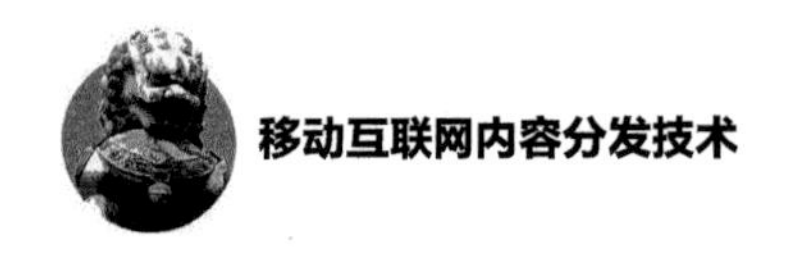

MPTCP 已经成为基于 TCP 的多路传输机制的典型代表。

2. 从 TCP 到 ICN 的多路传输

IETF 于 2007 年提出的流控制传输协议（Stream Control Transmission Protocol，SCTP）[29]是当前非 TCP 多路传输机制的典型代表。SCTP 设计的初衷是为了充分利用多宿环境实现 IP 网络中实时信令（主要包括七号信令系统（Signaling System Number 7，SSN7））的高效传输。虽然 SCTP 是基于非 TCP 的多路传输协议，但是其与 TCP 也存在诸多相似之处。比如，① SCTP 和 TCP 一样是面向连接的、可靠的传输协议；② 和传统的 TCP 一样，SCTP 具有慢启动、拥塞避免、快速重传、超时重传等功能；③ 和 TCP 拥塞控制机制一样，SCTP 也是通过每条链路上的拥塞控制窗口的大小来控制数据发送速率，并且延续了传统 TCP 中的拥塞窗口控制机制。

随着用户需求的不断增长，TCP/IP 网络的弊端日益突出。研究表明，像 IP 寻址、以主机为中心的 P2P 通信这样的特性在本质上抑制了信息驱动的网络发展。因此，信息中心网络被提出并迅速发展，信息中心网络实现了以内容为中心的网络架构，提高了内容分发效率。为了实现高效可靠的数据传输，许多学者对适用于 ICN 的多路传输机制展开了研究，文献[30]解决了 ICN 中的联合多路径拥塞控制和请求转发问题，并设计了一种高可扩展、分布式、协同工作的机制来有效地处理多节点间的内容分发。具体来说，以最大化终端用户吞吐量和最小化网络成本为优化目标，对全局网络的优化问题进行建模，并进一步将该问题分解为拥塞控制和请求转发两个子问题来求解，实现了用户驱动的最优拥塞控制策略和网络节点动态请求转发的分布式算法。作者提出的框架解释了多路径流控制、路径内缓存和网络内请求调度之间的相互作用。

1.5.5 移动场景的内容缓存机制

移动网络中多媒体业务流量的不断增加，对核心网带宽容量和回程链路资源提出了极大的挑战。移动网络内容缓存技术通过将内容缓存到网络边缘，有效地缓解了核心网和回程链路的流量压力，是一种高效的内容分发解决方案。内容缓存保存的内容可以是文档、图片、视频等形式的文件。图 1-10 所示为移动网络内容缓存结构。

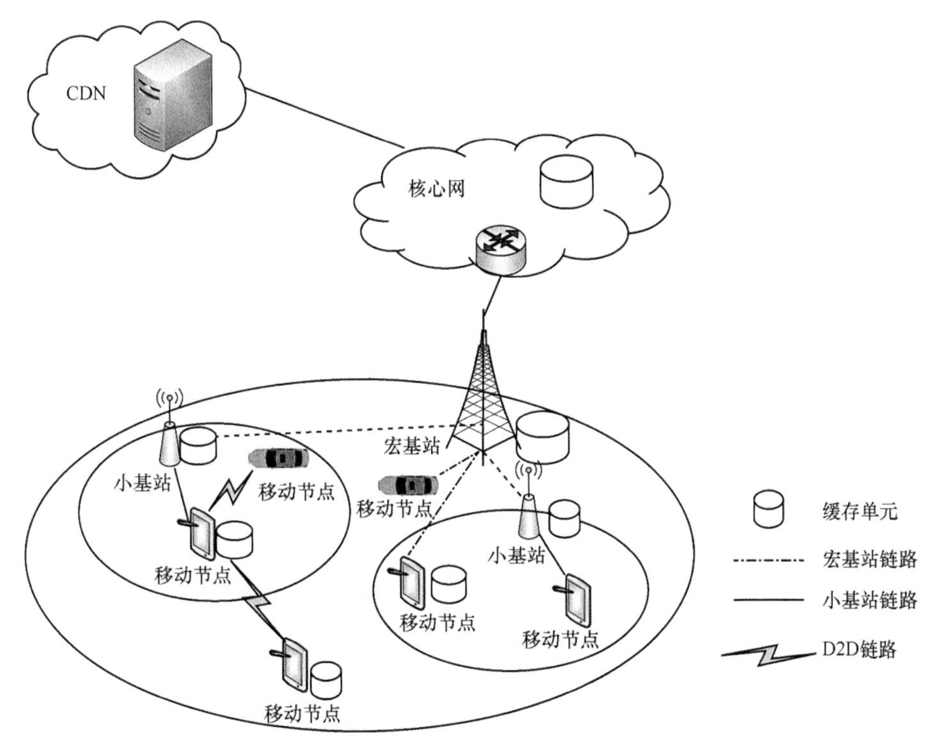

图 1-10　移动网络内容缓存结构

在传统的集中式移动网络架构中，终端用户的内容请求由远程内容提供商提供。在这种情况下，所有数据流量需要经过核心网、回程链路、边缘移动网络进行传输，这不仅可能导致大规模的网络拥塞，而且会使网络资源浪费严重。移动网络缓存技术将流行的内容缓存在网络边缘（如网关、基站和终端用户设备），用户可以直接从网络边缘获取内容，不仅有效降低了传输时延，而且降低了核心网流量负担。移动内容缓存技术已被用于 Web 缓存和信息中心网络。为便于理解，我们简单介绍几种主要的缓存技术。

1. 缓存内容的放置

在移动网络中缓存内容主要部署在边缘网络的基础设施中，如无线接入基站和用户终端设备等。下面简单介绍这些缓存设施的特性。

① 宏基站。宏基站通信覆盖范围很大，可以服务大部分的用户。在宏基站上通常具备更大的存储空间，能够为用户提供更丰富的边缘存储资源。

② 小基站。小基站更接近最终用户，一般服务较少的用户，能够提供更高数据

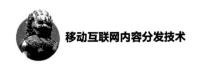

传输速率。未来异构网络会部署密集的小基站集群，因此，小基站集群的协同缓存也是未来移动边缘缓存研究的关键。

③ 用户终端设备。D2D 通信是 5G 网络的关键技术之一，该技术能够充分利用移动设备中的存储资源。未来移动设备数量将成倍增长，这些设备的存储资源是巨大且廉价的，通过有效地在用户设备中部署缓存，可以极大地提高移动网络的缓存效率。

2. 内容流行度缓存

相比于云端，边缘网络的存储资源是有限的，因此需要提高移动网络的缓存命中率（用户请求的内容已缓存的概率），边缘服务器要尽可能地缓存更流行的内容。目前，有许多针对内容流行度模型的研究，主要分为静态和动态两类模型。

① 静态模型。当前大部分研究假设内容的流行度是静态的，并采用独立参考模型（Independent Reference Model，IRM）：内容请求服从泊松过程，泊松过程的速率与内容流行度相关。在 Web 缓存的流行度模型服从齐夫分布。

② 动态模型。静态的 IRM 无法反映内容流行度的时变特性，因此，研究者提出了一种称为散粒噪声模型（Shot Noise Model，SNM）的动态流行度模型[31]。针对每个内容，该模型都定义了持续时间和峰值高度两个关键参数：持续时间反映内容的寿命，峰值高度反映其瞬时的流行度。

3. 缓存替换策略

① 传统缓存替换策略。有很多经典的缓存替换策略，例如最少使用频率（Least Frequently Used，LFU）、最近最少使用（Least Recently Used，LRU）、先进先出（First Input First Output，FIFO）等。这些策略简单易懂、易于使用，但是它们都忽略了用户的个性化行为与请求模式。

② 基于流行度的策略。考虑到用户行为和请求的时变特性，网络通过预测内容流行度，缓存未来流行度更高的内容，能够有效提高网络利用率。因此，基于流行度的策略能够根据网络内容的流行情况，缓存流行度高的内容。

③ 基于用户个性化偏好的策略。用户个性化的内容请求与全局内容流行度一般存在较大差异。因为不同用户可能会对不同类型的内容表现出差异化的兴趣爱好，因此，研究者们提议根据用户的偏好配置移动网络的缓存[32]，其中用户偏好表现为用户请求不同类型内容的概率。

④ 非协作式缓存策略。节点自主进行缓存决策，不与其他节点交换缓存信息。

与之相对应的是协作式缓存策略。

⑤ 协作式缓存策略。通过节点间交换缓存信息实现协作缓存。在典型的协作式缓存策略中，移动节点一般通过转发路径或者相邻节点通信的方式交换缓存信息。例如，当内容提供者提供服务时，可以将上述信息附加在 Data 包中，然后，接收 Data 包的路径节点将根据附加的信息协同做出缓存决策。

4. 性能目标

缓存技术能够提高移动网络的分发效率，一般来说，缓存性能的优化目标包括以下几项。

① 系统容量。在网络边缘缓存热门的内容可以显著提高系统的整体承载容量。例如，与不采用内容缓存技术的移动网络系统相比，文献[32]中提出的边缘缓存方案能够提高 3 倍左右的整体系统容量。

② 系统时延。由于缓存节点与移动设备之间的距离很近，在网络边缘缓存内容可以显著减少内容的获取时延。

③ 能耗效率。能耗效率是 5G 网络的重要性能指标。Liu 等[33]分析了内容缓存对回程链路网络能耗效率的影响。结果表明，当内容规模较小时，能耗效率将得到显著提高。此外，多个小基站协同缓存内容比仅在单个宏基站缓存内容更高效。

为便于理解，我们将简要介绍移动网络内容缓存技术的一个具体实例。

在命名数据车联网（Vehicle Named Data Network，VNDN）场景中允许车辆节点缓存网络内容，缓存提高了车联网的节点通信与内容分发效率。然而，在数据传输过程中，车辆节点频繁移动，导致网络拓扑变化剧烈，这使得将内容传输给请求者异常困难。此外，移动还会导致频繁的链路中断和 Data 包重传，进一步加剧网络的流量负担。为了解决这些问题，文献[34]提出了一种基于移动预测的集群协同缓存方法，通过分析节点间的移动相似性，在移动模式相似的车辆之间建立通信并构建协同缓存族群，来减轻移动行为对内容分发的影响。该方法首先设计一个基于移动性预测的族群聚类算法，构建具有相似移动模式的族群，并提出了一种协同缓存算法来实现集群的协同。为了提高缓存资源利用率和缓存数据的多样性，该方法根据请求频率将缓存数据分为流行内容和不流行内容，并提出了相应的缓存放置和传输方案。实验结果表明，95%的车辆可以高效地获得数据内容，显著提高了网络性能和用户的服务体验质量。

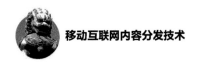

1.5.6 移动内容预取与隐私安全

移动内容预取是一种预先在移动网络边缘部署缓存的技术，也被称为主动缓存技术。通过分析用户的历史请求信息行为，预测用户未来可能会请求的内容，并将这些内容预先缓存在距离用户更近的边缘服务器上，当用户请求这些内容时，缓存服务器可以快速响应用户的请求。移动内容预取技术可以划分为以下 4 类。

① 基于流行度的内容预取。选择流行度较高的内容来进行预取，该预取策略的性能取决于对内容流行度估计的准确率。

② 基于用户偏好的内容预取。流行度对于个体用户偏好而言存在明显的差异，因此，有学者提出了基于用户偏好的个性化内容预取方案，通过分析每个用户的兴趣从而有针对性地设计预取方法。有相关研究证明用户偏好在一定时间内会保持稳定，这一特性为基于用户偏好的预取技术的性能提供了有力保证。

③ 基于社交网络的内容预取。该方案主要利用在线社交网络中的朋友关系、互动行为等（如微博转发、状态评论等），来分析用户间的社会关系，并在此基础上预测内容的传播方式。通过构建社交关系模型，该方案主动将某用户访问的内容分发给可能访问该内容的朋友节点，减少其朋友获取内容的下载时延。

④ 基于用户移动行为的内容预取。通过实验分析发现，移动用户的缓存命中率远低于静态用户的缓存命中率，因此，用户移动性是影响预取策略的重要因素。基于用户移动行为的内容预取主要通过研究用户移动行为对边缘服务器上缓存内容流行度的影响来调整内容预取策略。由于用户移动性具有一定随机性，可以将移动节点分为不同的族群，通过构建族群的移动模型来优化预取策略。

虽然缓存显著改善了网络性能，但将内容放置在网络边缘，也暴露出一系列用户隐私问题，具体来说，主要存在以下 3 类隐私问题。

① 内容隐私。内容提供者在内容被发送到网络之后就失去了对内容的控制，也就是说内容提供者无法阻止其他节点对内容信息的获取。此外，攻击者还可以通过调查内容及内容请求元数据中的编码信息，跟踪内容的使用情况。

② 缓存隐私。攻击者通过探测获取某内容的响应时间，就可以判断该内容是被缓存在网络边缘还是被缓存在云端，从而获知附近的用户是否检索或访问了该内容。

③ 用户隐私。为了预测用户需求，预取技术需要获取用户的历史行为信息，而

这个过程为攻击者窃取用户历史请求行为等信息提供了可能。

1.6　移动内容分发的未来研究方向

1.6.1　面向区块链的移动内容分发

区块链（Blockchain）被认为是互联网发明以来最具颠覆性的技术创新，其初衷是为了解决加密货币的核心安全问题。区块链技术自诞生以来，已经在金融领域取得了巨大的成功，同时，其创造性的设计和思想也给物联网、移动网络、群智感知等领域提供了新的研究思路与方向。区块链技术能为移动内容分发的内容管理和分布式数据隐私等问题提供有效的解决方案。

区块链技术的设计非常契合移动内容分发，区块链是一种依赖系统所有节点参与的分布式数据存储方案，与移动内容分发中节点的分布式环境十分类似。例如，移动网络的分布式缓存技术，就可以将移动网络节点的分布式数据库比作区块链的分布式账本，将网络节点的缓存类比成区块链的节点记账。在移动内容分发过程中，区块链可以看成是一种去中心化的分布式安全数据存储技术，它能够在没有中心控制节点或者第三方协助的情况下，仅通过系统中分布式节点间的验证、交付和通信，实现网络的分布式数据安全存储。

1.6.2　基于人工智能的移动内容分发

随着新一代移动通信技术研究的逐步开展，移动互联网正在朝着多样化、智能化、复杂化的方向演进，对网络时延、带宽、可靠性等方面提出了更高的要求。然而，由于多种网络结构、通信制式、接入技术的并存，传统移动内容分发优化方法越来越难以适应日益复杂的网络。

近年来，人工智能技术（如深度学习、强化学习等）在计算机视觉、语音识别以及自然语言处理等领域取得了巨大成功。不同于传统方法，人工智能技术可以通过构建多层神经网络来捕获对象之间的非线性关联性，有效挖掘高维信息特征，分析复杂系统内部关联，自适应环境变化，极大地提高了分析的自由度以及准确性。

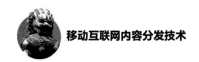

国际上，全球首个 6G 白皮书[35]中明确指出新一代网络需要“通过人工智能、边缘计算等算法解决大量数据带来的时延问题”。国内方面，国家发展改革委、科技部、工业和信息化部和中央网信办制定的《“互联网+”人工智能三年行动实施方案》[36]中明确了智能化互联网的发展需求；此外，人民网研究院编撰发布的移动互联网蓝皮书《中国移动互联网发展报告（2019）》[37]中明确指出，“人工智能+移动互联网”在构建智慧生态、推动移动互联网在智能互联和万物互联方向上取得大幅度进展，是未来我国移动互联网发展的重大趋势之一。

然而，如何在原有优化方法的基础上，深度融合人工智能技术，从复杂的网络环境、个性化的用户行为以及多样化的移动网络业务中提取关键信息，将人工智能技术深度融合到移动内容分发优化中，仍需要在未来展开深入研究。

1.7 本章小结

本章向读者呈现了移动内容分发技术的基本概念与现状挑战，并对当前移动内容分发领域的关键技术与未来研究方向进行了介绍。可见，移动内容分发技术已经深深融入人类社会生活，并在科学技术与企业产研的推动下不断成长。新兴应用虽然给移动内容分发带来了诸多挑战，也为移动内容分发的未来发展提供了新思路。在服务需求的驱动下，移动内容分发不断与新兴技术结合，迸发出蓬勃的生命力。本章作为全文内容的铺垫，帮助读者建立对移动内容分发技术的基本认知，后面的章节将从移动网络用户行为认知方法、移动网络的内容分发服务体系、基于移动虚拟社区的资源管理与维护、族群化的移动网络数据转发机制、基于随机优化的移动网络传输控制、能效均衡的分布式协作缓存技术以及面向隐私保护的移动内容预取机制 7 个方面，进行深入分析与探讨，让读者从研究现状、运行机理以及未来发展等多个方面形成对移动内容分发技术的完整理解。

参考文献

[1] CISCO. Cisco annual Internet report (2018—2023) white paper[R]. [S.l.:s.n.], 2020.

[2] 中国互联网络信息中心. 中国互联网络发展状况统计报告[R]. [S.l.:s.n.], 2020.

[3] PLAGEMANN T, GOEBEL V, MAUTHE A, et al. From content distribution networks to

content networks—issues and challenges[J]. Computer Communications, 2006, 29(5): 551-562.
[4] GUNNAR K, FREDRIK N. Spotify—Large scale, low latency, P2P music-on-demand streaming[C]//Proceedings of 2010 IEEE 10th International Conference on Peer-to-Peer Computing. Piscataway: IEEE Press, 2010: 1-10.
[5] TwitchTracker. Twitch statistics & charts[R]. [S.l.:s.n.], 2020.
[6] 上海六界信息技术有限公司. 1—5 月直播数据简报[R]. [S.l.:s.n.], 2020.
[7] PANG H, ZHANG C, WANG F, et al. Optimizing personalized interaction experience in crowd-interactive livecast: A cloud-edge approach[C]//Proceedings of the 26th ACM International Conference on Multimedia. New York: ACM Press, 2018: 1217-1225.
[8] AHLGREN B, DANNEWITZ C, IMBRENDA C, et al. A survey of information centric networking[J]. IEEE Communications Magazine, 2012, 50(7): 26-36.
[9] KIRKPATRICK K. Software-defined networking[J]. Communications of the ACM, 2013, 56(9): 16-19.
[10] 张宏科, 陈哲. 智慧协同标识网络[J]. 中兴通讯技术, 2014, 20(4): 53-56.
[11] TARIQ A, REHMAN R A, KIM B S. Forwarding strategies in NDN based wireless networks: A survey[J]. IEEE Communications Surveys & Tutorials, 2019, 22(1): 68-95.
[12] JACOBSON V, BURKE J, ESTRIN D, et al. Name data networking (NDN) project 2012—2013 annual report[R]. [S.l.:s.n.], 2013.
[13] 杨柳, 马少武, 王晓湘. 以内容为中心的互联网体系架构研究[J]. 信息通信技术, 2011, 5(6): 66-70.
[14] Mordor Intelligence. Content delivery network (CDN) market—growth, trends, and forecast (2020—2025)[R]. [S.l.:s.n.], 2020.
[15] 童超, 牛建伟, 龙翔, 等. 移动模型研究综述[J]. 计算机科学, 2009, 36(10): 5-10.
[16] RIBEIRO A, SOFIA R. A survey on mobility models for wireless networks[R]. Lisboa: University Lusófona, 2011.
[17] JAUME B. Fundamentals of traffic simulation[M]. Berlin: Springer, 2010.
[18] ESWARA N, ASHIQUE S, PANCHBHAI A, et al. Streaming video QoE modeling and prediction: A long short-term memory approach[J]. IEEE Transactions on Circuits and Systems for Video Technology, 2019.
[19] 郑逢斌, 朱东伟, 臧文乾, 等. 边缘计算：新型计算范式综述与应用研究[J]. 计算机科学与探索, 2020, 14(4): 541-553.
[20] YIN R, ZHONG C, YU G, et al. Joint spectrum and power allocation for D2D communications underlaying cellular networks[J]. IEEE Transactions on Vehicular Technology, 2016, 65(4): 2182-2195.
[21] QIN M, CHEN L, ZHAO N, et al. Computing and relaying: Utilizing mobile edge computing for P2P communications[J]. IEEE Transactions on Vehicular Technology, 2020, 69(2): 1582-1594.
[22] WANG F, LI Y, WANG Z, et al. Social-community-aware resource allocation for D2D

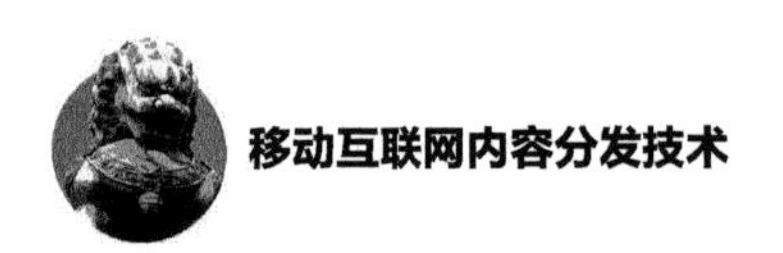

communications underlaying cellular networks[J]. IEEE Transactions on Vehicular Technology, 2016, 65(5): 3628-3640.

[23] CHAKCHOUK N. A survey on opportunistic routing in wireless communication networks[J]. IEEE Communications Surveys & Tutorials, 2015, 17(4): 2214-2241.

[24] SHAIKH F S, ROLAND W. Routing in multi-hop cellular device-to-device (D2D) networks: A survey[J]. IEEE Communications Surveys & Tutorials, 2018, 20(4): 2622-2657.

[25] HASAN M Z, AL-RIZZO H, AL-TURJMAN F. A survey on multipath routing protocols for QoS assurances in real-time wireless multimedia sensor networks[J]. Communications Surveys & Tutorials IEEE, 2017, 19(3): 1424-1456.

[26] CHANDRAN K, RAGHUNATHAN S, VENKATESAN S, et al. A feedback-based scheme for improving TCP performance in Ad Hoc wireless networks [J]. IEEE Personal Communications, 2001, 8(1): 34-39.

[27] HUITEMA C. Multi-homed TCP[R]. [S.l.:s.n.], 1995.

[28] LEE J, IM Y, LEE J. Modeling MPTCP performance[J]. IEEE Communications Letters, 2019, 23(4): 616-619.

[29] LAI W K, JHAN J J, LI J W. A cross-layer SCTP scheme with redundant detection for real-time transmissions in IEEE 802.11 wireless networks[J]. IEEE Access, 2019, 7: 114086-114101.

[30] CAROFIGLIO G, GALLO M, MUSCARIELLO L, et al. Optimal multipath congestion control and request forwarding in information-centric networks[C]//Proceedings of 2013 21st IEEE International Conference on Network Protocols. Piscataway: IEEE Press, 2013: 1-10.

[31]TRAVERSO S, AHMED M, GARETTO M, et al. Temporal locality in today's content caching: Why it matters and how to model it[J]. ACM SIGCOMM Computer Communication Review, 2013, 43(5): 5-12.

[32] AHLEHAGH H, DEY S. Video-aware scheduling and caching in the radio access network[J]. IEEE/ACM Transactions on Networking, 2014, 22(5): 1444-1462.

[33] LIU D, YANG C. Will caching at base station improve energy efficiency of downlink transmission[C]//Proceedings of 2014 IEEE Global Conference on Signal and Information Processing. Piscataway: IEEE Press, 2014: 173-177.

[34] HUANG W, SONG T, YANG Y, et al. Cluster-based cooperative caching with mobility prediction in vehicular named data networking[J]. IEEE Access, 2019, 7: 23442-23458.

[35] LATVA-AHO M, LEPPÄNEN K, CLAZZER F, et al. Key drivers and research challenges for 6G ubiquitous wireless intelligence[R]. Finland: University of Oulu, 2020.

[36] 中华人民共和国国家发展和改革委员会，中华人民共和国科学技术部，中华人民共和国工业和信息化部，中共中央网络安全和信息化委员会办公室. “互联网+”人工智能三年行动实施方案[R]. [S.l.:s.n.], 2016.

[37] 人民网研究院. 中国移动互联网发展报告（2019）[R]. [S.l.:s.n.], 2019.

第2章 移动网络用户行为认知方法

随着互联网技术的快速发展，丰富的移动网络内容服务（如直播、点播等）已成为人们生活中不可或缺的一部分。作为移动内容服务的关键所在，内容分发技术相对静态，无法准确感知动态变化的用户偏好和服务需求，难以支持高可靠、低时延、高质量的移动网络服务。为此，本章将以视频服务为例，具体介绍用户需求认知方法、请求行为评估机制和移动相似性预测模型等移动网络用户行为认知关键技术，从而为移动网络用户服务体验质量优化提供用户认知基础。

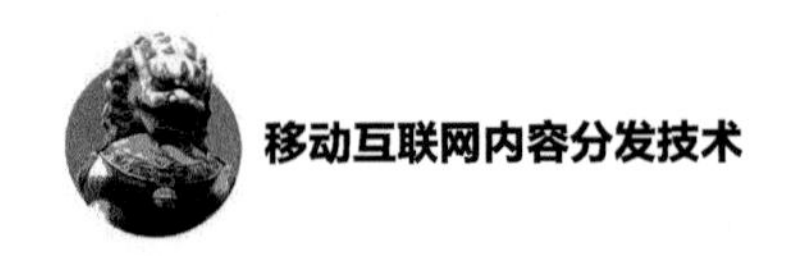

2.1 研究背景

2.1.1 现存问题

随着互联网技术的发展，移动视频服务已经成为最受用户欢迎的互联网业务之一[1-4]。目前，视频服务具有以下特性。① 用户请求视频内容具有异步性，点播技术允许节点随时加入流媒体系统，访问任意播放点（即通信节点在当前状态下所请求视频内容的播放位置）的视频内容。② 目前，一些主流的视频服务（如视频点播服务等）能够提供互动性播放体验，用户能够根据自身对视频内容的需求，动态变更当前播放内容，支持快进、快退等操作[5-9]，即用户根据自身的兴趣实施播放进度跳转操作，跨越不感兴趣的视频内容而直接访问热点内容。这种交互模式能够极大地提高用户的体验，从而增强流媒体系统服务质量（Quality of Service，QoS）[10-14]。但是，在移动网络视频服务系统中支持高质量的 QoS 依然是一种挑战。用户随机的跳转播放行为，使得视频内容需求具有不确定性，导致内容请求者与内容提供者之间需要频繁地建立传输链路[15-16]。而被动式的视频服务系统无法适应频繁变化的传输链路，难以满足内容的并发需求，从而导致内容分发机制扩展性差和服务质量低下等问题。同时，用户查询内容引起的高启动时延（即从用户发送内容请求消息到

接收流媒体数据的间隔时间）也严重影响视频播放的流畅性，降低用户体验质量（Quality of Experience，QoE）[17]。此外，在移动网络环境下的视频点播还会面临用户节点移动性所带来的问题。移动网络底层拓扑动态变化，使得传统内容查询效率低下，内容传输与分发困难。因此，需要通过分析用户播放行为信息，挖掘用户相似行为关联及移动性的潜在规律，预测用户未来的内容需求，从而指导节点高效分发内容服务数据。

针对上述情况，本章重点关注下面 3 个问题。

（1）难以预测用户请求偏好导致获取服务时延高

视频服务的自主性，使得用户可以随时随地访问视频的任意内容。这种自主性使得流媒体系统难以根据用户偏好预先对访问内容进行缓存、预取，从而导致用户需要从远端服务器获取服务内容，大大增加了服务获取的时延。

（2）无法评估用户访问内容时的状态导致播放频繁抖动

在视频服务中用户与视频的互动性强，而且用户可以随意加入或退出视频的观看，若无法准确评估用户的播放状态，则会导致数据传输链路质量频繁抖动，给维持视频播放的稳定带来极大的挑战。

（3）移动节点位置动态变化导致用户体验质量差

移动网络下，用户节点频繁移动，底层拓扑动态变化，接入带宽质量动态变化，使得传统内容分发系统在移动环境下维护代价高，查询效率低下，移动数据传输不稳定，从而严重影响了用户的体验质量。

2.1.2　研究现状

现有研究主要根据用户的历史播放记录分析用户的请求偏好，并据此预先下载热门内容到用户的本地缓冲区，来降低获取内容的服务时延[18-19]。文献[18]提出了一个基于观看日志的用户行为预测策略（Predict and Prefetch，PREP）。PREP 设计了一个日志数据预处理算法，能够将用户的观看日志转换成不同播放状态的形式化表征。考虑到用户播放状态具有的动态性，PREP 建立马尔可夫（Markov）状态转移模型，并根据强化学习机理进行迭代训练，从而预测用户未来的播放状态。根据预测结果，PREP 利用 gossip 协议缓存预测的视频内容，以减少内容请求响应时间及服务器负载。然而，该方法中的状态转移过程依赖于用户的初始播放状态，而忽略了用户的播放跳转频率等行为，使得 PREP 难以精确预测用户的播放状态。此外，利用 gossip 协议查询预取内容将增加网络的流量负载。

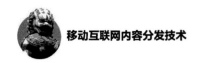

文献[19]提出了基于历史记录的视频内容最优预取机制（Optimal Prefetching Scheme，OPS），通过分析用户历史播放记录，建立基于分类的内容检索模型，该模型具有记录节点内容存储的结构表，能够减少内容查询所需的存储空间，同时降低对用户查询行为归类的时间复杂度。OPS 统计了查询类别对应的访问频率，并利用这些频率计算每两个视频块间的跳转关联概率。然而，OPS 所提出的用户内容查询行为分类模型，实质上是根据视频块编号来建立的块间关联，此种分类方法过于简单，忽略了用户对视频内容兴趣的动态性。此外，OPS 利用用户在视频块间的跳转频率计算各类请求行为的概率，并进一步表示用户查询行为发生的概率。OPS 无法全面地描述用户内容查询需求的变化趋势。因此，OPS 的预测精度较低，难以确保视频内容预取效率。

通过以上分析可以看出，现有用户行为认知的研究仅关注随机跳转频率的优化，却忽略了用户个体特性和兴趣需求的变化，使得预测精度低下，预取结果无法满足用户需求，造成移动网络带宽和存储资源浪费严重等问题。为此，针对现有用户行为认知研究中存在的问题，本章将介绍一种移动网络用户行为认知方法（Reliability-Awared Cognitive Mechanism，RACOM），具体包括基于蚁群算法的用户请求偏好分析方法、内容访问行为的状态评估与预测机制和基于马尔可夫过程的移动相似性评估方法。

（1）基于蚁群算法的用户请求偏好分析方法

由于用户随机访问视频内容的播放特性与蚂蚁觅食行为具有较高相似性，该算法考察了用户播放日志中视频块间关联频率以及基于播放连续性的用户兴趣度，利用蚁群算法评估视频块间的跳转概率。该算法借助当前用户对视频内容的兴趣程度，为每个播放进度跳转行为建立一个最优访问路径集（Optimal Access Path Set，OAPS），将用户当前的播放记录与对应的 OAPS 进行匹配，将匹配结果作为视频块间跳转概率的权值，利用加权视频块跳转概率预测用户未来请求行为（即未来可能访问的内容资源）。

（2）内容访问行为的状态评估与预测机制

通过统计用户观看日志中每个视频块被观看的频率，进而计算视频块之间的共现评估值（即每个用户访问该视频块前观看视频块数量的评估值）的期望和方差，

从而获得用户访问状态的可靠性范围。该机制提出了一个用户播放状态预测算法，综合用户播放状态评估模型和用户播放行为预测模型，获取用户未来可靠性周期时间（所预测未来内容块的播放时间）。

（3）基于马尔可夫过程的移动相似性评估方法

通过记录用户移动过程中经过的基站接入点，将移动过程建模为连续的马尔可夫过程，并借助用户节点在基站范围内停留的时间，评估节点状态的转移概率。由于节点的停留时间与节点的移动速度存在一定的反比例关系，本方法将给出一个状态转移矩阵，并预测异构节点间的移动轨迹相似度，为基于用户行为的内容分发奠定理论基础。

2.2　基于蚁群算法的用户请求偏好分析方法

2.2.1　算法概述

蚁群算法可以根据蚂蚁觅食的行为来解决复杂的离散组合优化问题[20]。离散组合问题（Discrete-Combinatorial Problem，DCP）通常采用图的方式进行描述，即 $G=(V,P)$，其中，V 是顶点集合，P 是连接顶点的路径集合。G 中每一条可行的路径 P_i 就表示该组合问题的一个解决方案。蚂蚁在经过所选的路径时，将释放生物信息素，经过反复多次的迭代，最终蕴含信息素最大的路径则被视为最优解。蚂蚁的觅食行为与用户的交互式播放行为具有较高的相似性。在视频服务系统中，视频通常被划分为 n 个子块，即 $\text{Video}=\{c_1,c_2,\cdots,c_n\}$。每一个视频块 c_i 均可被视为 G 中一个顶点 $v_i\in V$，则 V 和 P 的大小分别为 n 和 $n(n-1)$。用户交互式请求行为模型如图 2-1 所示，当用户的播放进度从一个视频块迁移到另一个视频块时，播放进度的跳转行为即可被视为一个蚂蚁经过一条路径。在播放进度的迁移过程中，播放进度每次可经过的路径均为 $n-1$。根据蚁群算法可知，在 $n-1$ 条边集合 $\{p_{i1},p_{i2},\cdots,p_{in}\}$，$n\neq i$ 中，用户经过频率最高的边 p_{ij} 则可被视为最优解，即 c_j 被视为用户未来需要获取的内容。因此，建立最优解问题模型 $Q=(S,\Omega,f)$。

① S 为决策变量 Y_i（问题解）的有限集合，用来表示搜索空间，其中 Y_i 的值域可被定义为 $\{y_i^{(1)},y_i^{(2)},\cdots,y_i^{(j)}\}$，$j=1,2,\cdots,n-1$，$j\neq i$，即播放进度的下一个跳转目标视频

块拥有 $n-1$ 个候选值$(c_1,c_2,\cdots,c_n)$，$n\neq i$。

② Ω 为变量 Y_i 的限制域。所有的问题解应当满足 Ω 中所有限制条件。对于用户随机跳转行为而言，Ω 通常被设置为 $\varnothing$ 。

③ f 为目标函数。每一个问题解 $Y_i \in S$ 均对应一个目标函数值 $f(Y_i)$。若 Y_i 能够满足 Ω 中所有限制条件且 $f(Y_i) \geqslant f(S)$，则 Y_i 被称为全局最优解。也就是说，若视频块 c_j 拥有以 c_i 为起始块的最大被访问概率，则 c_j 可被视为用户未来最可能访问的视频内容。

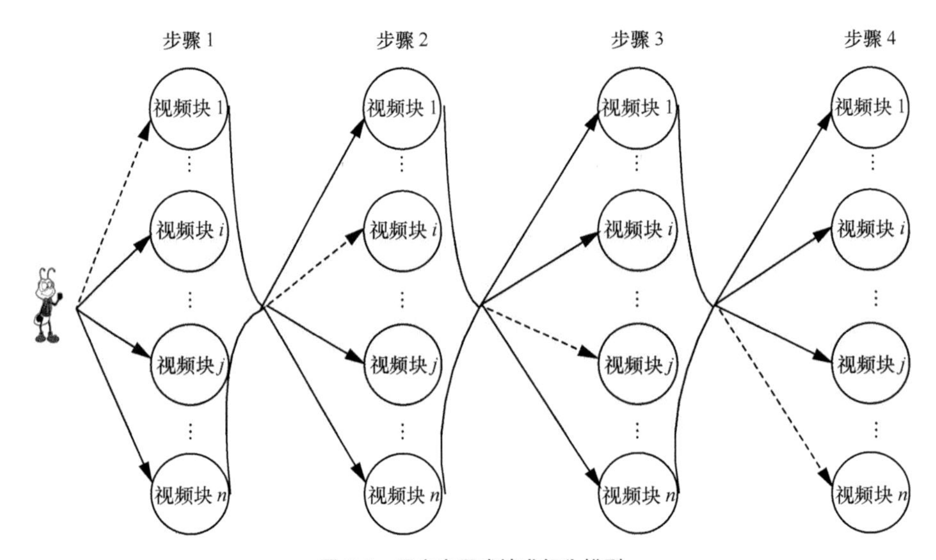

图 2-1　用户交互式请求行为模型

本章主要的变量名称及其定义见表 2-1。路径信息素 τ 、启发因子 η 和路径选择概率模型作为蚁群算法的重要部分决定着用户未来请求行为的预测精确度（预测模型性能）。接下来，将结合视频服务特性和用户请求行为分别计算 τ 与 η ，进而构建路径选择概率模型。

表 2-1　本章主要的变量名称及其定义

变量	定义
$S_{\log}$	用户历史请求记录集合
N	一个视频所划分的视频块数量总和
c_i	任意视频块 i
len	视频块长度（单位为 s）

（续表）

变量	定义
S_{c_i}	下标小于 i 的视频块子集
$S_{\log_{c_i}}$	包含 c_i 的日志子集
I_i	度量用户播放行为可靠性的区间
S_{interval}	用户可靠性区间的集合
p_{ij}	用来表示用户播放进度从 c_i 跳转至 c_j 的一条路径
$S_{\log_{p_{ij}}}$	包含 p_{ij} 的日志子集
p_{str}	连续路径构成的路径播放序列
$S_{p_{ij}}$	路径 p_{ij} 的选择概率
S_{path}	所有路径的选择概率集合
$L_{p_{dh}\to p_{hk}}$	用来表示用户播放进度从 p_{dh} 跳转至 p_{hk} 的一个路径关联
$C_{p_{ij}}$	路径 p_{ij} 的最优访问路径集合
S_{OPAS}	所有路径的最优访问路径集合列表

2.2.2　路径信息素的生成

在传统的蚁群算法中，蚂蚁经过路径时所释放的信息素是相同的。然而，对于用户的请求行为而言，不同的路径反映出用户对视频内容不同的兴趣程度，使得蚂蚁经过每条路径所留下的信息素也不同。下面，将利用路径的方向和长度来定义每个蚂蚁经过该条路径留下的信息素的值。

（1）路径方向

设 i 和 j 分别表示路径 p_{ij} 的顶点 c_i 与 c_j 的编号。$i-j>0$ 与 $i-j<0$ 分别表示路径方向：正向和反向路径。由于视频是由具有连续的情节片段构成的，播放进度通常按照顺序正向移动的方式完成播放。播放进度的正向移动表明用户跳过部分视频内容，该行为表明用户对当前视频内容拥有较低兴趣；播放进度的反向移动表明用户需要重温已观看过的视频内容，当播放进度经过一条反向路径时，可视为用户对该视频内容拥有较高兴趣。因此，在反向边上释放的信息素应当高于在正向边上的信息素。

（2）路径长度

采用定点编号之差的绝对值来表示路径长度，例如路径 p_{ij} 的长度可表示为$|i-j|$。正向路径的长度越大，则用户忽略的内容就越多，表明用户对当前视频内容的兴趣程度越低；反向路径的长度越大，则用户重温的内容可能就越多，表明用户对视频

内容兴趣程度越高。

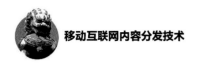

如式（2-1）所示，$\tau_{p_{ij}}$ 为当播放进度经过路径 p_{ij} 后释放的信息素值。

$$\tau_{p_{ij}} = \begin{cases} \operatorname{arccot}(|i-j|), & i-j>0 \\ \arctan(|i-j|), & i-j<0 \end{cases} \quad (2\text{-}1)$$

其中，arccot(i–j)为 i–j 的反余切函数值，其值随 i–j 的值增大而减小；acrtan(j–i)为 j–i 的反正切函数值，其值随 j–i 的值增大而增大。由式（2-1）可知，反向路径的信息素大于或等于正向路径的信息素（当$|i-j|=1$ 时，反向路径的信息素等于正向路径的信息素），并且正向路径的信息素随着路径长度的递增呈线性减小的趋势，而反向路径的信息素随着路径长度的递增而线性增加。

2.2.3 路径启发因子的生成

在蚁群算法中，每条路径 len 都会拥有一个对应的启发因子 $\overline{P_{ij}}$ 。根据视频服务特性，连续的播放行为表明用户对当前视频内容兴趣程度较高，此类用户对当前路径启发值的影响应当较大；用户浏览观看视频引起频繁的随机跳转，这种播放行为表明用户对当前内容兴趣程度较低，其对当前路径启发值的影响较小。通过考察每个日志在访问 p_{ij} 之前用户播放行为的连续性，将用户播放连续性的评估值作为 p_{ij} 的启发因子 L_i，从而综合地评价用户对当前视频内容的兴趣程度。例如，通过对比两个用户观看记录片段($c_1,c_2,c_3,c_5,c_6,c_7,c_9,c_{10},c_{13}$)和($c_1,c_6,c_{10},c_{13}$)，能够反映用户在访问路径 $p_{(10)(13)}$之前，前者对当前内容的兴趣程度要高于后者。

设 $S_{\log}=\{l_1,l_2,\cdots,l_m\}$为历史用户播放日志集合，$S_{\log_{p_{ij}}} \in S_{\log}$ 为包含路径 p_{ij} 的日志子集。通过分析 $S_{\log_{p_{ij}}}$ 中元素考察访问路径 p_{ij} 之前的路径连续性，将路径连续性评估值作为启发因子 $\overline{P_{ij}}$ 。

将任意日志设为 $l_x=\{c_1,c_2,\cdots,c_i,c_j,\cdots,c_k,c_v\}, l_x \in S_{\log_{p_{ij}}}$ 可进一步表示为路径的集合，即 $l_x=\{p_{12},\cdots,p_{ij},\cdots,p_{kv}\}$。若 p_{ij} 在 l_x 中出现的频率为 e，则可从 l_x 中抽取 e 个路径子集($ss_1,ss_2,\cdots,ss_e$)，其中每个元素以任意路径为起始路径，以 p_{ij} 为结束路径。例如，$l_x=\{p_{12},\cdots,p_{ij},p_{jl},\cdots,p_{kv}\}$ 包含了两个路径子集：$ss_1=\{p_{12},\cdots,p_{ij}\}$和 $ss_2=\{p_{jl},\cdots,p_{kv}\}$。使用播放序列路径表示连续路径和非连续路径。在任意路径子集 ss_b 中，由 p_{12}，p_{23}，p_{34} 构成路径的播放序列 p_{str_1} ，而 p_{46} 构成播放序列路径 p_{str_2} ，二者的长度分别为 3 和 1。路径的播放序列的长度是评估路径连续性的重要参数，因此，将 ss_b 中路径播

放序列映射到一个二维平面的主对角方格内，路径的播放序列长度的平方值作为路径的播放序列连续性的评估值。如图 2-2（a）所示，路径的播放序列 p_{str_1} 包含了 9 个阴影方格，而 p_{str_2} 则仅拥有一个阴影方格。

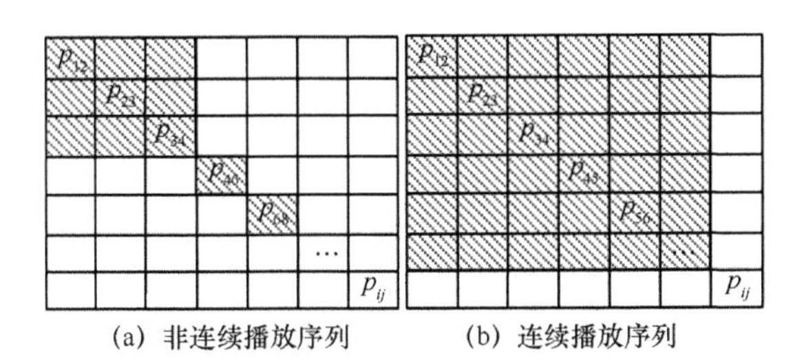

(a) 非连续播放序列　(b) 连续播放序列

图 2-2　路径启发因子评估模型

将 ss_b 中所有路径的播放序列的连续性评估值之和用来表示 ss_b 的连续性评估值。

$$U_{\mathrm{ss}_b}=\sum_{c=1}^{|\mathrm{ss}_b|}|p_{\mathrm{str}_c}|^2 \tag{2-2}$$

其中，$|\mathrm{ss}_b|$为 ss_b 中路径的播放序列数量，$|p_{\mathrm{str}_c}|$为路径的播放序列 p_{str_c} 的长度。将 ss_b 的连续性评估值进行归一化处理。

$$\hat{r}_{\mathrm{ss}_b}=\begin{cases}1, & r_{\mathrm{ss}_b}>1\\ r_{\mathrm{ss}_b}, & r_{\mathrm{ss}_b}\leqslant 1\end{cases}, r_{\mathrm{ss}_b}=\frac{U_{\mathrm{ss}_b}}{(i-1)^2} \tag{2-3}$$

其中，$(i-1)^2$为长度为 $i-1$ 的路径的播放序列$(p_{12},p_{23},\cdots,p_{(i-1)i})$产生的路径的播放序列连续性评估值，如图 2-2（b）所示。由于反向路径的存在，如果用户重复观看某一段内容，那么 r_{ss_b} 的值就可能会大于 1。因此，若 $r_{\mathrm{ss}_b}>1$，$\hat{r}_{\mathrm{ss}_b}=1$；若 $r_{\mathrm{ss}_b}\leqslant 1$，$\hat{r}_{\mathrm{ss}_b}=r_{\mathrm{ss}_b}$。路径 p_{ij} 在 l_x 中的启发因子可以通过式（2-4）获得。

$$\overline{\eta}_{p_{ij}}^{l_x}=\begin{cases}\sum_{t=1}^{e}\hat{r}_{\mathrm{ss}_t}, & i>1\\ 1, & i=1\end{cases} \tag{2-4}$$

其中，$\overline{\eta}_{p_{ij}}^{l_x}=1$ 表示当前播放进度访问的视频块为 c_1。通过计算 p_{ij} 在 $S_{\log}$ 中出现的频率，根据式（2-5），可获得路径 p_{ij} 的总信息素大小以及启发因子。

$$\hat{\tau}_{p_{ij}}=\sum_{c=1}^{|S_{\log_{p_{ij}}}|}\tau_{p_{ij}}^{l_c}, \hat{\eta}_{p_{ij}}=\sum_{c=1}^{|S_{\log_{p_{ij}}}|}\overline{\eta}_{p_{ij}}^{l_c} \tag{2-5}$$

其中，$|S_{\log_{p_{ij}}}|$为日志子集 $S_{\log_{p_{ij}}}$ 中所含元素数量。根据蚁群算法的路径选择概率模型，

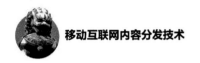

请求点经过路径 p_{ij} 的概率为

$$S_{p_{ij}}=\frac{(\hat{\tau}_{p_{ij}})^{\alpha}\times(\hat{\eta}_{p_{ij}})^{\beta}}{\sum_{c=1}^{n-1}(\hat{\tau}_{p_{ic}})^{\alpha}\times(\hat{\eta}_{p_{ic}})^{\beta}},\quad S_{p_{ij}}\in[0,1] \tag{2-6}$$

其中，α 和 β 分别为 $\hat{\tau}_{p_{ij}}$ 和 $\hat{\eta}_{p_{ij}}$ 的调节因子。利用式（2-6），能够获得每条路径被访问的概率集合 $S_{\text{path}}=\{S_{p_{12}},S_{p_{23}},\cdots,S_{p_{(n-1)n}}\}$。

2.2.4 加权路径选择概率模型

实时的用户请求日志不仅能够反映用户当前的请求行为，而且能够反映出其对当前内容资源的兴趣程度。将其作为路径选择概率的权值，进而优化路径选择概率模型。通过路径跳转概率为每条路径生成对应的 OAPS，即用户最可能通过的路径子集。将用户当前的播放日志与 OAPS 进行匹配，从而评估用户当前播放行为对路径跳转概率的影响程度。

首先，考察路径与路径之间的关联程度，计算每一条路径 p_{ij} 的最优访问路径 OAPS-$C_{p_{ij}}$，即访问 p_{ij} 之前所包含的路径在 $S_{\log}$ 中出现的概率最高的路径子集，从而构成 p_{ij} 的 $C_{p_{ij}}$。将 $C_{p_{ij}}$ 与用户当前的播放日志 tr_x 进行比较，计算 $C_{p_{ij}}$ 与 tr_x 之间的匹配程度，作为路径访问概率权重，从而获得加权的路径访问概率，预测用户未来的播放行为。

设 $L_{p_{dh}\to p_{hk}}$ 为路径 p_{dh} 与 p_{hk} 之间的关联。通过考察 $S_{\log_{p_{ij}}}$ 中元素，计算 $L_{p_{dh}\to p_{hk}}$ 的出现概率，即式（2-7）。

$$R_{p_{dh}\to p_{hk}}=\frac{F_{p_{dh}\to p_{hk}}}{\sum_{u=1}^{n-1}F_{p_{uh}\to p_{hk}}},R_{p_{dh}\to p_{hk}}\in[0,1] \tag{2-7}$$

其中，$F_{p_{dh}\to p_{hk}}$ 为 $L_{p_{dh}\to p_{hk}}$ 在 $S_{\log_{p_{ij}}}$ 中出现的频率。设 CS(p_{ij})为一个访问 p_{ij} 的路径组合集合，其中每一个元素可以被定义为 $c_x=(p_{ab},p_{bc},\cdots,p_{ki})$。利用式（2-8）计算 CS($p_{ij}$)中每个元素的路径间关联评估值，并且将最大关联评估值 $A_{c_x}^{\max}$ 视为 p_{ij} 的最优访问路径。需要注意的是，CS(p_{ij})中不包含反向路径，这是因为反向路径能够产生回路，从而导致路径关联评估值趋向于+∞。根据式（2-8），可以获得 p_{ij} 对应的最优访问路径，即 $C_{p_{ij}}$ 中元素组成的路径关联所产生的出现概率较大的路径集合被视为 p_{ij} 对

应的最优访问路径。

$$\hat{A}_{c_x}^{p_{ij}} = \begin{cases} A_{c_x}^{p_{ij}}, & A_{c_x}^{p_{ij}} < 1 \\ 1, & A_{c_x}^{p_{ij}} \geqslant 1 \end{cases} \tag{2-8}$$

$$A_{c_x}^{p_{ij}} = R_{p_{ab} \to p_{bc}} + R_{p_{bc} \to p_{cd}} + \cdots + R_{p_{ki} \to p_{ij}}$$

设 $S_{\text{OPAS}} = \{(p_{12}, C_{p_{12}}), (p_{13}, C_{p_{13}}), \cdots, (p_{n(n-1)}, C_{p_{n(n-1)}})\}$ 为一个非空有限集合，其中每个元素由二元组构成，存储着路径与其对应的最优访问路径。特别地，若 $i<3$，则 $C_{p_{ij}} = \varnothing$。设用户在经过 p_{ij} 之前所观看的视频日志为 $\text{tr}_x=(p_{ab},p_{bc},\cdots,p_{ki})$。通过式（2-9），能够计算 tr_x 与 p_{ij} 的最优访问路径 $C_{p_{ij}}$ 之间的差异评估值。

$$w_{p_{ij}}^{\text{tr}_x} = \begin{cases} \cos\left[|\hat{A}_C^{p_{ij}} - \hat{A}_{\text{tr}_x}^{p_{ij}}| \times \left(\dfrac{|C_{p_{ij}} - \text{tr}_x|}{|C_{p_{ij}}|} \right) \right], & C_{p_{ij}} \neq \varnothing \\ 1, & C_{p_{ij}} = \varnothing \end{cases} \tag{2-9}$$

其中，$\hat{A}_C^{p_{ij}}$ 和 $\hat{A}_{\text{tr}_x}^{p_{ij}}$ 分别为 $C_{p_{ij}}$ 和 tr_x 对应的关联评估值。$|C_{p_{ij}}|$ 和 $|C_{p_{ij}} - \text{tr}_x|$ 分别为 $C_{p_{ij}}$ 中元素数量和 $C_{p_{ij}}$ 与 tr_x 的差集中元素数量。通过利用式（2-10），能够计算路径 p_{ij} 的加权概率评估值。

$$\text{WS}_{p_{ij}} = w_{p_{ij}}^{\text{tr}_x} \times S_{p_{ij}}, \quad \text{WS}_{p_{ij}} \in [0,1] \tag{2-10}$$

假设用户的播放进度位于 c_i，根据式（2-10），用户未来需要获取的内容为 $\max[\text{WS}_{p_{i1}}, \text{WS}_{p_{i2}}, \cdots, \text{WS}_{p_{in}}]$，即拥有加权路径跳转概率值最大的路径。这样就可以以最大的概率去预测下一步用户最有可能跳转的视频内容。

2.3　内容访问行为的状态评估与预测

用户内容访问行为能够反映出用户对当前所观看视频内容的兴趣程度。具体来说，跳转频率较低的用户对当前内容的兴趣程度相对较高，则用户缓冲区中内容替换频率相对较低。较少的随机替换缓冲区中内容能够减少内容查询消息的发送数量，降低内容提供者与接收者间的逻辑连接抖动程度。反之，频繁执行随机跳转的用户对当前视频内容拥有较低的兴趣程度，不仅会增加状态的维护开销和与其他节点的逻辑连接抖动，而且会降低系统中可用资源的数量。因此，需要准确识别用户内容访问状态，使内容请求者能够自主选择播放状态可靠的内容提供者，降低播放中断

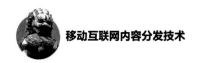

概率，从而能够辅助系统辨别真实的内容需求状况，进一步优化内容分布。然而，在内容访问行为分析及预测领域内，关于访问状态方面的研究还比较少。为此，本节提出一种内容访问状态评估与预测机制，不仅可以识别内容访问状态的可靠性，而且能够根据用户行为，预测用户未来播放状态的可靠周期。

2.3.1 状态评估模型

与视频块间用户跳转关联不同，共现关联不依赖用户访问行为中播放进度在视频块间的跳转行为，而是考察视频块间共同出现的频率，从而评估视频片段内容之间的关联程度。利用这种共现关联评估值为每个视频块计算可靠性范围，进而根据用户当前播放日志评估用户业务状态的可靠性。

对于任一视频块 c_i，与其对应的共现关联视频块集合为 $S_{c_i}=\{c_1,c_2,\cdots,c_{i-1}\}$，其中集合 S_{c_i} 的长度为 $i-1$，而且 S_{c_i} 中元素的下标均小于 i。以计算 c_i 与 $c_j\in S_{c_i}, j<i$ 之间的共现关联评估值为例。若 c_i 与 c_j 同时出现在日志 l_h 中，c_i 与 c_j 之间的共现关联频率为 1。设 $S_{\log_{c_i}}=\{l_a,l_b,\cdots,l_k\}$，$S_{\log_{c_i}}\in S_{\log}$，其中 $S_{\log_{c_i}}$ 中每个元素均包含 c_i。从 $S_{\log_{c_i}}$ 的任意元素 l_h 中抽取一个块子集 $S_{\text{chunk}}^{l_h}=\{c_a,c_b,\cdots,c_v\}$，其中 $S_{\text{chunk}}^{l_h}$ 中所有元素均在 c_i 之前出现且下标均小于 i。通过分析 $S_{\log_{c_i}}$ 中类似于 $S_{\text{chunk}}^{l_h}$ 的块子集，统计 c_i 与任意块 c_j 的 $C_{c_i\leftrightarrow c_j}$ 共同出现频率，进而利用式（2-11）计算 $C_{c_i\leftrightarrow c_j}$ 的评估值。

$$P_{c_i\leftrightarrow c_j}=\frac{f_{c_i\leftrightarrow c_j}}{\sum_{b=1}^{i-1}f_{c_i\leftrightarrow c_b}},P_{c_i\leftrightarrow c_j}\in[0,1] \tag{2-11}$$

其中，$f_{c_i\leftrightarrow c_j}$ 为 $C_{c_i\leftrightarrow c_j}$ 在 $S_{\log_{c_i}}$ 中出现的频率。$\sum_{b=1}^{i-1}f_{c_i\leftrightarrow c_b}$ 为 c_i 与 S_{c_i} 中所有元素的共现关联频率之和。利用式（2-11），可以求出 c_i 与 S_{c_i} 中所有元素的共现关联评估值，即 $S_{c_i}=\{P_{c_i\leftrightarrow c_1},P_{c_i\leftrightarrow c_2},\cdots,P_{c_i\leftrightarrow c_{i-1}}\}$，$\sum_{b=1}^{i-1}P_{c_i\leftrightarrow c_b}=1$，特别地，$S_{c_1}=\varnothing$。显然，$P_{c_i\leftrightarrow c_j}$ 值越大，则表明 c_i 与 c_j 之间的关联程度越高（视频片段的内容之间联系越紧密）；反之，$P_{c_i\leftrightarrow c_j}$ 值越小，则表明 c_i 与 c_j 之间的关联程度越低（即两个视频片段内容之间的相关性越低）。

为了评估用户当前业务状态可靠性，需要分析 $S_{\log_{c_i}}$ 中的所有元素，计算在每个日志 $l_t\in S_{\log_{c_i}}$ 中 S_{c_i} 所有元素的共现关联评估值之和，如式（2-12）所示。

$$P_{l_t} = \sum P_{c_i \leftrightarrow c_a}, \quad P_{l_t} \in [0,1] \tag{2-12}$$

P_{l_t} 实质上为 l_t 中关于 c_i 的共现关联评估值。利用式（2-12），能够获得集合 $S_{\log_{c_i}}$ 中所有元素关于 c_i 的共现关联评估值分布，即 $D_{c_i} = (P_{l_a}, P_{l_b}, \cdots, P_{l_h})$。因此，通过利用式（2-13），计算在样本集合 D_{c_i} 中关于的 c_i 的共现关联期望值。

$$E(D_{c_i}) = \frac{\sum_{b=a}^{|S_{\log_{c_i}}|} P_{l_b}}{|S_{\log_{c_i}}|}, \quad E(D_{c_i}) \in [0,1] \tag{2-13}$$

其中，$|S_{\log_{c_i}}|$ 为集合 $S_{\log_{c_i}}$ 中元素数量。$E(D_{c_i})$ 实质上表示与 c_i 内容相关视频块对应的共现关联频率比例平均值，被用来评估内容访问状态。设用户正在观看 c_i 且访问日志为 tr_x，利用式（2-12）评估 tr_x 的共现关联评估值 P_{tr_x}，即内容访问状态评估值。若 $P_{\mathrm{tr}_x} > E(D_{c_i})$，则表明用户对当前视频内容兴趣程度较高，即该内容访问状态是可靠的；反之，若 $P_{\mathrm{tr}_x} < E(D_{c_i})$，则表明当前内容访问状态为不可靠。为了提高评估精度，进一步地利用式（2-14）计算 D_{c_i} 的标准差。

$$\sigma(D_{c_i}) = \sqrt{\frac{\sum_{b=a}^{|S_{\log_{c_i}}|} (P_{l_b} - E(D_{c_i}))^2}{|S_{\log_{c_i}}|}}, \quad \sigma(D_{c_i}) \in [0,1] \tag{2-14}$$

在此基础上，可以利用所得到的 $E(D_{c_i})$ 和 $\sigma(D_{c_i})$ 计算内容访问状态可靠性范围 $I_i = [E(D_{c_i}) - \sigma(D_{c_i}), 1]$。因此，$n$ 个视频块拥有对应的可靠性度量区间，即 $S_{\mathrm{interval}} = \{I_1, I_2, \cdots, I_n\}$。任意节点 N_i 与其他节点 n_j 交换本地的访问记录 $\mathrm{tr}_j = \{c_1, c_2, \cdots, c_k\}$，$N_i$ 利用 $S_{c_k} = \{P_{c_k \leftrightarrow c_1}, P_{c_k \leftrightarrow c_2}, \cdots, P_{c_k \leftrightarrow c_{k-1}}\}$ 计算 tr_j 共现关联评估值。

$$P_{\mathrm{tr}_j} = \sum_{h=1}^{|\mathrm{tr}_j|} P_{c_k \leftrightarrow c_h}, \quad P_{\mathrm{tr}_j} \in [0,1] \tag{2-15}$$

其中，$|\mathrm{tr}_j|$ 为 tr_j 中元素数量，P_{tr_j} 为 tr_j 的共现关联评估值。若 $P_{\mathrm{tr}_j} \in I_k$，则表明 n_j 的访问状态是可靠的；反之，若 $P_{\mathrm{tr}_j} \notin I_k$，则表明 n_j 的访问状态为不可靠。

2.3.2 状态预测算法

通过利用当前播放日志及其内容访问状态的可靠性范围能够判断用户当前业务服务状态，该状态值在用户选择内容提供者时可作为依据来判断逻辑连接是否可靠，

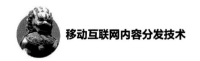

而且能够根据可靠性结果决定探测内容访问状态的周期，即可靠性越高，则状态探测周期时间越长，从而降低用户状态维护代价。反之，可靠性越低，则需要频繁地发送状态询问消息，这极大增加了移动节点负载和网络负载。为了降低内容访问状态维护负载，可将内容访问状态不可靠的用户视为“噪声”节点，即该节点上存储的视频内容由于替换频率较高容易引发逻辑连接抖动，从而选择放弃维护该节点状态。对于内容访问状态为可靠的节点，则可设计一个动态维护周期策略，利用可变维护周期探测内容访问状态，从而减少维护负载。作为动态调节维护周期的依据，预测内容访问状态可靠性的周期时间成为决定状态维护开销的重要因素。

网络中任意节点 N_i 可通过与其他节点 n_x 交换本地的播放记录 $\text{tr}_x=\{c_a,c_b,\cdots,c_k\}$，并利用式（2-15）计算 n_x 的共现关联评估值 P_{tr_x}。若 $P_{\text{tr}_x}\in I_k$，N_i 可利用 tr_x 预测 n_x 未来访问的视频块 c_h。将 c_h 添加至预测块集合 $S_{\text{pchunk}_{n_x}}$。将 tr_x 与 $S_{\text{pchunk}_{n_x}}$ 合并，生成一个新的观看记录 $\text{tr}_x^{(\text{new})}=\{c_a,c_b\cdots,c_k,c_h\}$。$N_i$ 可利用式（2-15）重新计算 n_x 的共现关联评估值并判断 n_x 的可靠性。若 $P_{\text{tr}_x^{(\text{new})}}\in I_h$，$N_i$ 继续预测下一个未来访问的视频块，并迭代上述过程。反之，若 $P_{\text{tr}_x^{(\text{new})}}\notin I_h$，$N_i$ 将 c_h 从 $S_{\text{pchunk}_{n_x}}$ 中删除并终止预测。上述迭代过程的收敛条件为 n_x 的状态为不可靠或预测视频块的下标小于 tr_x 或 $\text{tr}_x^{(\text{new})}$ 中队尾元素下标。经过反复迭代，可以获得一个预测视频块集合 $S_{\text{pchunk}_{n_x}}=\{c_h,c_i,\cdots,c_t\}$，将 $|S_{\text{pchunk}_{n_x}}|\times\text{len}$ 作为用户未来的可靠性周期时间。内容访问状态可靠效度预测算法伪代码如算法 2-1 所示。

算法 2-1 内容访问状态可靠效度预测

```
while(true)
    /*通过式（2-10）计算视频块的加权概率*/
    p_kh=MAX[WS_i(i+1),WS_i(i+2),…,WS_in];
    if(h<k)
        break;
    end if
    将 c_h 加入预测的视频块集合 S_pchunk_nx;
    将 tr_x 与 S_pchunk_nx 合并到 tr_x^(new);
    通过式（2-15）计算 P_tr_x^(new);
    if(P_tr_x^(new) ∉ I_k[lb,ub])
```

```
            将 c_h 从 S_pchunk_nx 中移除;
            break;
        end if
    end
    用|S_pchunk_nx|×len 预测 n_x 的可靠效度;
```

接下来，将视角从单个用户扩展到一个区域内的用户群，从另一个角度——用户移动性，来探索移动网络中的用户行为，并尝试从中找到能够进一步优化移动网络服务质量的方法。

2.4　基于马尔可夫的移动相似性评估方法

移动网络中的用户节点往往处在运动之中，节点之间的地理距离迅速变化使节点之间的数据交付效率难以达到所需要求，导致了内容在分发过程中维护代价高但分发效率低下。鉴于此，需要考虑用户的移动特性。下面本节将从用户移动行为建模和移动行为相似性评估两方面进行研究。

2.4.1　用户移动行为建模

在用户的移动过程中，节点会经过多个访问点（Access Point，AP）。每个节点可以记录所经过的访问点以及进入、离开各个访问点的时间。但是，通过分析现有的节点轨迹并不能预测节点未来的运动。本节将介绍用户移动行为的建模。

为了加入用户的移动信息，考虑将集合 V 中的任意用户节点 v_i 以一个四元组进行具体表示，即 $v_i=(\mathrm{ID}_i,\mathrm{ST}_i,\mathrm{RT}_i,A_i)$来存储移动信息。其中，$\mathrm{ID}_i$ 和 A_i 分别表示用户 ID 和所绑定基站的 ID，ST_i 表示用户在基站信号覆盖范围内的停留时间，RT_i 表示记录此关联的时间戳。用户节点状态 S_a 表示某个用户节点 v_i 正处在基站 AP_a 信号覆盖范围之内并与之连接。当节点尚且没有离开现有基站 AP_a 的范围时，用户节点的状态仍然是 S_a，并未改变。假设节点 v_i 由于移动等原因，离开基站 AP_a 的范围，进入基站 AP_b 的范围内，此移动节点状态已发生改变，由 S_a 变为 S_b。节点状态转变的过程可用马尔可夫过程描述，$\{X_n,n>0\}$，$X_n\in S$[21]。其中，X_n 表示第 n 次的节点状态，$S=\{s_1,s_2,\cdots,s_v\}$表示用户节点状态的集合。转换状态 X_n 和集合状态 S 可用于描述用户移动轨迹。使用 $T_n(T_0=0)$表示第 n 次状态转移的时间，同时定义节点状态 S_a 的持续时间为 $t_{s_a}^{(e)}$。也就是说，$t_{s_a}^{(e)}$ 就是节点 v_i 在 AP_a 信号覆盖范围内的停留时间。在 T_n 时刻从 S_a 到 S_b 的状态转移过程中停留时长 $t_{s_a}^{(e)}$ 的发生概率被表示为 T_{ab}。

$$\begin{aligned} T_{ab} = \Pr\{X_{n+1}=b, T_{n+1}-T_n \leqslant t \mid X_n = a\} = \\ \Pr\{X_{n+1}=b \mid X_n=a\} \times \\ \Pr\{T_{n+1}-T_n \leqslant t \mid X_{n+1}=b, X_n=a\} = \\ p_{ab}H_{ab} \end{aligned} \tag{2-16}$$

其中，p_{ab} 表示 S_a 到 S_b 的概率。$H_{ab}=\Pr\{T_{n+1}-T_n\leqslant t|X_{n+1}=b,\ X_n=a\}$表示从 S_a 到 S_b 状态转移触发前停留时间 $t_{s_a}^{(e)}$ 的发生概率。

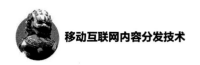

2.4.2 移动行为相似性评估

本小节考虑采用马尔可夫过程来预测节点间的移动相似性（Mobility Similarity Measurement Model，MSMM）。显而易见的是，在不考虑下一次转移状态的前提下，t_{s_a} 等于移动节点状态 S_a 的持续时间，也就是用户节点 v_i 进入 AP_a 信号覆盖范围内的时间。由于基站范围是一定的，t_{s_a} 与 v_i 的移动速度成反比。t_{s_a} 越大，v_i 的移动速度越低；反之，t_{s_a} 越小，v_i 的移动速度越高。定义“v_i 在 AP_a 的范围内停留的时间是 t_{s_a}”事件发生概率为

$$D_a(t_i) = \sum_{c=1}^{v} T_{ac} \tag{2-17}$$

$D_a(t_i)$描述了 v_i 进入 AP_a 覆盖范围内的频繁程度。假设同一时刻，有其他移动节点也处在 AP_a 的信号覆盖范围之内。简便起见，考虑 AP_a 中信号覆盖范围内仅有两个移动节点的情况，两个用户节点一个是 v_i，另一个为 $v_j \in V$。通过式（2-17）求得 $D_a(t_j)$。显然，节点间移动速度相似度由 v_i 和 v_j 移动速度的差异决定。v_i 和 v_j 的速度差异越小，移动速度相似度便越高；反之，v_i 和 v_j 的速度差异越大，移动速度相似度便越低。考虑到移动节点 v_i 和 v_j 处在随机、动态的运动状态中，$D_a(t_i)$和 $D_a(t_j)$的值必然也是动态随机的。因此，引入式（2-18）描述 $D_a(t_i)$和 $D_a(t_j)$的期望值。

$$\begin{cases} E(D_a(t_i)) = \sum_{i=1}^{n} D_a(t_i)H_{ab} = \sum_{i=1}^{n}\sum_{c=1}^{v} T_{ac}H_{ab} \\ E(D_a(t_j)) = \sum_{j=1}^{n} D_a(t_j)H_{ab} = \sum_{j=1}^{n}\sum_{c=1}^{v} T_{ac}H_{ab} \end{cases} \tag{2-18}$$

两节点间移动速度相似度 RS_{ij} 表示为

$$RS_{ij} = \operatorname{arccot}(\left|E(D_a(t_i)) - E(D_a(t_j))\right|) \times \frac{2}{\pi} \tag{2-19}$$

$E(D_a(t_i))$和 $E(D_a(t_j))$的差别越小，v_i 和 v_j 之间的停留时间相似度越高，二者的移动速度越相近，则两节点同时经过 AP_a 时的移动相似度越高。

根据马尔可夫过程的相关理论，建立一个 $w \times w$ 的转移概率矩阵 $\boldsymbol{P}$。

$$\boldsymbol{P} = \begin{pmatrix} p_{11} & p_{12} & \cdots & p_{1w} \\ p_{21} & p_{22} & \cdots & p_{2w} \\ \vdots & \vdots & & \vdots \\ p_{w1} & p_{w2} & \cdots & p_{ww} \end{pmatrix}$$

其中，p_{ab} 表示移动节点状态从 S_a 变为 S_b 的转移概率（即节点从基站 AP_a 的信号覆盖范围进入下一个基站 AP_b 的信号覆盖范围的转移概率），w 表示状态设置 S 的长度。运动轨迹的相似性与两个因素有关：已获得历史移动轨迹记录和由马尔可夫过程转移概率矩阵 $\boldsymbol{P}$ 做出的移动轨迹预测结果。定义 v_i 和 v_j 之间的移动轨迹相似度 $\mathrm{sim}(v_i,v_j)$如下。

$$\mathrm{sim}(v_i, v_j) = \frac{\sum_{c=1}^{w} p_{ac}^{i} \cdot p_{ac}^{j}}{\sqrt{\sum_{c=1}^{w}\left(p_{ac}^{i}\right)^2} \cdot \sqrt{\sum_{c=1}^{w}\left(p_{ac}^{j}\right)^2}} \tag{2-20}$$

通过将移动速度相似度 RS_{ij} 和移动轨迹相似度 $\mathrm{sim}(v_i,v_j)$进行加权处理，可以获得 v_i 和 v_j 之间的移动相似度。定义 v_i 和 v_j 之间移动相似度 MS_{ij} 如下。

$$MS_{ij} = \mathrm{sim}(v_i, v_j) \times \sum_{c=1}^{|\mathrm{mt}_i \cap \mathrm{mt}_j|} RS_c(v_i, v_j) \tag{2-21}$$

其中，$|\mathrm{mt}_i \cap \mathrm{mt}_j|$ 表示 v_i 和 v_j 运动轨迹 mt_i 和 mt_j 之间交叉点的数量。根据移动网络的一般运行情况，基站能生成移动节点间移动相似度经验值，此经验值则被设置为移动相似度的阈值 TH_m。将 MS_{ij} 和移动节点间移动相似度的阈值 TH_m 对比，如果 MS_{ij} 大于阈值 TH_m，判定二者的移动行为相似性一致；反之，判定二者的移动行为相似性不一致。状态转移矩阵中状态的数量和节点加入的基站数量决定了该方案的复杂度，表示为 $O(w^2)$。

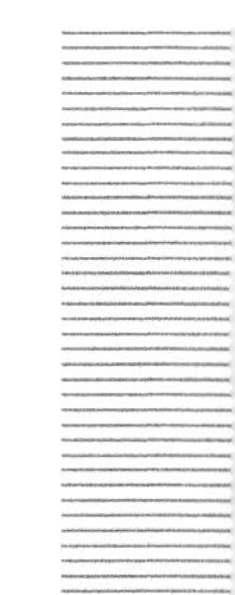

2.5 实验验证和性能分析

2.5.1 实验环境设置

为了验证 RACOM 的性能，将 RACOM 与两个著名的标杆性算法 Video Mesh（VMesh）[10]和 OPS[19]进行比较。VMesh 采用经典的顺序预取策略，即在用户播放视频块 i 时，利用剩余带宽提前下载视频块 i+1 到本地缓冲区中。OPS 通过学习用户历史播放记录中视频块之间的关联频率来预测当前用户未来播放的视频内容。视频块数量 n 为 80，视频块长度为 30 s。根据用户交互式行为的统计特征[22]，模拟生成用户历史播放日志记录 10 000 条（即集合 $S_{\log}$ 中元素数量为 10 000），RACOM 和 OPS 根据自身创建的预测模型学习和分析历史播放记录。此外，模拟创建 1 000 条播放记录，并将其视为 1 000 个节点产生的播放行为。在模拟节点播放过程中，分别利用 RACOM、VMesh 和 OPS 预测用户播放行为，并根据视频块访问概率和内容需求命中概率评估 3 个算法之间预测性能的差异程度。以上仿真过程均在同等仿真条件下对上述 3 种算法进行仿真实现。

2.5.2 实验结果对比分析

式（2-6）中两个影响因子 α 和 β 分别用来影响路径信息素（用户播放行为：播放进度跳转的方向和距离）和启发因子（用户播放连续性）。$\alpha>\beta$ 表明系统更关注用户的播放行为；$\alpha<\beta$ 表明系统更关注用户播放连续性所反映的兴趣程度。在通常情况下，α=0.5，β=0.5。

（1）视频块访问概率（Access Probability）

通过式（2-22）给出视频块 c_i 的访问概率计算方法。

$$\mathrm{AP}_{c_i}=\frac{F_{c_i}}{\sum_{e=1}^{n}F_{c_e}} \tag{2-22}$$

其中，F_{c_i} 表示视频块 c_i 在播放记录集合中出现的频率。$\sum_{e=1}^{n}F_{c_e}$ 表示所有视频块在

播放记录集合中出现的频率。利用 RACOM 与 OPS 分别对用户的播放行为进行预测，根据式（2-15）计算预测结果组成的播放记录集合中每个视频块的访问概率。并将计算结果与真实播放记录集合中视频块访问概率比较。

如图 2-3 所示，RACOM、OPS 和真实访问概率（Real）分别由黑色、灰色和白色柱形图表示。对于所有视频块的访问概率而言，RACOM 的预测值与 Real 之间的误差范围为[0,0.003]，而 OPS 与 Real 之间的误差范围为[0,0.004]，而且 RACOM 的评估值比 OPS 更接近于 Real。显然，RACOM 的预测精度要远远大于 OPS。对于 RACOM 与 OPS 之间的性能差异而言，RACOM 不仅度量了用户的跳转行为所反映出的用户兴趣程度（路径信息素），而且还考查了用户播放连续性，从而能够精确地预测用户内容需求变化。然而，OPS 对于用户跳转行为的考察仅仅依赖于统计用户跳转行为的频率，忽略了随机跳转背后所反映出的用户兴趣变化，所以 OPS 对于用户内容需求的预测精度要低于 RACOM。

（2）内容需求命中概率（Hit Ratio，HR）

用户内容需求的预测是为节点预取视频内容提供依据。现有的预取方法包含顺序预取（以 VMesh 为代表，认为用户未来执行顺序播放，所预取的内容为下一个视频块）和预测预取（如 RACOM 和 OPS，以预测结果作为预取内容）。评判预取精度的标准为用户在观看当前视频内容的同时利用剩余带宽下载未来可能观看的视频内容是否满足用户未来的需要，即用户提前下载的视频是否与播放进度中下一个跳转目标一致。若用户预取的内容与播放进度跳转目标一致，则当前的预取行为称为命中；反之，则视为预测失败。内容需求命中精度的高低取决于是否能够精确地评估用户未来的播放行为。由于用户可靠性周期预测也依赖于用户内容需求预测精度，利用式（2-23）计算内容需求命中概率，从而将 VMesh、RACOM 和 OPS 的命中精度进行比较。

$$\mathrm{HR}_{ij}=\frac{f_{ij}^{\mathrm{H}}}{\sum_{a=1}^{n}\sum_{b=1}^{n}f_{ab}},\quad f_{ij}^{\mathrm{H}}\leqslant f_{ij},\mathrm{HR}_{ij}\in[0,1] \tag{2-23}$$

其中，f_{ij}^{H} 和 f_{ij} 分别表示从 c_i 到 c_j 随机跳转（路径 p_{ij}）的命中数量和出现总频率。$\sum_{a=1}^{n}\sum_{b=1}^{n}f_{ab}$ 表示所有随机跳转的总频率。

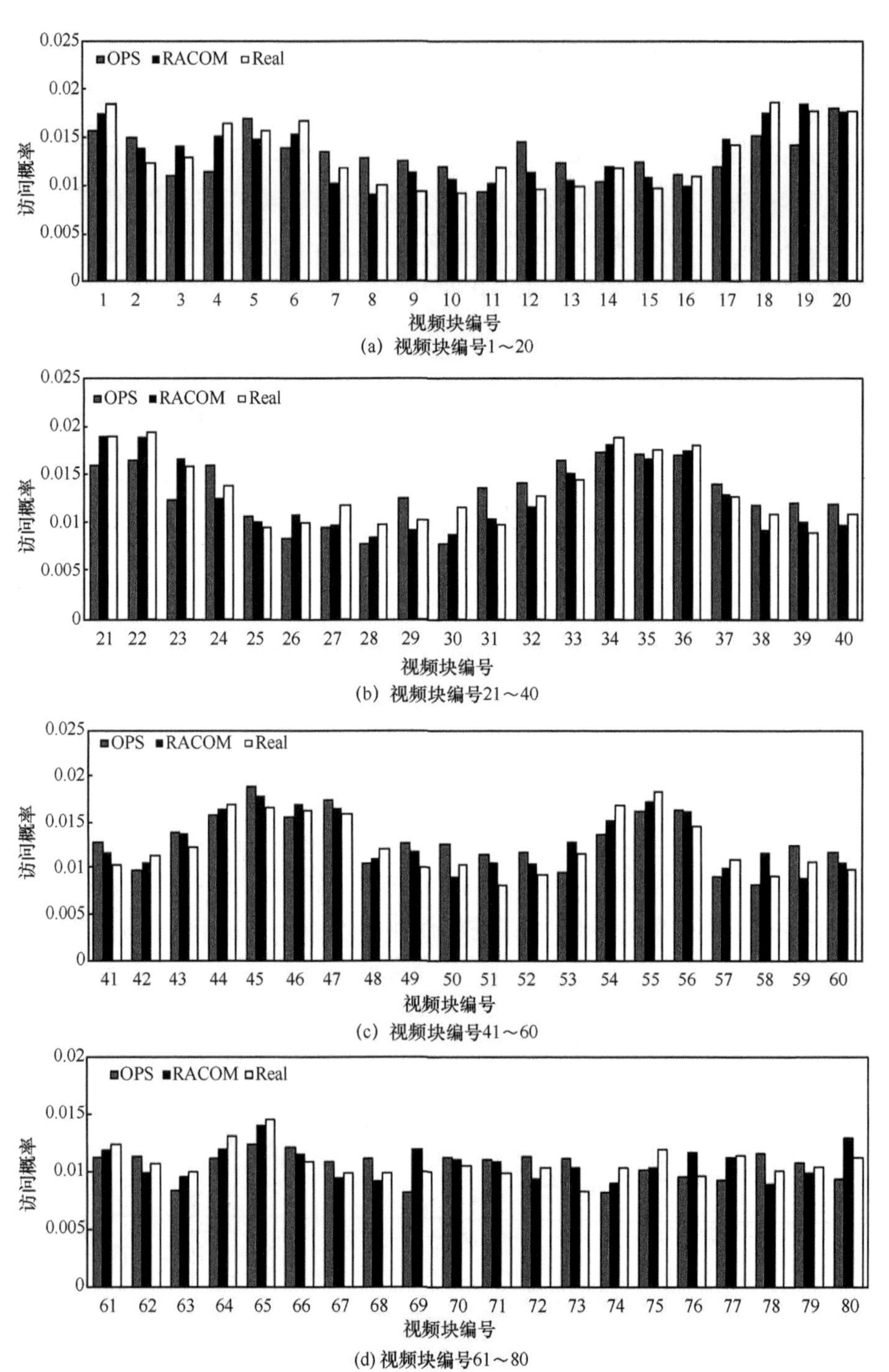

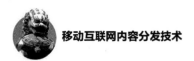

图 2-3 视频块访问概率对比

如图 2-4 所示，VMesh、RACOM 和 OPS 对应的 3 条表示平均命中率（Average Hit Ratio，AHR）的曲线随着播放时间逐渐增长。RACOM 的平均命中率明显高于 VMesh 和 OPS。VMesh 对应曲线的增长范围为 50%～70%。OPS 对应曲线的增长范围要高于 VMesh，取值范围为 53%～78%。RACOM 对应曲线的增长范围为 60%～90%，性能要分别高出 VMesh 和 OPS 大约 30%和 15%。对于 3 条曲线的增长幅度而言，RACOM 也明显要高于 VMesh 和 OPS。为了更加清晰地说明每个随机跳转行为的命中率，通过图 2-5 来展示 VMesh、RACOM 和 OPS 的性能。

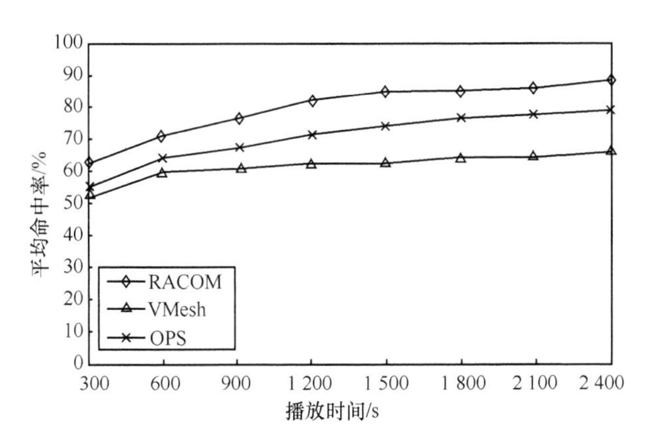

图 2-4　内容需求命中概率对比

图 2-5 所示为 VMesh、RACOM 和 OPS 关于随机跳转行为的命中率分布情况。x 轴与 y 轴分别表示随机跳转起始视频块和目标视频块的编号，z 轴表示每一个随机跳转对应的命中率。VMesh 的值主要分布在 xOy 平面内临近主对角线的一条直线上。RACOM 和 OPS 则离散分布在整个 xOy 平面内。显然，RACOM 和 OPS 的预测精度要高于 VMesh。进一步，RACOM 在整体命中精度上又明显高于 OPS。

接下来，将讨论 3 种算法之间性能存在差异的原因。首先，VMesh 认为用户大多采用顺序播放的形式来观看视频内容，采用顺序预取的方法只能保证用户在顺序播放时获得平滑的播放体验，但当播放进度随机跳转到非顺序块时，预取内容则无法充分满足用户需求，而且预取的内容也将浪费宝贵的网络带宽资源。此外，查询时延也会影响用户播放的连续性，从而降低用户的体验质量。因此，VMesh 所代表的传统顺序预取方法不具备精确感知用户播放行为的能力。OPS 对用户的播放行为进行建模，考查了用户跳转行为间的关联。因此，对于用户内容需求的预测准确程度明显高于 VMesh。但 OPS 忽略了用户播放行为背后反映出的用户兴趣变化及程度，

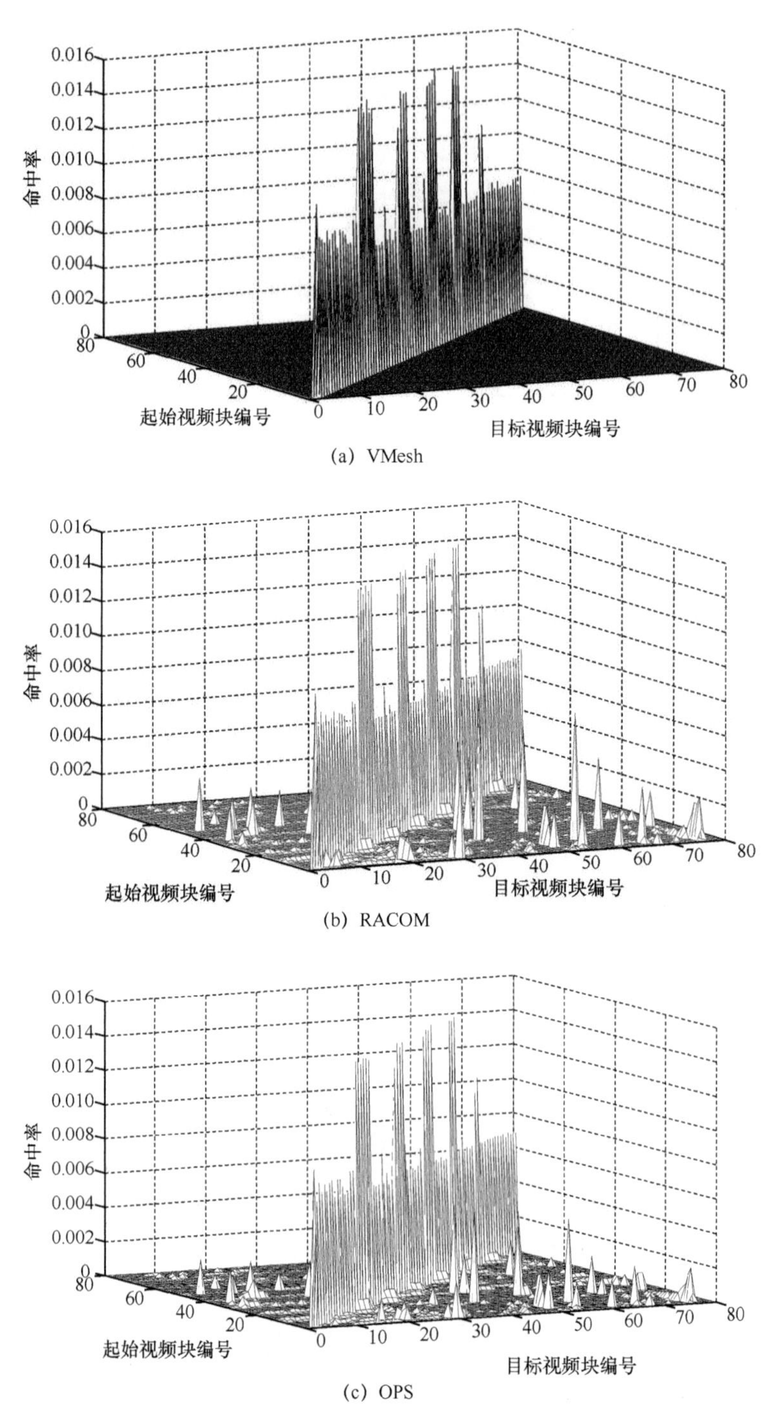

(a) VMesh

(b) RACOM

(c) OPS

图 2-5　随机跳转行为的命中率对比

仅考查了跳转频率，无法准确、全面地描述用户播放行为，因此，预测精度相对较低。而 RACOM 方案能够充分利用随机播放特性（跳转方向及长度）和用户播放连续性，利用蚁群算法计算视频块之间的跳转概率，并为每一个视频块生成最优访问路径。同时，借助用户当前播放记录与对应的最优访问路径进行匹配获得加权跳转概率，精确地预测用户未来的内容需求，从而获得较高的命中率。

2.6　本章小结

本章介绍了当前移动互联网用户行为认知方面的相关特性和面临的挑战。以视频服务场景为例，本章着重介绍了几种移动网络下基于用户行为认知方法，来确保服务以用户为中心，为本书后面的章节奠定技术基础。首先，本章介绍了蚁群算法来分析用户请求偏好，以评估视频块间的跳转概率，同时建立与每个播放跳转行为对应的最优访问路径，并借此改善视频随机跳转所引发的用户内容需求变化，减小节点之间逻辑连接的频繁抖动。本章通过考查视频内容共现关联频率，提出了内容访问行为的状态评估与预测机制，为每个视频块生成对应的用户可靠性评估范围，从而评估内容访问行为状态的可靠性。在此基础上，将视角从单个用户扩展到用户群，介绍了基于马尔可夫的移动行为相似性评估方法，提高对多节点间移动轨迹相似度的预测准确性。最后，将 RACOM 与两个著名经典算法 VMesh 和 OPS 进行仿真对比，从而验证了所提方案在用户行为认知方面的有效性。

参考文献

[1] LI X, SALEHI M A, BAYOUMI M, et al. Cost-efficient and robust on-demand video transcoding using heterogeneous cloud services[J]. IEEE Transactions on Parallel and Distributed Systems, 2018, 29(3): 556-571.

[2] HSIEH P, HOU I. Heavy-traffic analysis of QoE optimality for on-demand video streams over fading channels[J]. IEEE/ACM Transactions on Networking, 2018, 26(4): 1768-1781.

[3] WU S, HE C. QoS-aware dynamic adaptation for cooperative media streaming in mobile environments[J]. IEEE Transactions on Parallel and Distributed Systems, 2011, 22(3): 439-450.

[4] OH H R, WU D O, SONG H. An effective mesh-pull-based P2P video streaming system using fountain codes with variable symbol sizes[J]. Computer Networks, 2011, 55(12): 2746-2759.

[5] ZHOU Y, FU Z, CHIU D M. A unifying model and analysis of P2P VoD replication and scheduling[C]//Proceedings of IEEE INFOCOM. Piscataway: IEEE Press, 2012: 1530-1538.
[6] HAN S, SU H, YANG C, et al. Proactive edge caching for video on demand with quality adaptation[J]. IEEE Transactions on Wireless Communications, 2020, 19(1): 218-234.
[7] AYOUB O, MUSUMECI F, TORNATORE M, et al. Energy-efficient video-on-demand content caching and distribution in metro area networks[J]. IEEE Transactions on Green Communications and Networking, 2019, 3(1): 159-169.
[8] CHANG C, HUANG S P. The interleaved video frame distribution for P2P-based VoD system with VCR functionality[J]. Computer Networks, 2012, 56(6): 1525-1537.
[9] BAMPIS C G, LI Z, KATSAVOUNIDIS I, et al. Recurrent and dynamic models for predicting streaming video quality of experience[J]. IEEE Transactions on Image Processing, 2018, 27(7): 3316-3331.
[10] CHAN S H G, YIU W P K. Distributed storage to support user interactivity in peer-to-peer video[C]//Proceedings of 2006 IEEE International Conference on Communications. Piscataway: IEEE Press, 2006: 55-60.
[11] BO T, MASSOULIE L. Optimal content placement for peer-to-peer video-on-demand systems[C]//Proceedings of IEEE INFOCOM. Piscataway: IEEE Press, 2011: 694-702.
[12] SUN L DUANMU F, LIU Y, et al. A two-tier system for on-demand streaming of 360 degree video over dynamic networks[J]. IEEE Journal on Emerging and Selected Topics in Circuits and Systems, 2019, 9(1): 43-57.
[13] WANG D, YEO C K. Superchunk-based efficient search in P2P-VoD system multimedia[J]. IEEE Transactions on Multimedia, 2011, 13(2): 376-387.
[14] WANG D, YEO C K. Exploring locality of reference in P2P VoD systems[J]. IEEE Transactions on Multimedia, 2012, 14(4): 1309-1323.
[15] XU C, ZHAO F, GUAN J, et al. QoE-driven user-centric VoD services in urban multi-homed P2P-based vehicular networks[J]. IEEE Transactions on Vehicular Technology, 2013, 62(5): 2273-2289.
[16] HONG X, JIAO J, PENG A, et al. Cost optimization for on-demand content streaming in IoV networks with two service tiers[J]. IEEE Internet of Things Journal, 2019, 6(1): 38-49.
[17] ZHANG T, CHENG X, LV J, et al. Providing hierarchical lookup service for P2P-VoD systems[J]. ACM Transactions on Multimedia Computing, Communications and Applications, 2012, 8(1): 1-23.
[18] XU T, WANG W, YE B, et al. Prediction-based prefetching to support VCR-like operations in gossip-based P2P VoD systems[C]//Proceedings of 2009 15th International Conference on Parallel and Distributed Systems. Piscataway: IEEE Press, 2009: 1-8.
[19] HE Y, SHEN G, XIONG Y, et al. Optimal prefetching scheme in P2P VoD applications with guided seeks[J]. IEEE Transactions on Multimedia, 2009, 11(1): 138-151.
[20] DORIGO M, STÜTZLE T. Ant colony optimization: Overview and recent advances[M]//

GENDREAU M, POTVIN J Y. Handbook of Metaheuristics. Heidelberg: Springer, 2010: 227-263.

[21] ZHU Y, ZHONG Z, ZHENG W X, et al. HMM-based filtering for discrete-time Markov jump LPV systems over unreliable communication channels[J]. IEEE Transactions on Systems, Man, and Cybernetics: Systems, 2018, 48(12): 2035-2046.

[22] BRAMPTON A, MACQUIRE A, RAI I A, et al. Characterising user interactivity for sports video-on-demand[C]//Proceedings of ACM NOSSDAV. New York: ACM Press, 2007: 1-6.

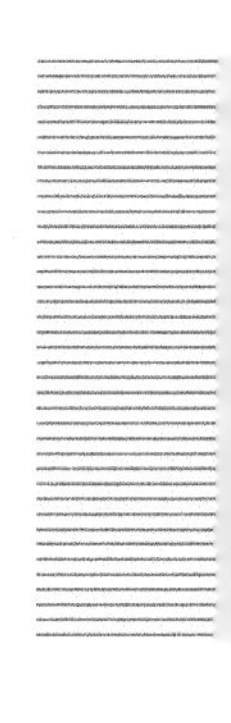

第3章 移动网络的内容分发服务体系

内容分发技术不仅能够缓解核心网流量压力，还能通过构建稳定的资源管理系统，实现内容的快速定位、数据的可靠传输并提供高质量的内容服务。通过内容分发技术，网络节点将根据既定的策略，高效地将缓存内容分发给用户节点，从而在复杂的互联网环境中，克服网络区域化资源供需失衡、分发效率低等问题，极大地提高内容服务性能。然而，移动网络具有拓扑动态变化、用户行为随机、资源有限等特征，这使得移动网络中的内容分发极具挑战性。为此，本章以蜂窝网络和车联网融合的异构无线网络场景为例，结合移动对等网络技术，向读者介绍面向用户服务体验的移动网络内容分发服务体系框架。具体包括：① 分布式内容存储策略；② 移动环境资源定位方法；③ 多路协同数据传输机制；④ 用户感知的内容预取技术4个方面。此外，本章还进行了相关实验，实验结果表明该方案能够有效提升移动网络容量和用户服务体验质量。

3.1 研究背景

3.1.1 现存问题

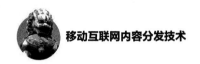

移动互联网作为我国九大战略新兴产业之一，给社会和经济的发展带来了颠覆性的变革。在我们享受便捷、高质量移动互联网服务的同时，泛在的设备接入和新型媒体应用带了海量的实时业务数据，巨大的流量规模持续挑战着核心网的承载能力，促使大量研究者致力于移动内容分发技术的研究。得益于移动内容分发技术，业务流量被卸载至网络边缘，核心网流量负担得以缓解，内容获取时延显著降低。然而，新型业务如 VR/AR、全景直播、自动驾驶等对带宽或时延提出了更高要求，在移动环境下提供高质量新型业务服务依然极具挑战性。此外，移动节点行为动态多变、无线通信技术异构并存也给移动内容分发系统的设计提出了新需求。本章将以蜂窝网络和车联网融合的异构无线网络场景为例，结合移动对等网络技术，向读者介绍面向用户服务体验的移动网络内容分发服务体系框架。

目前，以车联网为代表的移动网络已经在各大城市部署地面内容服务。借助无线接入技术，车辆可以通过 4G（WiMAX、LTE-A 等）或 5G（5G NR 等）接入互联网并且为高带宽的移动内容分发提供支持[1]。与此同时，车载自组织网络（VANET）自身的

无线接入技术——IEEE 802.11p（又称 WAVE，Wireless Access in the Vehicular Environment）协议也得到了快速的发展。IEEE 802.11p 协议实现了车辆之间（Vehicle-to-Vehicle，V2V）[2]以及车辆与路旁的基础设施之间（Vehicle-to-Infrastructure，V2I）[3]互相通信，并且通过借助路旁的基础设施，实现互联网内容访问。这使得移动用户能够在城市车联网支持下获取以视频为代表的内容服务。

值得一提的是，对等网络具有很高的鲁棒性和可扩展性，被广泛应用于分布式的互联网内容服务中。在车联网中，由于移动节点的存储能力和计算能力有限，利用 P2P 技术可以实现车辆间资源的协作管理，进而高效地完成内容的共享和分发[4-11]。车联网环境下的内容服务得到了广泛的研究[12-15]。然而，部分车联网环境下的内容服务方案需要在 VANET 上建立应用层 P2P 覆盖网络。例如，VMesh 是在 VANET 上构建的一种 Chord 环[16]结构的内容服务系统，它通过 P2P Chord 环进行资源定位、缓存和数据传送。这些车联网内容服务系统具有共同的特性，它的上层 P2P 都是直接从底层的 VANET 映射过来的，上层的 P2P 结构和底层的 VANET 拓扑具有很大的关联性。车联网环境下，车辆的高移动性以及无线通信技术的信号覆盖范围有限，导致 VANET 物理拓扑频繁变化。应用层 P2P 缺乏对网络拓扑变化的感知，影响了 P2P 视频资源存储的稳定性，降低了视频资源搜索的成功率和传输的可靠性，同时增加了 P2P 维护的代价，严重影响了 VANET 环境下的内容分发效率和用户体验质量（Quality of Experience，QoE）。

因此，在 VANET 中为移动用户提供高质量的内容服务是一项重大挑战。由于无线通信技术的发展，车载设备能够配备多种无线接口，支持对不同网络的并发请求，这促进了异构网络的多路数据传输的形成。在通信期间，源节点可以同时选择一条或多条路径向目的地传送数据。然后，根据网络状态来动态调整传输路径和数据发送速率，多路传输有效提高了数据传输的容错能力，实现了高可靠、高质量的内容交付。

另外，通过提前缓存视频块到车载存储器中，能够更好地支持用户交互式观看行为，从而保证视频的平滑播放。目前，预取技术已经成为提供高质量流媒体内容服务的关键技术，被广泛应用于当前的无线 P2P 多媒体分发系统中。然而，目前大多数方案采用顺序预取视频块的方式来支持视频的连续播放，当用户采取录像机（Video Cassette Recorder，VCR）操作，如回放、快进、暂停等，他们需要重新请求新的视频块，并且重复内容下载、视频解码、重放等一系列过程。这些操作往往会导致长时间的视频播放卡顿，从而严重影响用户的 QoE。

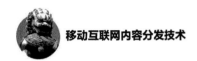

本章以移动对等网络（Mobile Peer-to-Peer，MP2P）为基础，向读者介绍面向用户服务体验质量的移动网络内容分发服务体系框架（QoE-Driven User-Centric Service for Video on Demand，QUVoD），如图 3-1 所示。QUVoD 中构建了分层多宿主的 P2P/VANET 架构，创造性地提出了分布式内容存储策略、移动环境资源定位方法、多路协同数据传输机制和用户感知的内容预取技术，以应对在高动态性环境和用户交互式播放行为下的移动内容分发挑战。最终，通过一系列的仿真实验分析，验证 QUVoD 在移动网络下分发性能的高效性，实验结果表明，该方案给用户高质量移动视频服务提供了重要支持。

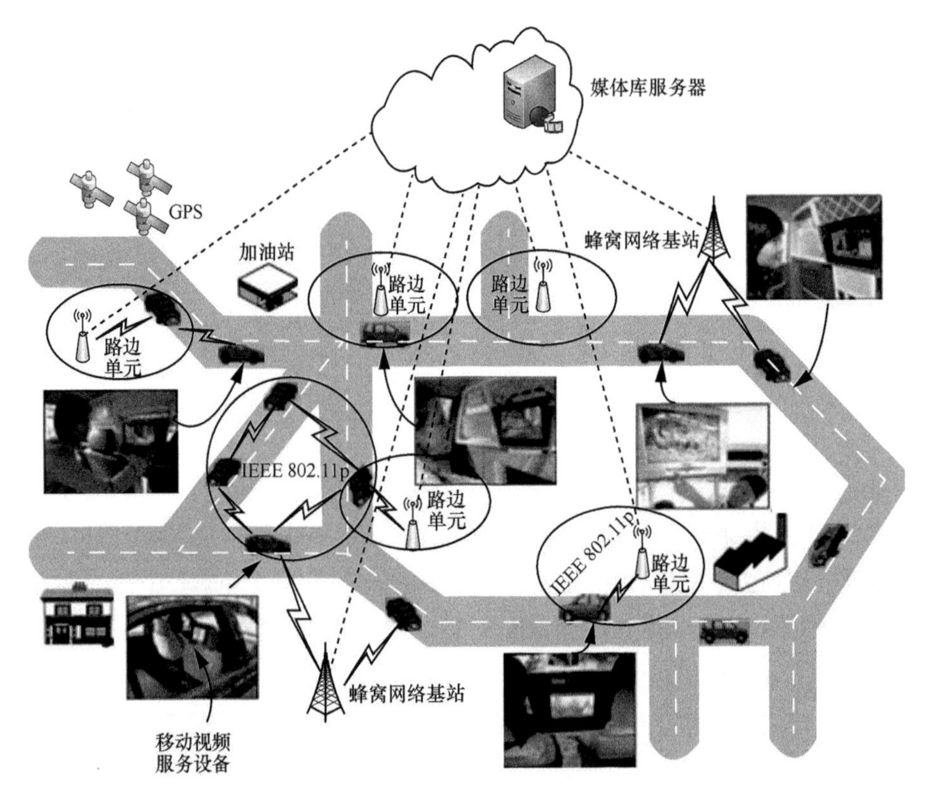

图 3-1　面向用户服务体验质量的移动网络内容分发服务体系框架

3.1.2　研究现状

近年来，面向 VANET 的移动内容服务吸引了大量科研人员的研究兴趣。例如，

Hsieh 等[12]提出了一种用于城市 VANET 环境的多播策略，来实现高质量的实时移动内容服务。Zhou 等[13]开发了一种基于 P2P 的内容服务方案，综合解决了 VANET 中的内容扩散、缓存更新和公平性等问题。Qadri 等[14]通过多源覆盖网络实现了 VANET 中流式视频传输的实际系统。Yang 等[15]在基于 VANET 的多媒体服务系统中引入了符号级网络编码方法。然而，上述研究工作都没有考虑用户交互式播放行为，具体来说，就是用户可以根据他们的兴趣来跳转到任意位置观看视频。虽然交互式视频服务显著增强了用户的观看体验，但是这也给移动内容分发带来了新的技术挑战。

交互式视频服务获得了科研界的广泛关注[4-11]。文献[4]和文献[5]分别提出了基于平衡二叉树的非结构化 VoD 分发系统和分布式存储辅助的数据驱动覆盖网络，以解决固网环境中 VCR 所导致的相关问题。通过采用基于网格的拓扑结构，文献[6]引入了一种交错视频帧的分发方案，通过搜索网络消息资源来支持完整的 VCR 功能。Zhou 等[7]通过引入统一请求调度模型和内容部署策略来最小化服务器负载。Lee 等[8]提出了一种流行度感知的预取方案来支持交互式视频服务。Wu 等[9]研究了视频流行度对服务器开销的影响，并优化了 P2P VoD 系统的内容部署策略。

Chord 环是一种著名的分布式哈希表（Distributed Hash Table，DHT）的对等协议和算法。Chord 环中的节点嵌入了“前驱–后继”关系。通过将关键字与每个数据项（即视频块）相关联，并将“关键字–数据项”的键值对存储在相应的节点上，可以实现高效的数据存储和定位[16]。例如，文献[10]和文献[11]提出了基于 Chord 环结构的视频点播系统 VMesh。上述两项工作均解决了对等网络下视频点播服务的一些重要问题。例如，视频资源的存储和搜索、支持 VCR 类操作、视频内容的部署等。然而，部分交互式 P2P VoD 解决方案缺乏对移动性支持的研究，因此难以适用于车联网环境下的移动内容分发服务。

P2P 模型通常可以分为两类：非结构化和结构化。非结构化 P2P 主要基于泛洪机制，这种通信方式会产生大量的开销。而大多数结构化解决方案使用分布式哈希表，通常情况下 DHT 的查找算法的时间复杂度是 $O(\log(N))$，其中 N 是系统中的节点数。因此，结构化 P2P 解决方案在资源搜索方面具有较好的性能优势。MeshChord[17] 通过改进基本 Chord 环结构，实现了在无线网状网络中的高效通信。Liu 等在文献[18]和文献[19]中提出的 MChord 可以提高 Chord 环在 VANET 上的性能。文献[20]和文

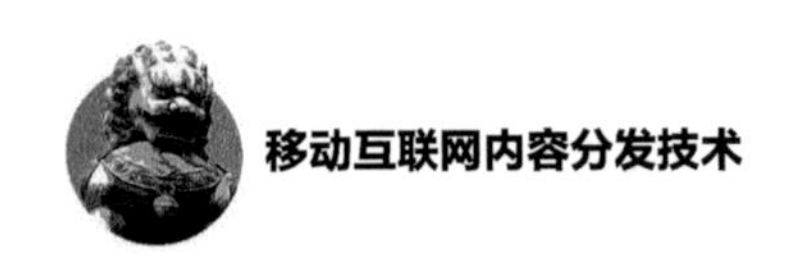

献[21]也改进了 Chord 环算法来试图适应移动环境。然而，上述解决方案的覆盖网络直接构建在无线自组织网络之上，在该网络环境下，链路连接是不稳定的，这使得 Chord 环算法性能受到严重影响。

多宿主网络吸引了学术界的广泛关注。拥有多网络接口的终端设备可以与多个网络建立通信链路[22]，从而提高通信的鲁棒性。也就是说，当任意链路发生故障时，节点还能使用其他链路进行通信。多宿主移动 IP（Multihomed Mobile IP，M-MIP）[23]扩展了移动 IP 网络，它使移动主机能够同时使用多个 IP 地址。Nordmark 等[24]将子层插入网络层以支持多宿主和移动性。Troan 等[25]描述了多宿主环境的功能要求和可能的解决方案，然而该方法没有在 IPv6 中使用网络地址转换（Network Address Translation，NAT）。MPTCP[26]通过使用多条传输路径来实现数据传输。在文献[27-29]中，利用多宿主的 SCTP 分析并提出了并发多路径视频传输解决方案。可以注意到，多宿主网络上的多路径传输提高了资源利用效率，从而增加了终端主机可用的网络容量。

| 3.2 移动内容分发的服务框架与技术 |

本章利用 MP2P 技术构建了面向用户体验的内容服务理论与框架。移动网络内容服务分层框架如图 3-2 所示，QUVoD 包含蜂窝网络（支持 WiMAX 或 LTE-A）和车载自组织网络（支持 V2V 通信）。蜂窝网络支持实时内容服务[30]，用户体验较好，但缺点是数据传输资费过高。车载自组织网络支持车辆间通过自组织网络传输数据。与蜂窝网络相比，VANET 资费较低，但是在车辆密度较低或者车辆移动性较高的环境下，服务质量难以保证。综合考虑这些因素，QUVoD 建立了层次化多宿主的 P2P/VANET 结构和多路径数据传输机制。车辆通过 WAVE 接口在底层构造 VANET 用来进行 V2V/V2I 通信，并通过蜂窝网络接口在基站基础设施上构建 P2P 的 Chord 环覆盖网络。因此，车辆之间可以分别建立基于蜂窝网络的连接路径（简称为 *G* 路径）和基于 VANET 的连接路径（简称为 *V* 路径）。*G* 路径和 *V* 路径都可以用来传输数据。由于蜂窝网络基站能够提供稳定的带宽资源，QUVoD 使用 *G* 路径来搜索内容，并借助分布式哈希表在 Chord 环结构中进行请求转发。

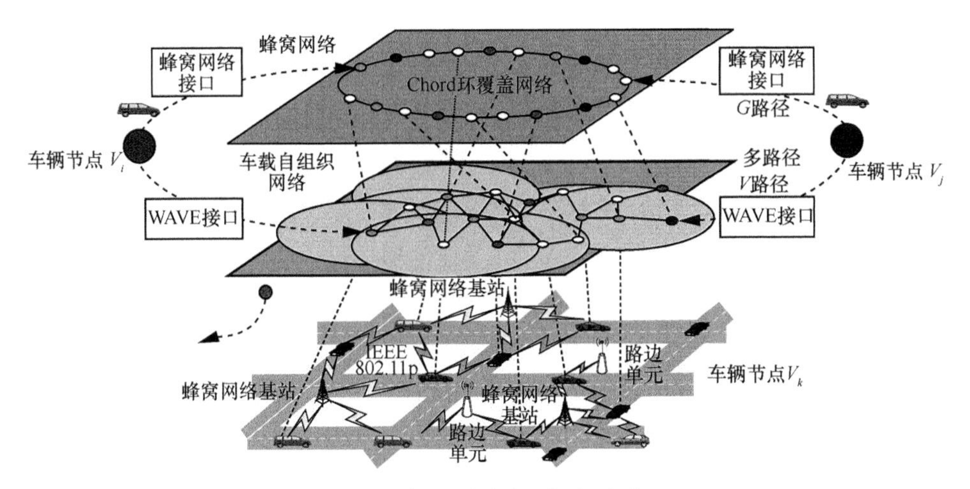

图 3-2　移动网络内容服务分层框架

3.2.1　分布式内容存储机制

Chord 环给每个数据 V 分配一个关键字 K，可以在该关键字映射的节点上存储或提取相应的(K,V)键值对，并通过该键值对实现数据查找。在传统 Chord 环设计中，如果节点数大于视频块数量，部分节点将不存储该视频的数据，因为每个视频块只能存储在单个节点上。这不仅导致网络负载失衡，而且当某个节点离开系统后，其携带的资源标识仍存储在系统中，但该视频块却永远无法被获取。在 VANET 环境中，车辆节点具有高移动性，从单一资源提供者获取内容是不稳定的。因此，本节为读者介绍一种全新的分布式内容存储机制，允许任何视频块存储到多个节点中，而且每个节点可以存储多个视频块。这样不仅增强了覆盖网络的稳定性，同时实现了网络的负载均衡[31]。基于分组的分布式视频块存储机制如图 3-3 所示，车辆节点被划分到不同的组，同组的节点存储以相同视频块为起点的连续视频子链。令 $S_{\max}$ 表示视频块数量，L 表示设备 ID 的范围。那么每个分组大小 L_{group} 可表示成

$$L_{\text{group}} = 2^L / S_{\max} \tag{3-1}$$

其中，2^L 表示设备 ID 的最大值，因为 L 和 $S_{\max}$ 是固定的，所以 L_{group} 在特定的 Chord 环结构中是个常量。假设最近加入网络的车辆 V_i 的 ID 是 D_i，下一节点 V_{i+1} 的 ID 定义为

$$D_{i+1} = (D_i + L_{\text{group}} + 1) \bmod 2^L \tag{3-2}$$

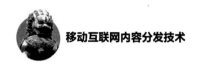

这样可以使节点均匀地分布在 Chord 环上。如式（3-3）所示，设 F_g 是第 g 组的初始设备 ID 边界。例如，第 1 组的最小设备 ID 应该是 0，第 g 组的初始视频块 ID 是 g。

$$F_g = L_{\text{group}} \times (g-1) \tag{3-3}$$

那么，在 F_g 与 F_{g+1} 之间的设备都归属于第 g 组，如式（3-4）所示。其中 $\mathbf{N}$ 是自然数集，$\mathbf{N}^+$ 是正整数集。

$$\begin{aligned} & DS_g = \{\text{id} \mid \text{id} \in \mathbf{N}, F_g \leqslant \text{id} \leqslant F_{g+1}\} = \\ & \{\text{id} \mid \text{id} \in \mathbf{N}, L_{\text{group}} \times (g-1) \leqslant \text{id} \leqslant L_{\text{group}} \times g\}, \\ & \text{s.t.} \quad 1 \leqslant g \leqslant S_{\max}, g \in \mathbf{N}^+ \end{aligned} \tag{3-4}$$

考虑将每个内容资源划分为 n 个子块，即 $\text{video} = \{s_1, s_2, \cdots, s_j, \cdots, s_n\}$。每个节点根据其可用内存容量存储几个连续的视频块。假设车辆 V_i 在第 g 组的存储容量是 M_i，那么它可存储的视频块是 s_g，$s_{g+1}, \cdots, s_{g+M_i-1}$，视频块集合可以被表示为

$$\text{VS}_i = \{s_j \mid j \in \mathbf{N}^+, g \leqslant j \leqslant g + M_i - 1\} \tag{3-5}$$

其中，VS_i 是 V_i 所存储的所有片段的集合。当节点在存储完所有视频块的序列之后仍然拥有可用存储空间时，它继续从第一段序列开始进行存储，直到存储器用完所有空间，如图 3-3 所示。例如，组 $S_{\max}$ 的节点 V_i 可以存储 $S_{\max}$ 和序列 1、2、3 等视频块。

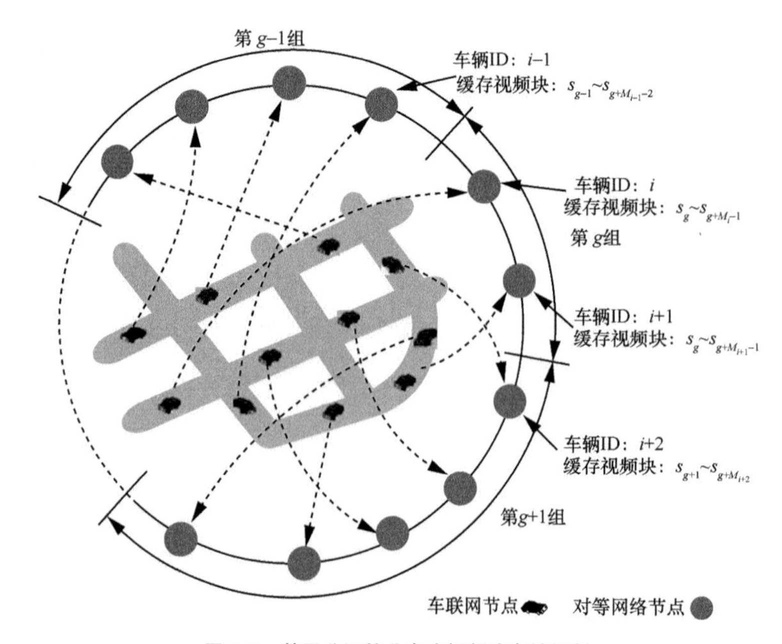

图 3-3　基于分组的分布式视频块存储机制

假设 g 是车辆 V_i 所属的分组，s_j 是 V_i 将要存储的视频块，device_id 是 V_i 的设备 ID。算法 3-1 说明了车辆 V_i 进入系统后视频块存储机制。

算法 3-1　车辆 V_i 的视频块存储机制

```
g=device_id_i / L_group;
j=g;
/*j 表示视频块 ID*/
idle_memory=M_i;
/*idle_memory 表示 V_i 的剩余存储大小*/
while(idle_memory≥sizeof(s_j))
    /*s_j 表示 ID 是 j 的视频块*/
    V_i 利用算法 3-2 来定位和下载视频块 s_j;
    j++;
    if (j>S_max)
        j=1;
    end if
    idle_memory-=sizeof(s_j);
end while
```

3.2.2　移动环境资源定位方法

在 QUVoD 中，视频块被存储到几个连续分组的节点中，而同组的节点将存储以相同视频块为起点的几个连续视频块。因此，第 g 组内的节点肯定会存储视频块 s_g，第 $g-1$ 组内的节点也有很大概率存储视频块 s_g，但是在第 $g-2$ 组的节点存储 s_g 的概率比在第 $g-1$ 组的节点小。针对分布式的分组存储机制，本小节将介绍一种新颖的内容资源定位算法，仅需要定位到视频块所属的分组即可找到所需资源。通常，算法会选择具有最大缓存概率的节点分组。如果想要得到视频块 s_g，将查询第 g 个分组，找到组内第一个节点并通过该节点查找组内其他节点。

由于所有在第 g 组的节点都可以提供视频块 s_g，因此可以设计一个调度机制来实现组内流量的负载均衡。第 g 组的第一个节点 V_x 作为“scheduler”来维护组内节点列表（Group Member Table，GMT），它记录了 g 组内所有节点 ID 和对应的资源信息。GMT 中任意元素使用一个二元组表示，即 GMT=(NID,Load)。其中，NID 表示节点的 ID，Load 表示数据提供者的数量。如果 V_z 加入或离开第 g 组，V_z 的前一节点会感知到该变化并报告给 V_x。V_x 将在 GMT 中加入或删除 V_z 的信息。“scheduler”的继承者 V_y 储存并且定期更新 GMT 的副本来避免信息损失。如果 V_x 离开组，V_y 将成为新的“scheduler”。

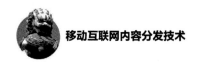

当车辆节点 V_i 请求视频块 s_g 时，节点按以下步骤查询。

步骤 1：通过 DHT 发送查询信息在单个分组范围内定位内容提供者节点。根据 Chord 环算法，可以找到具有相同内容 ID 或者接近但是高于组初始 ID 的节点。视频块查找过程如图 3-4 所示，在 g 组找到的第一个节点是 V_j。值得注意的是，在图 3-4 中没有标注出车辆的内容 ID，因为它们在 Chord 子集中具有相同的值。

步骤 2：当 V_j 接收到查询信息，通过查询 GMT 选择了 V_k 作为 V_i 最小负载的资源提供者，V_k 会查询相应信息并且给 V_i 提供 s_g。同时 V_j 还会更新 GMT 中 V_k 的负载值。

步骤 3：如果通过步骤 1 和 2 无法定位内容提供者，节点将会在第 $g-1$，$g-2$，…，$g-M+1$ 组中重复查询，其中初始查询范围为 F_{g-1}，F_{g-2}，…，F_{g-M+1}。此外，F_{g-1}，F_{g-2}，…，F_{g-M+1} 的初始边界值分别为 $L_{\text{group}}\times(g-2)$，$L_{\text{group}}\times(g-3)$，…，$L_{\text{group}}\times(g-M)$，其中参数 M 表示 QUVoD 系统中所有节点的最大缓存容量。

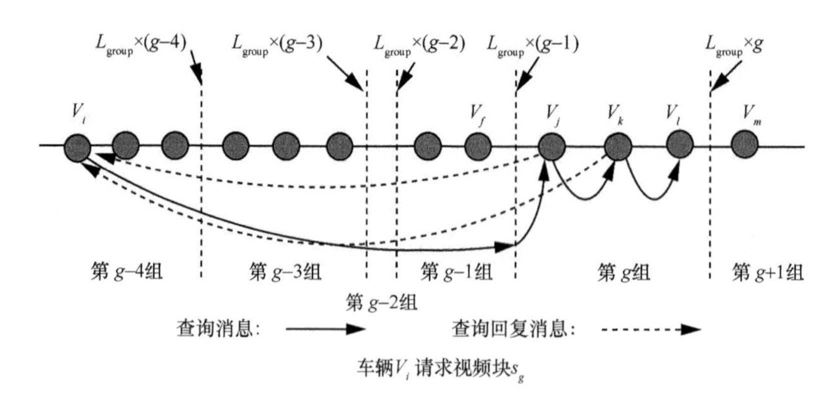

图 3-4　视频块查找过程

当车辆节点 V_i 通过上述寻找流程定位到了能够提供内容的节点 V_k，V_i 将借助多路径传输技术从 G 路径和 V 路径的 V_k 节点下载所请求的视频块 s_g。在下载 s_g 之后，V_i 可以直接从 V_k 部署的多路径下载 s_{g+1}，s_{g+2}…，s_{g+M_k+1}，避免了 Chord 环重定位资

源所导致的额外开销。算法 3-2 描述了视频块定位和视频下载的算法过程。

算法 3-2　车辆 V_i 的视频块定位和视频下载

```
/* V_i 请求视频块 s_g */
/*|GMT|表示 GMT 的项数*/
for(forth=0; forth<M; forth++)
    fore_limit=L_group×(g−forth−1);
    通过 Chord 环算法找到 fore_limit 的后继节点 V_j;
    将查询消息发送给 V_j;
    min=∞;
    vid=0;
    for(i=1; i<|GMT| of V_j; i++)
        if(s_g 是本地存储  && V_j.GMT[i].Load<min)
            min=V_j.GMT[i].Load;
            vid=V_j.GMT[i].NID;
        end if
    end for
    if (vid >0)
        break;
    end if
end for
if (vid=0)
    V_i 从部署的媒体服务器下载 s_g;
    启动多路交付机制;
    exit;
end if
V_vid 向 V_i 发送查询响应消息;
V_i 从部署多路交付机制的 V_vid 下载 s_g, s_{g+1},…,s_{g+M_i−1};
V_j 更新 V_j.GMT[i].Load;
if(s_t(t∈[g,g+M_i−1]) 下载失败)
    V_j 在 GMT 中选择另一个负载较低的节点 V_l 作为 V_i 的提供者;
```

V_i在部署多路交付机制的 $V_l[s_t,s_{t+M_k-1}]$之间下载内容块;

end if

为了维护 GMT 并响应内容块的请求，“scheduler”还需要交换一些附加信息，这会给系统带来额外的负载。但是，存储多个连续内容块的组内节点可以连续提供多个内容块资源。这种方法可以支持内容播放点的短距离顺序移动，并显著减少发送到“scheduler”的请求消息数量。此外，与高带宽的内容服务相比，该算法所产生的控制信令开销是轻量级的。另外，通过提供相对较少的内容块来减少“scheduler”的调度负载，还能平衡不同节点间控制信令所带来的带宽消耗。

3.2.3 多路协同数据传输机制

由前文可知，为了提高内容分发的数据传输效率，系统采用了多路径传输方案。针对 QUVoD 多宿主结构，本小节将介绍系统所搭载的面向下一代网络的移动设备（Next Generation Network-Oriented Mobile Equipment，NGN-Oriented ME）[32]，该设备能根据服务质量来选择传输路径。NGN-Oriented ME 支持双模通信，例如，在物理层拥有 WiMAX 和 WLAN 两个网络接口并在 IP 层中配备自适应 QoS 的 QoS-Cross-IP 模块（QXIP）。通过 QXIP，NGN-Oriented ME 设备将根据数据包的服务类型灵活选择 WLAN 或 WiMAX 进行数据传输。

本节在 QXIP 中加入了智能数据分发器（Intelligent Data Distributor，IDD）[32]来增强双模移动设备的功能。图 3-5 所示为加入 IDD 后的增强型双模移动结构。假设网络中存在 V 和 G 两条可用传输路径，并且车辆 V_i 想要从车辆 V_j 下载视频块。车辆 V_i 首先发起 IDD，然后 IDD 会根据节点估算的可用带宽（Available Bandwidth，AB）信息，在 V 路径和 G 路径间调度数据分发。带宽估算方法如式（3-6）[33]所示。

$$\mathrm{AB}=\frac{\mathrm{const}}{\mathrm{RTT}\times\sqrt{\mathrm{PLR}}} \tag{3-6}$$

在式（3-6）中，const 为常数 1.22 或 1.33，PLR 为丢包率，可通过 Gibert 模型中的二阶离散马尔可夫链计算得到[33]，值为 $q/(p+q)$。其中 p 表示统计时间内上一个数据包丢失而当前数据包成功接收的概率，q 表示统计时间内上一个数据包成功接收而当前数据包丢失的概率。RTT 为往返时间，可通过 TCP 的定时器来估计，具

体见式（3-7）。

$$\mathrm{RTT} = \alpha \times \overline{\mathrm{RTT}} + (1-\alpha) \times (t - T_{\mathrm{send}} - \Delta T) \tag{3-7}$$

其中，$\overline{\mathrm{RTT}}$ 表示当前这条路径上的平均往返时间，t 为发送方收到响应数据包的时间戳，α 值一般为 0.875，是 RTT 的平滑因子，T_{send} 为发送方发送数据包的时间戳，ΔT 是接收方处理数据包的时间间隔。

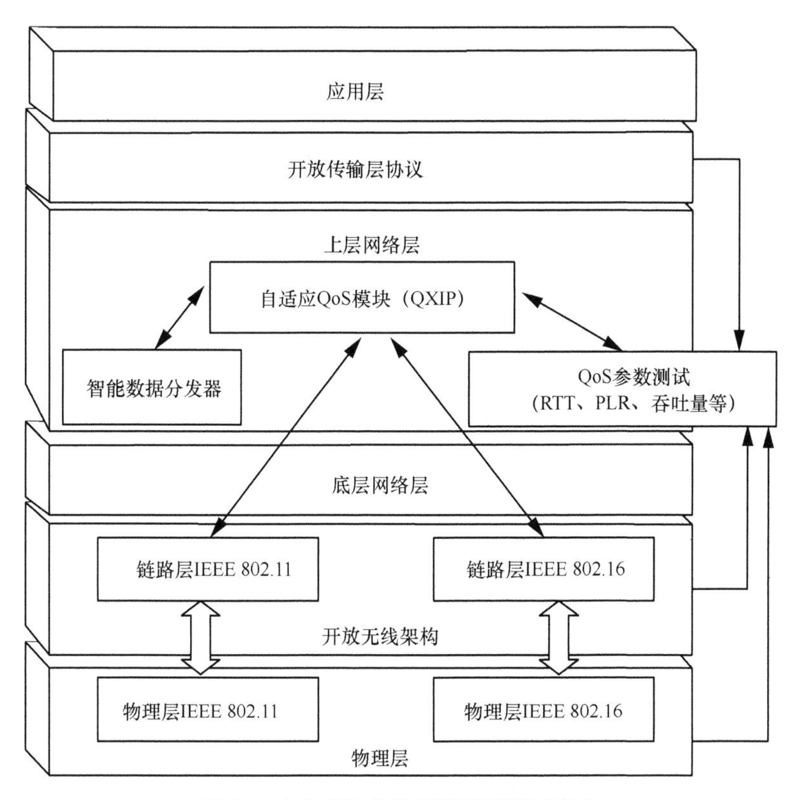

图 3-5　加入 IDD 后的增强型双模移动结构

V_i 周期性地探测 AB_v（V 路径的可用带宽）和 AB_g（G 路径的可用带宽）来动态选择发送路径，若 V 路径的可用带宽 AB_v 小于一个既定的阈值 AB_{thres}，两者之间的差值 $AB_{\mathrm{gap}}=AB_{\mathrm{thres}}-AB_v$ 大于一个给定值 AB_{value}，并且 G 路径的带宽 AB_g 又大于这一阈值 AB_{thres} 时，就使用 G 路径传输内容数据，否则使用 V 路径传输内容数据。系统的多路径传输流程如图 3-6 所示。

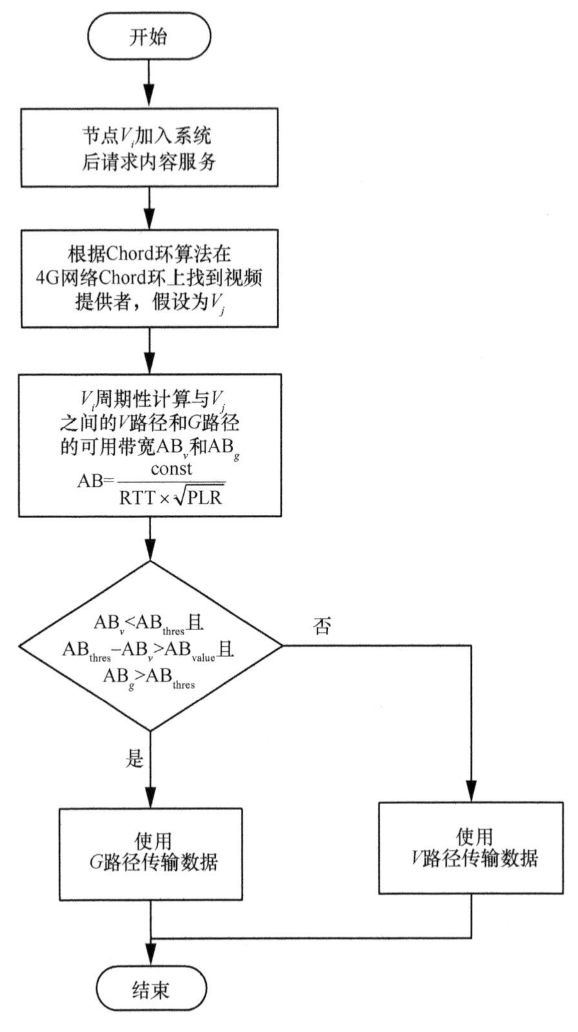

图 3-6　多路径传输流程

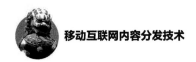

3.2.4　用户感知的内容预取技术

对于车联网，为了提高移动服务质量，内容分发系统可以预先将内容片段下载到车辆的缓存中。这种预先部署内容缓存的技术被称为预取技术，该技术利用闲时的带宽资源预先将内容缓存在网络边缘，一旦有用户请求预取的视频块，车辆节点就能够直接为用户提供该内容，而不需要从远端的服务器获取内容。使用预取技术

可以减少由用户请求变化而带来的资源重定位时延，从而为移动用户提供更流畅的视频播放体验。目前，预取技术已经被广泛应用在 P2P VoD 视频点播系统中[4]。目前主流的预取技术主要分为两类：顺序预取和基于用户行为预测的预取。顺序预取是只预取当前播放点之后的内容片段，当 VCR 操作引起当前播放点发生改变且预取的内容无法满足用户需要时，用户就需要重新下载视频内容，并等待视频缓冲播放。基于用户行为预测的预取方案通过分析用户的历史观看行为，构建用户行为模型，从而发现用户播放点在内容上的迁移规律，即将用户的跳转行为建模为内容片段间的关联概率模型，从而很好地弥补顺序预取的缺陷。本小节将介绍一种用户行为感知的创新性内容预取技术，该技术通过分析用户的互动观看行为，准确估计视频块的播放顺序，从而有选择地进行内容片段预取。

通常情况下，车辆节点上可以配备充足的存储和计算资源。用户的互动式观看行为所产生的大量数据可以以日志的形式存储在车辆节点上。车辆节点中的内容服务日志见表 3-1，日志中的每条记录表示一次观看行为，即从开始视频块到结束视频块的播放顺序。根据这些观看日志信息，车辆节点可以周期性地对用户行为特性进行分析，计算内容片段间的跳转概率，并且根据计算结果预测内容片段的播放顺序，在播放当前内容片段时预取下一时刻最有可能被播放的内容片段，从而减少重新查找内容和下载视频块的时间，为用户提供更流畅的视频观看体验。

表 3-1　车辆节点中的内容服务日志

日志 ID	服务记录
1	1,2,3,7,8,9,11,12,13,16,17,20
2	1,4,5,6,7,10,11,12,13,16,17,18,20
3	1,2,3,4,5,9,10,12,13,16,17,6,7
4	1,2,3,8,9,12,13,14,16,17,18,9,10
⋮	⋮
k	1,2,3,7,8,9,11,12,13,16,17,20

为了在 VANET 环境中为用户提供更好的服务体验，本小节将结合内容片段以及视频流之间的关联性，来计算内容片段之间的关联跳转概率，并根据计算结果预测当前内容片段后最有可能被用户播放的内容。

1. **内容块关联性的计算**

用户的交互式请求行为往往会打破内容片段原本的顺序服务特性。也就是说，

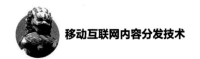

每个内容块都可以与其他 $n-1$ 个内容块产生关联（跳转点在当前内容块内的行为称为“块内跳”，这种情况下，内容资源可以直接在车辆节点中获取，不需要资源的重新定位下载）。根据内容块的播放顺序，内容块之间的播放关联可以类似地表示为：1→2，1→4 或 2→3 等。为了计算内容块的关联性，首先要统计这些关联跳转行为发生的频率，例如，在表 3-1 的前 4 条记录中，1→2 和 1→4 的关联频率分别为 3 和 1。经过对观看日志中所有内容块关联频率的统计，可以得到内容块关联频率矩阵，表示为

$$\begin{pmatrix} f_{11} & f_{12} & \cdots & f_{1n} \\ f_{21} & f_{22} & \cdots & f_{2n} \\ \vdots & \vdots & & \vdots \\ f_{n1} & f_{n2} & \cdots & f_{nn} \end{pmatrix}$$

在这个矩阵中，f_{ij} 表示日志中从内容块 s_i 跳转到内容块 s_j 的总频率。由视频块关联频率矩阵可以得到每一个内容块 s_i 与其他 $n-1$ 个内容块的总关联频率，即矩阵中第 i 行上的关联频率值之和，表示为

$$\text{SUM}(s_i)=\sum_{c=1}^{n} f_{ic}\text{，}\ \text{SUM}(s_i)>0 \tag{3-8}$$

当内容块 s_i 与其他内容块存在关联时，矩阵中的第 i 行的和应该大于 0，即 $\text{SUM}(s_i)>0$。当统计的数据足够多时，内容块 s_i 与任意的内容块 s_j 的关联概率可以用式（3-9）计算。

$$P_{ij}\{s_j \mid s_i\}=\frac{f_{ij}}{\text{SUM}(s_i)} \tag{3-9}$$

由此计算出的内容块 s_i 与 s_j 的关联概率可以作为内容块关联性计算时的一个加权因子。内容块之间的关联概率越大，他们的关联性计算值就越精确。每个内容块的权重值可以由式（3-10）获得。

$$w_{s_i}=\frac{r_{s_i}}{\sum_{c=1}^{n} r_{s_c}} \tag{3-10}$$

其中，r_{s_i} 是车辆节点上内容块 s_i 的总访问次数。$\sum_{c=1}^{n} r_{s_c}$ 代表所有内容块的总访问次数。下一步可以得到 $s_i \to s_j$ 的加权概率，表示为

$$\text{WP}_{ij}\{s_j \mid s_i\}=w_{s_i}\times w_{s_j}\times P_{ij} \tag{3-11}$$

任何两个内容块间的加权概率可以由式（3-11）计算出来。根据关联频率矩阵，可以得到内容块关联矩阵

$$\begin{pmatrix} \mathrm{WP}_{11} & \mathrm{WP}_{12} & \cdots & \mathrm{WP}_{1n} \\ \mathrm{WP}_{21} & \mathrm{WP}_{22} & \cdots & \mathrm{WP}_{2n} \\ \vdots & \vdots & & \vdots \\ \mathrm{WP}_{n1} & \mathrm{WP}_{n2} & \cdots & \mathrm{WP}_{nn} \end{pmatrix}$$

在矩阵中，WP_{ij} 代表两个内容块 s_i、s_j 间的关联概率，但是该关联概率并不能反映连续的播放特点。因此，我们进一步提出基于连续视频链的加权因子来精准地描述内容块间的关联概率。

2. 连续视频链关联性的计算

连续的内容块构成了播放序列的子链。由于在视频播放的大部分时间内，播放点是连续移动的，因此，内容块关联性并不能完全反映内容块之间的跳转概率，需要使用基于连续视频链的关联性来进一步提高内容块跳转概率估计的准确性。内容块按照播放的连续性顺序可以形成视频链。例如，表 3-1 中的第 k 条日志{1,2,3,7,8,9,11,12,13,16,17,20}有 5 个子链：{1,2,3}，{7,8,9}，{11,12,13}，{16,17}，{20}。可以从第 k 条日志中提取子链来构建子链的集合 $\mathrm{strSet}=\{\mathrm{str}_1,\mathrm{str}_2,\cdots,\mathrm{str}_m\}$。与基于视频块的关联相类似，可以得到基于视频子链加权概率的关联矩阵

$$\begin{pmatrix} \mathrm{WP}_{11}^{(s)} & \mathrm{WP}_{12}^{(s)} & \cdots & \mathrm{WP}_{1m}^{(s)} \\ \mathrm{WP}_{21}^{(s)} & \mathrm{WP}_{22}^{(s)} & \cdots & \mathrm{WP}_{2m}^{(s)} \\ \vdots & \vdots & & \vdots \\ \mathrm{WP}_{m1}^{(s)} & \mathrm{WP}_{m2}^{(s)} & \cdots & \mathrm{WP}_{mm}^{(s)} \end{pmatrix}$$

3. 内容块跳转概率的计算

假设在访问内容块 s_i 之前，播放点已经连续移动了 h 块，然后定位到了内容块 s_i，即有视频链 $\mathrm{str}_{t(i)}=\{s_{i-h},s_{i-h+1},\cdots,s_i\}$，可以使用从链 $\mathrm{str}_{t(i)}$ 到所有以块 s_j 为首的视频链的累积视频链关联性的值，作为计算内容块之间跳转概率时的视频链部分的加权因子。

将内容块关联性和视频链关联性结合起来，可以计算出内容块之间的跳转概率，表示为式（3-12）。

$$D_{s_i \to s_j} = (\mathrm{WP}_{ij})^{\alpha_{ij}} \times \sum \mathrm{WP}_{t(i)c(j)}^{(s)} \tag{3-12}$$

其中，$\alpha_{ij}(0<\alpha_{ij}\leqslant 1)$表示计算内容块跳转概率时，内容块关联性 WP_{ij} 的一个约束因子，用于调节 WP_{ij} 对预取的预测贡献值。通过上述计算方法，就可以得到从内容块 s_i

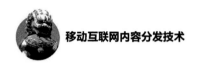

到任意其他 $n-1$ 个内容块的跳转概率矩阵，即 $\mathbf{CPS}_i=(D_{s_i\to s_1},D_{s_i\to s_2},D_{s_i\to s_n})$。因此，当用户播放内容块 s_i 时，用户最有可能访问的应该是跳转概率最大，即 $D_{s_i\to s_j}=\mathrm{MAX}(\mathbf{CPS}_i)$的内容块 s_j，作为所要预取的内容块。

除此之外，类似于 VMesh，系统在每个车辆节点上保存两个指针列表，下段表（Next Segment List，NSL）和上段表（Previous Segment List，PSL），其中下段表用于指向拥有当前内容块后一个内容块资源的车辆，上段表用于指向包含前一个内容块资源的车辆。通过下段表和上段表，车辆可以与一跳覆盖内的车辆通信，从而在播放点跳转到下一段或上一段时实现快速响应，并立刻获取内容块。在此基础上，介绍一种可行的预取方案。

如果预测的目标内容块是当前播放内容块的下一段或者上一段，节点可以通过下段表或者上段表中的节点快速获取内容块；否则，在播放当前内容块的同时利用剩余带宽定位并且下载目标块。如果当前可用带宽允许的话，当前播放块的下一段也可以被预取。

随着观看日志中记录的增加，统计结果不断发生变化，为了减少计算成本，在计算精度允许的范围内，只在一定周期的时间内更新这些结果，即每一个特定时间后，每个节点将这段时间的信息增量与历史数据信息结合起来计算新的跳转概率。例如，INC_{ij} 是从 s_i 到 s_j 跳转次数的增长量。通过改进式（3-9）～式（3-13）得到新的内容块关联概率计算式，同时极大减少计算复杂度。

$$P'_{ij}\{s_j \mid s_i\}=\frac{f_{ij}+\mathrm{INC}_{ij}}{\mathrm{SUM}(s_i)+\mathrm{INC}_{ij}} \tag{3-13}$$

除此之外，为了进一步提高预测的准确性，我们还引入了反馈机制。如果预取内容块 s_j 是内容块 s_i 播放之后的请求资源块，即预测正确，则适当增大内容块 s_j 到内容块 s_i 的跳转概率，否则应该相应减小它们之间的跳转概率。新的影响因子 α'_{ij} 根据式（3-14）更新。

$$\alpha'_{ij}=\begin{cases}\alpha_{ij}^{(1+\rho)}, & I(+)\\ \alpha_{ij}^{(1-\rho)}, & I(-)\end{cases} \tag{3-14}$$

其中，$0<\rho<1$ 为全局变量，是反馈系数。$I(+)$和 $I(-)$各自表示正反馈和负反馈，即预测的成功或失败。上述关于 $I(-)$的反馈学习模型是利用用户的反馈信息来提高预测准确度，从而加强了预测的准确性。算法 3-3 描述了基于用户感知的内容预取机制。

算法 3-3　基于用户感知的内容预取

```
/*s_i 表示当前播放的内容块*/
/*s_r 和 s_p 表示真实和预测的目标块*/
根据式（3-11），获取概率集合{WP_i1,WP_i2,⋯,WP_in};
根据式（3-12），获取跳转概率矩阵 CPS_i;
通过 MAX(CPS_i)选择 s_p 作为预测的内容块;
if(s_p==s_{i+1} || s_p==s_{i-1})
    借助 NSL 或 PLS 定位 s_p;
    通过部署多路交付机制预取 s_p;
    通过算法 3-2 预取 s_p;
end if
if(s_r==s_p)
    使用 I(+)正则化 α_ij;
end if    /*实现平滑播放*/
if(s_r==s_{i+1} || s_r==s_{i-1})
    借助 NSL 或 PLS 定位 s_p;
else
    通过算法 3-2 定位并下载 s_p;
    根据 I(−)调节 α_ij;
    预取失败;
end if
```

3.3　仿真结果与性能分析

本节通过测试实验和仿真分析，对 QUVoD 的性能进行了评估和分析，我们分别将 QUVoD 与 VMesh（Ad Hoc 网）和 VMesh（蜂窝网络）在用户 QoE 等方面进行了对比实验。主要包括平均资源查询成功率（Average Lookup Success Rate，ALSR）、平均视频块查询时延（Average Segment Seeking Latency，ASSL）、用户交互式操作中的资源需求命中概率、车辆负载分布、服务器负载和系统控制开销。

3.3.1 实验环境设置

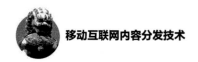

QUVoD 与 VMesh[10]都是基于 Chord 环结构。VMesh 网络中的成员会存储一些内容块来为其他成员提供服务，使用分布式哈希表在 Chord 环上定位资源。本章将 QUVoD 与 VMesh 的两种实现方式 VMesh（Ad Hoc 网）和 VMesh（蜂窝网络）进行比较。在 VMesh（Ad Hoc 网）网络中，数据包是通过 WAVE 接口使用 V 路径传输的。VMesh（蜂窝网络）则通过 WiMAX 接口使用 G 路径传输数据。实验使用支持多接口跨层的网络仿真模拟器（The Network Simulator 2，NS-2）扩展（NS-MIRACLE）[34-36]，可以支持 IEEE 802.11p 和 WiMAX 的集合。对于 IEEE 802.11p，在 PHY/MAC 层有两个 WAVE 信道。一个是控制信道，用来传递控制信息，另一个是服务信道，用来传输数据。

为了反映 VANET 的移动特性，测试过程使用城市移动模型器[35]产生了一个城市街道模型。街道面积为 2 000 m×2 000 m，有 5 条水平街道和 5 条垂直街道。VANET 和蜂窝网络仿真场景如图 3-7 所示。

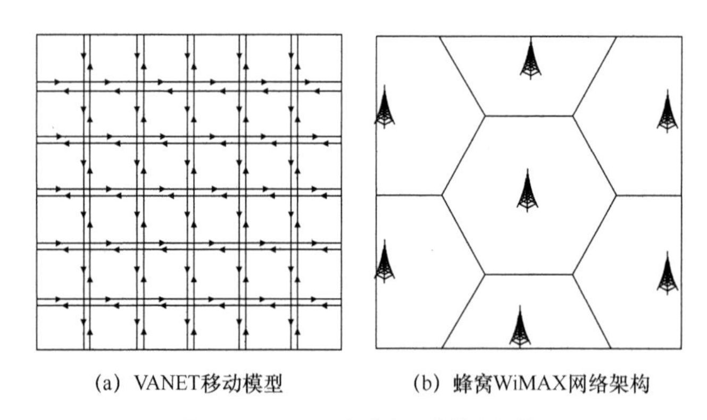

(a) VANET移动模型　　(b) 蜂窝WiMAX网络架构

图 3-7　VANET 和蜂窝网络仿真场景

如图 3-7（a）所示，在每条街道上有两个行驶方向，车辆应用了曼哈顿移动模型[37]。车辆节点均匀分布在街道中，并且按照图 3-7 中箭头所示方向前行。如果遇到交叉路口，车辆以特定的概率决定转弯方向，例如 50%的概率前行，各 25%的概率左右转弯。WiMAX 由 7 个半径为 578 m 的蜂窝网络构成。我们仿真设定的场景是最多 1 000 个用户请求内容块。对于每一个蜂窝网络基站约有 143 个节点共享上传/下载的网络带宽。基站之间用一条带宽为 128 Mbit/s 的有线链路连接，时延 2 ms。

基站间的切换采用的是 IEEE 802.16e[38]定义的硬切换。表 3-2 列出了一些主要的 NS-2 仿真参数。考虑到多路径数据传输，我们设定 AB_{thres} 为 128 kbit/s，等同于流速率，同时 AB_{value} 为 8 kbit/s。即，如果 V 路径的 AB 小于 120 kbit/s 而 G 路径的 AB 大于 128 kbit/s，数据包的传输将使用 G 路径。否则，使用 V 路径传输数据包。

表 3-2　主要的 NS-2 仿真参数

参数类型		值
VANET	区域大小	2 000 m×2 000 m
	信道	无线信道
	网络接口	无线物理层
	MAC 接口	IEEE 802_11
	峰值速率	11 Mbit/s
	频率	5.9 GHz
	多址接入技术	OFDM
	信道共享方案	CA
	传输能力	33 dBm
	无线传输范围	250 m
	接口队列类型	队列
	接口队列长度	50
	天线类型	全向天线
	路由协议	AOVD
	峰值移动速率	30 m/s
	移动模型	曼哈顿移动模型
	传输层协议	TCP
WiMAX	操作频率	2.5 GHz
	信道带宽	10 MHz
	信道能力	40 Mbit/s
	无线传输模型	M 自由空间
	帧周期	5 ms
	多址接入技术	OFDM
	双工模式	TDD
	接口队列长度	50
	基站数量	7
	单元半径（传输范围）	578 m
	传输层协议	TCP

仿真使用了一个 5 400 s 的体育比赛视频并将其分割为 180 个视频块。流速率为 128 kbit/s。每个视频块 0.5 min 长，大小为 0.47 MB。在 QUVoD 中，最大存储容量参数设置为 5。正如在预取部分所讨论的，QUVoD 通过分析用户播放日志，采用基于用户感知的策略来预测用户的交互行为。首先，我们根据基于测量和统计的交互结果[39]创建了 5 000 条日志。影响因子 α_{ij} 被设为 1，使得基于内容块的关联和基于视频子链的关联对预测影响比重相同。然后使用同样的方法，我们又生成 1 000 条日志并将其分配给 1 000 个节点来产生大量交互请求。每个节点的播放行为与被分配的日志相符。例如，一个车辆节点的播放日志记录为(1,2,3,4,7,8,9,10,14,15,16,17,18,40,28,29,30,31,44,45,46,47,52,53,60,61)，则该节点播放总时长为 13 min 并且进行了 7 次 VCR 操作。

3.3.2 实验结果对比分析

1. 平均资源查询成功率（ALSR）

将从移动网络中成功获取资源的请求消息数量与请求消息数量总和之比作为平均资源查询成功率，用于评估网络中资源分布状况的优劣。高 ALSR 意味着节点更容易从其他非服务器的资源提供者处获取资源。这样提高了系统的资源共享能力，同时间接地减少了服务器负载。

图 3-8 所示为不同车辆节点数量下的平均资源查询成功率。如图 3-8 所示，随着系统规模变大，QUVoD 和 VMesh 的 ALSR 都在增长。这是因为随着系统中车辆数目的增加，内容块共享的机会随之变大，也意味着任何车辆都可以更容易地找到相应的内容提供者。当系统规模比较小（车辆节点数量低于 700 个）时，QUVoD 的 ALSR 明显高于 VMesh。这是由于 QUVoD 的分组内容块存储与 VMesh 用到的随机内容块存储相比，查询更准确。QUVoD 和 VMesh（蜂窝网络）在蜂窝网络上用 Chord 环定位内容块，车辆的移动不会影响 Chord 环结构。只要有足够多的车辆，就可以在蜂窝网络中通过 DHT 查询到相应的资源提供者。然而，VMesh（Ad Hoc 网）是在 VANET 上层，ALSR 很容易受车辆密度的影响。因此，当有 1 000 辆车时，QUVoD 和 VMesh（蜂窝网络）的 ALSR 比 VMesh（Ad Hoc 网）高 35%左右。而当车辆数为 600 时，差别则约为 70%。

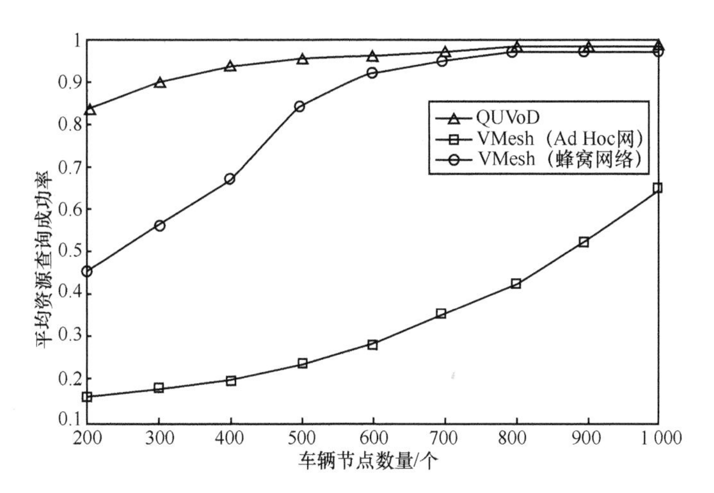

图 3-8　不同车辆节点数量下的平均资源查询成功率

图 3-9 所示为不同车辆移动速率下的平均资源查询成功率。由图 3-9 可知，QUVoD 和 VMesh（蜂窝网络）的 ALSR 稳定在接近于 1 的位置，而 VMesh（Ad Hoc 网）的 ALSR 随着移动速率增加而减少。这是因为在 VMesh（Ad Hoc 网）中，车辆移动速率的增加使得在移动 Ad Hoc 网络下 P2P 结构变得不稳定，造成了一些查询请求没有到达资源提供者的情况。不同于 VMesh（Ad Hoc 网），QUVoD 和 VMesh（蜂窝网络）中通过蜂窝网络进行数据通信，车辆移动性的增加对数据通信几乎没有影响。

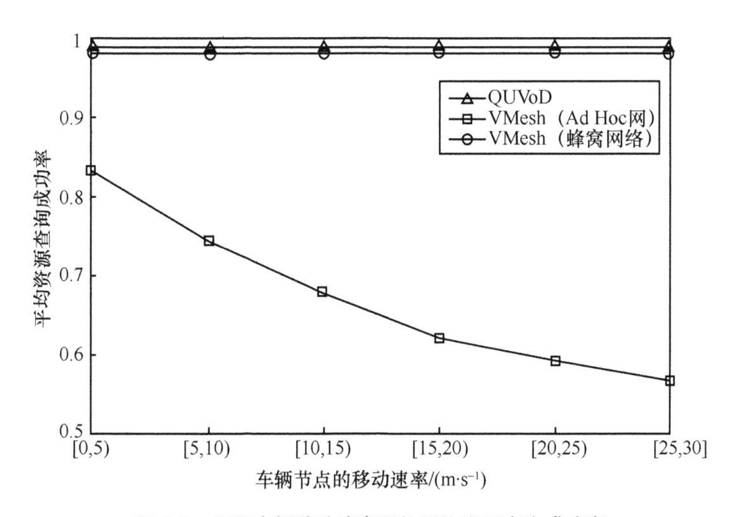

图 3-9　不同车辆移动速率下的平均资源查询成功率

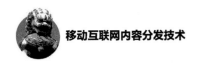

2. 平均视频块查询时延（ASSL）

ASSL 是从发出资源请求到接收相应内容块至缓存的时间间隔，主要包含平均视频块定位时延和平均视频块下载时延。在仿真中，首先计算在 Chord 网络中的平均定位时延，然后计算两个节点间平均端到端传输时延，二者之和为 ASSL。因为车辆可能多次请求资源，所以只有成功查询的那次被算入 ASSL。

图 3-10 所示为 QUVoD 和 VMesh 系统在车辆移动速率范围为 0～30 m/s 的前提下，随着车辆节点数目的增加 ASSL 的变化情况。如图 3-10 所示，VMesh（Ad Hoc 网）的 ASSL 高于 QUVoD 和 VMesh（蜂窝网络），尤其在系统规模较小（车辆节点数量小于 400 个）的情况下。这是因为在 VANET 下的低密度节点间的连通较小。QUVoD 的表现优于其他两个 VMesh 系统。例如，当节点数量为 200 个时，QUVoD 的 ASSL 是 0.573 s，比 VMesh（蜂窝网络）（0.613 s）低 6.5%左右，比 VMesh（Ad Hoc 网）（0.784 s）低约 26.9%。

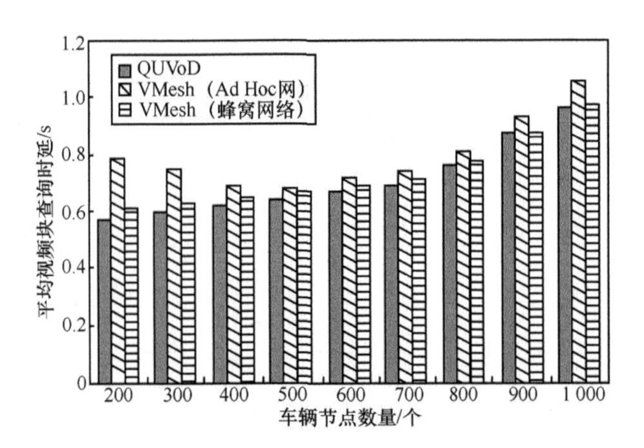

图 3-10　不同车辆节点数量下的平均视频块查询时延

图 3-11 所示为节点数为 1 000 时在不同移动速率范围下的 ASSL 的比较结果。在低移动速率情况下 QUVoD 的 ASSL 比 VMesh（蜂窝网络）略高，是由于 QUVoD 主要使用 V 路径进行数据传输，对 V2V 通信有消极影响。然而，这种差异很小，在大多数情况下 QUVoD 的 ASSL 保持在一个较好水平。因为 QUVoD 在一个节点存储了一系列顺序视频块，所以有些视频块不需要重新定位，从而减少了平均视频块定位时延并且中和了部分使用 V 路径带来的负面影响。

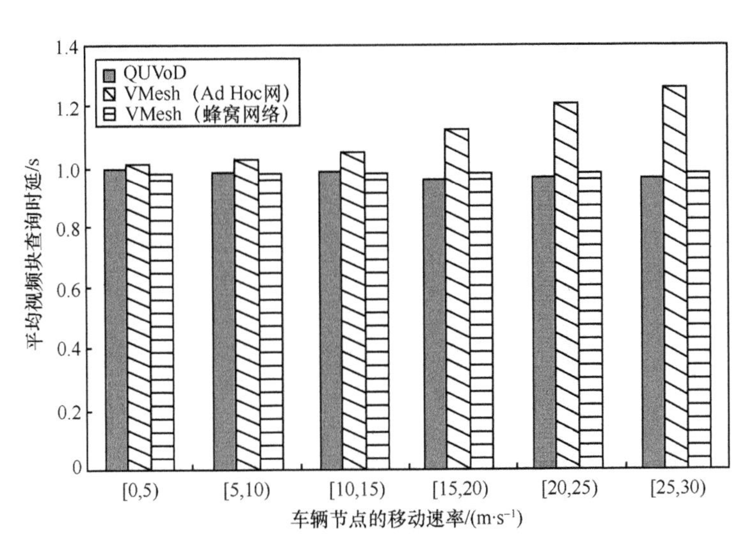

图 3-11　不同车辆移动速率下的平均视频块查询时延

在 VMesh（Ad Hoc 网）中，查询信息和数据都是通过 VANET 网络传输。这种非可靠性传输使得在低密度和高移动性情况下，VMesh（Ad Hoc 网）的 ASSL 和 ALSR 比 QUVoD 和 VMesh（蜂窝网络）差。而对于 QUVoD 系统，查询信息是通过蜂窝网络传输，视频数据却是通过蜂窝网络/VANET 多路径传输，因此，QUVoD 有着较高的查询成功率和相对较低的查询时延。

3. *G*/*V* 路径的评估

图 3-12 所示为对于 QUVoD 系统使用 *G* 路径和 *V* 路径下载内容块的概率。图 3-12（a）所示为速率为 0～30 m/s 的情况下，随着车辆数目的增加选择路径的概率的变化情况。如图 3-12（a）所示，当系统中有较少节点时，比如 200 个节点，使用 *G* 路径下载视频块的概率是 85.6%而使用 *V* 路径的概率是 14.4%。然而，当系统规模变大，使用 *G* 路径的概率快速降低。当系统规模接近 1 000 个节点时，使用 *G* 路径的概率大约只有 37.5%，而使用 *V* 路径的概率接近于 62.5%。图 3-12（b）所示为不同移动速率下的使用 *G*/*V* 路径的概率。低速率情况下使用 *G* 路径的概率比较小（速率范围为 0～5 m/s，使用 *G* 路径的概率为 16.5%，使用 *V* 路径的概率为 83.5%）。然而，当速率增加到 25～30 m/s，使用 *G* 路径的概率增加到 43.8%而使用 *V* 路径的概率降低到 56.2%。图 3-12 说明 QUVoD 结合了 VANET 和蜂窝网络的优点，在服务质量和网络开销间达到了理想权衡。

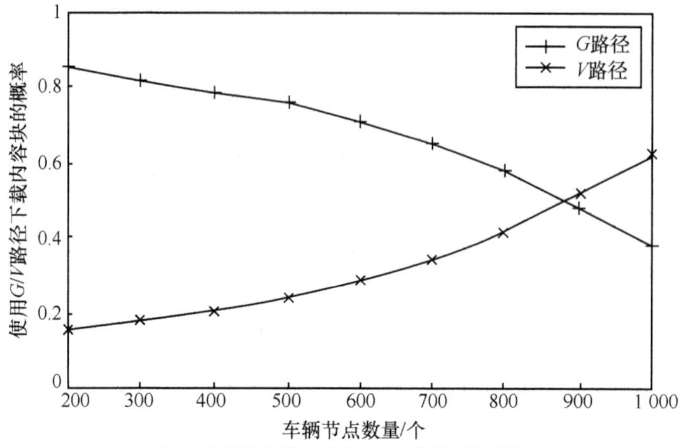

(a) 车辆节点数量对使用G/V路径概率的影响

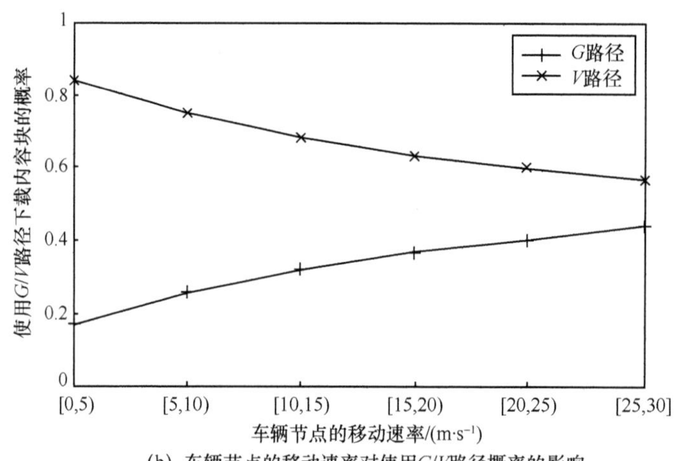

(b) 车辆节点的移动速率对使用G/V路径概率的影响

图 3-12 使用 G/V 路径下载内容块的概率

4. 平均命中率（AHR）

实验使用平均命中率来评价交互操作的服务质量。在结束播放一个内容块之后，车辆会继续搜索下一个播放的内容块。车辆首先检查本地播放缓存，如果缓存包含所有所请求的内容块，车辆可以流畅地播放视频。否则，车辆需要重定位并且获取目标内容块，这会带来较长时延并严重影响用户的 QoE。AHR 是所有搜索成功数与所有搜索请求数的比值。在仿真中，将速率范围设为 0～30 m/s，通过逐步增加车辆节点的数量来观察 AHR 变化。

不同车辆节点数量下的平均命中率如图 3-13 所示，如果系统规模较小，车辆节点数量的增加可以提高 AHR。然而，当车辆节点数量超过 600 个，车辆节点数量几

乎不再影响 AHR。这是因为此时 P2P 共享能力不再影响 AHR，内容块预取机制成为影响 AHR 的主导因素。可以看到 QUVoD 的 AHR 大约为 20%，比 VMesh（蜂窝网络）和 VMesh（Ad Hoc 网）分别高约 25%。在 VMesh 中，顺序播放行为提高 AHR，交互操作需要预取会降低 AHR。然而在 QUVoD 中，通过使用基于用户感知的预取策略，不管是顺序播放还是跳转都有较大概率获取到目标内容块，所以 QUVoD 的 AHR 比 VMesh 高很多。同时，如图 3-13 所示，QUVoD 有 10%的概率预取失败，这意味着一些预取的内容块不能播放。尽管这样浪费了一些带宽和内存，考虑到 VANET 具有充足的带宽和存储容量，QUVoD 依旧在服务质量和网络开销间做出了很好的权衡。

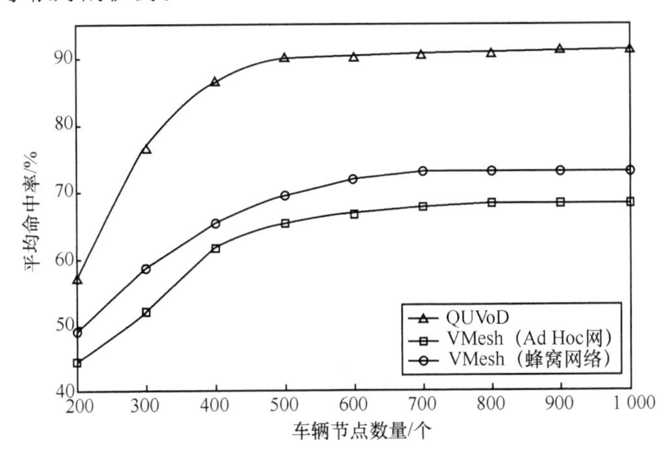

图 3-13　不同车辆节点数量下的平均命中率

图 3-14 所示为 QUVoD 和 VMesh 的 AHR 与搜索事件的关系。搜索事件 $S_{s_i \to s_j}$ 的平均 AHR 被定义为

$$\mathrm{HR}_{ij} = \frac{f_{ij}^{\mathrm{H}}}{\sum_{b=1}^{n}\sum_{c=1}^{n} f_{bc}},\quad f_{ij}^{\mathrm{H}} \leqslant f_{ij}, \mathrm{HR}_{ij} \in [0,1] \tag{3-15}$$

其中，f_{ij} 和 f_{ij}^{H} 分别是 $S_{s_i \to s_j}$ 和命中事件的发生频率。$\sum_{b=1}^{n}\sum_{c=1}^{n} f_{bc}$ 是所有搜索事件的发生频率。如图 3-14 所示，VMesh 的 AHR 值被分布在由 z 坐标轴和 xOy 平面对角线所构成的平面上。VMesh（蜂窝网络）的 AHR 值高于 VMesh（Ad Hoc 网），因为蜂窝网络更稳定。通常情况下，QUVoD 的 AHR 值远高于 VMesh。QUVoD 在基于用户感知的预取策略的帮助下可以为搜索事件提供准确预测结果来保证服务的平滑性。

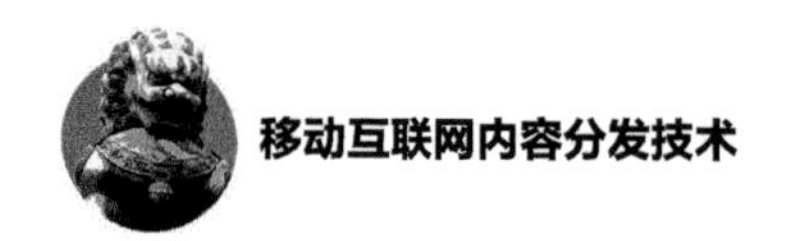

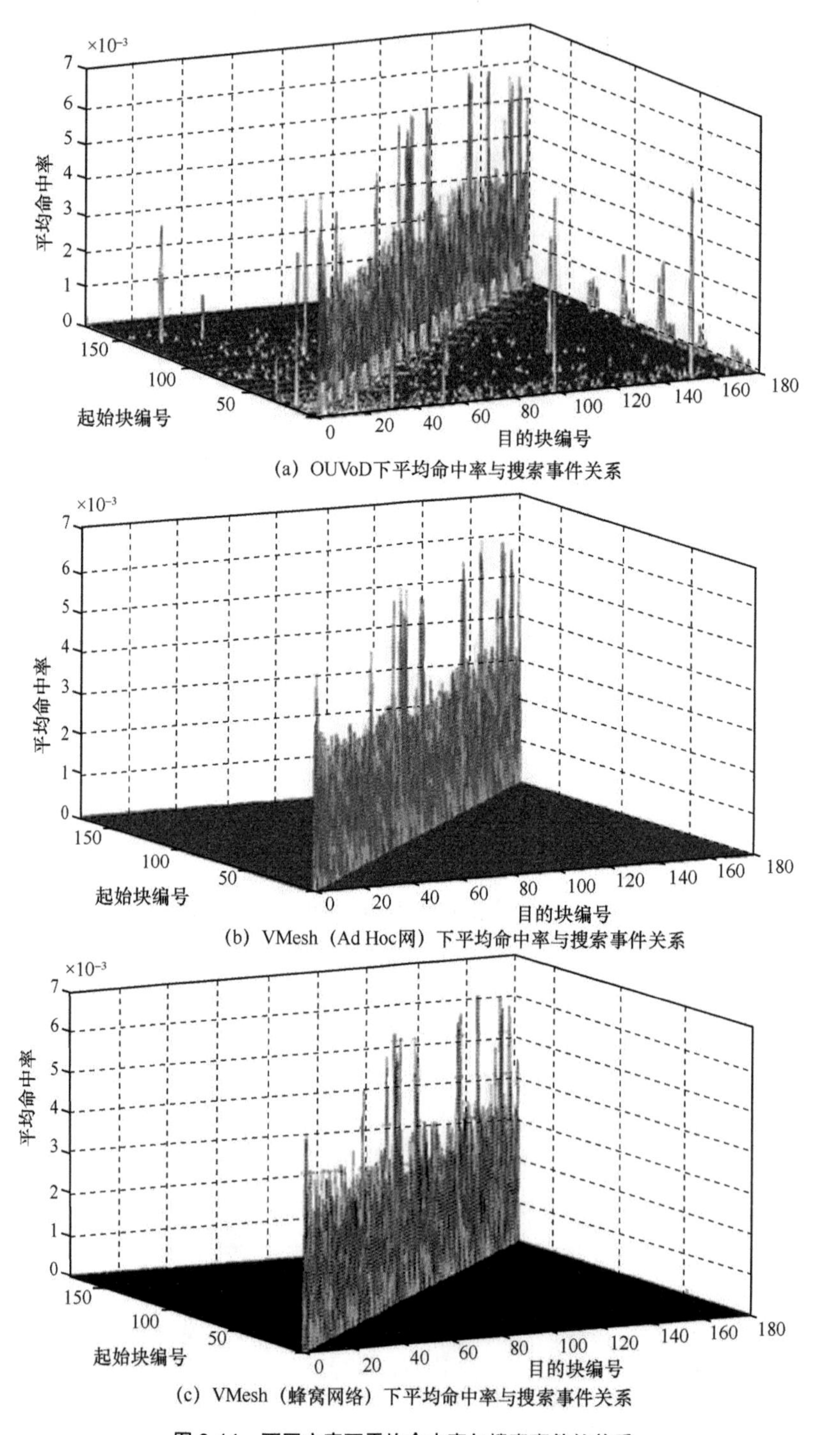

(a) OUVoD下平均命中率与搜索事件关系

(b) VMesh（Ad Hoc网）下平均命中率与搜索事件关系

(c) VMesh（蜂窝网络）下平均命中率与搜索事件关系

图 3-14 不同方案下平均命中率与搜索事件的关系

5. 车辆负载

在 QUVoD 和 VMesh 中，车辆节点不仅需要从其他节点搜索和下载新内容块，而且需要回复其他节点发来的内容数据请求。本部分测试将研究车辆节点数量的分布与资源搜索事件数量分布的关系，以及对应的累积分布函数（Cumulative Distribution Function，CDF），来支撑对车辆负载的分析。

车辆节点数量随搜索事件数量变化的分布关系和累积分布函数如图 3-15 所示。图 3-15（a）中分布曲线先上升后下降，峰值在[120,140]出现，每个节点的平均搜索事件数量是 128.97。图 3-15（b）所示为图 3-15（a）中分布的 CDF。搜索事件的数量比视频块的总数量大，这说明一些用户观看了完整视频。图 3-15（b）所示的曲线在[180, 200]趋于水平直线（CDF 接近于 1），表明小部分用户观看了完整视频；曲线在[100, 160]快速上升，说明大多数用户属于这个搜索事件数量范围。

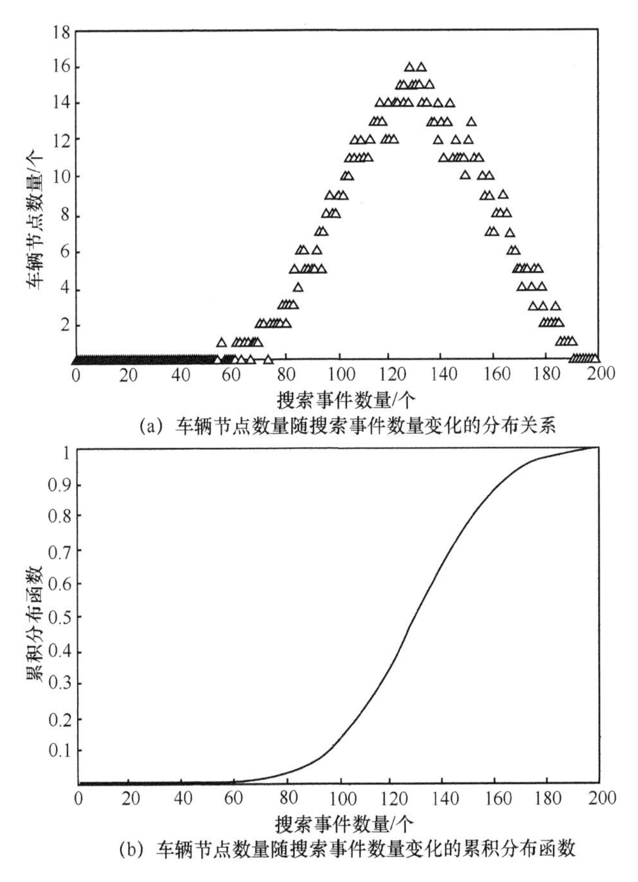

(a) 车辆节点数量随搜索事件数量变化的分布关系

(b) 车辆节点数量随搜索事件数量变化的累积分布函数

图 3-15　车辆节点数量随搜索事件数量变化的分布关系和累积分布函数

仿真中的车辆节点的负载分布是在不同负载情况下的统计数值，是每个车辆节点的负载值和所有车辆节点负载值的比值。其中车辆节点提供的内容块数量表示每个车辆节点的负载。图 3-16 所示为 VMesh 和 QUVoD 中不同负载分布下的车辆节点数量，其中总车辆节点数量是 1 000 个。如图 3-16 所示，VMesh 中超过 15% 的车辆节点从开始到结束没有任何负载。他们只是从其他车辆节点下载，但不为其提供资源。在 QUVoD 中，每个车辆节点都承担了一部分系统负载，超载的车辆节点数量极少。在 VMesh 中，随机存储机制使得 Chord 环上的内容块分布不均匀，这导致车辆节点间的负载不能很好地平衡。但是在 QUVoD 中，基于分组的内容块存储可以使得内容资源分布均匀。通常情况下，S_{max} 数量的车辆节点可以存储被请求内容的所有内容块。除此以外，同组的车辆节点可以提供相同的内容资源，这帮助实现了负载均衡。所以，QUVoD 的每个车辆节点都承担了一部分系统负载。

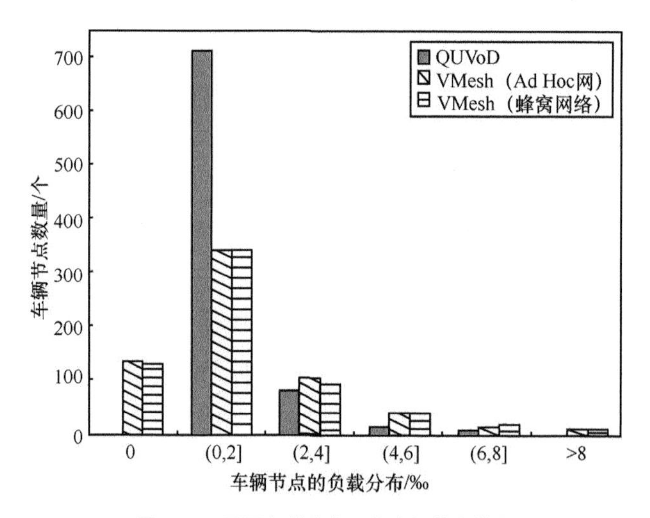

图 3-16　不同负载分布下的车辆节点数量

6. 服务器负载

服务器是备用的资源提供者，如果节点不能从其他节点取得资源，该节点可以直接从服务器获得资源。显然，服务器提供的数据流越少，其负载越小。不同车辆节点数量下的服务器负载如图 3-17 所示，服务器的负载压力等于服务器提供的数据流数量与系统中所有数据流数量的比值。如图 3-17 所示，在 VMesh 和 QUVoD 中，随着车辆节点数量的增加，服务器压力变小，因为车辆间的共享能力随着系统规模

的增大而增大。同 VMesh 相比，QUVoD 的服务器负载保持在一个较低水平，并且在车辆节点数量大于 600 个时接近于 0。这归功于本章所提出的内容块分组存储机制和多路径传输机制。而 VMesh（Ad Hoc 网）服务器负载较大，因为它采用的是随机存储机制，并且受 VANET 不稳定特征所限。VMesh（蜂窝网络）比 VMesh（Ad Hoc 网）服务器负载小，因为蜂窝网络比较稳定。

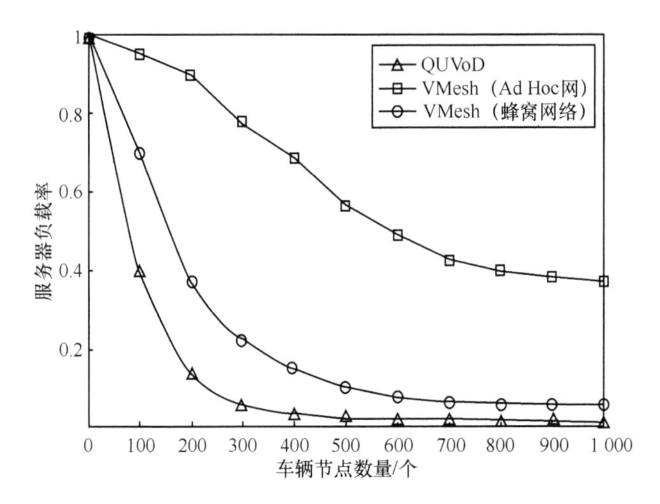

图 3-17　不同车辆节点数量下的服务器负载

7. 控制开销

在 QUVoD 和 VMesh 中，构建和维护 Chord P2P 网络需要节点间交换控制信息，包括节点加入、退出等信息。我们将每秒控制信息所占用的带宽作为控制开销。平均流量控制开销随车辆节点数量的变化如图 3-18 所示，当车辆节点数量增加，QuVoD 和 VMesh 的控制开销都增大。这主要是因为系统规模的增大使得节点之间交流的控制信息增加，导致 Chord 网络维护的开销增大。VMesh（Ad Hoc 网）表现最差，因为 Chord 环直接部署在 VANET 上层，拓扑易受车辆移动性影响，而且车辆的加入、离开系统会导致节点间需要频繁交换信息。而 QUVoD 和 VMesh（蜂窝网络）建立在蜂窝网络上，鲁棒性强，很大程度减少了系统维护信息。QUVoD 系统中，因为我们在一个节点存储了一些顺序内容块，所以每次可以获得多个内容块，极大地减少了平均查询时间，控制信息也随之减少。因此，QUVoD 比 VMesh（蜂窝网络）控制开销更小。

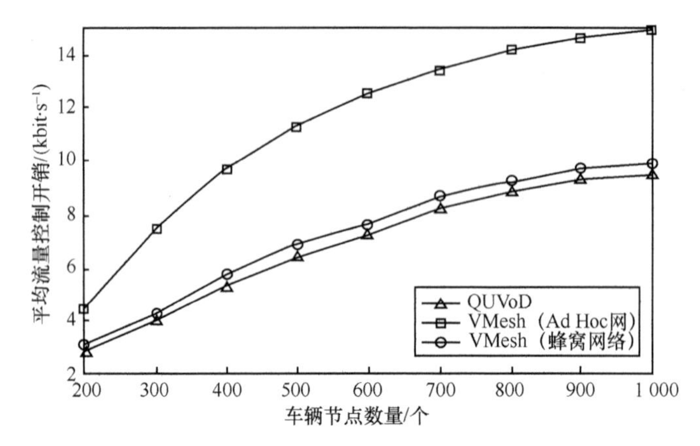

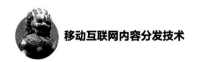

图 3-18 平均流量控制开销随车节点数量的变化

3.4 本章小结

在本章中，我们以城市车联网环境为背景介绍了基于 MP2P 的内容分发服务体系框架，为移动用户提供高质量的服务体验。借助多宿主分层 P2P/VANET 结构，本章介绍了 4 种新颖的机制：① 分布式内容存储策略；② 移动环境资源定位方法；③ 多路协同数据传输机制；④ 用户感知的内容预取技术。存储机制通过统一的 Chord 网络分发内容块，允许每个内容块存储在多个节点中，并且每个节点存储多个内容块。这不仅可以平衡节点的负载，还可以减少资源定位时间。蜂窝网络的稳定性保障了查找成功率。完成资源查找后，利用多路径传输机制从多宿主网络源节点下载内容块，实现高速率和高可靠的传输。此外，通过用户感知的内容预取技术可以感知用户的请求行为，并且做出智能内容预取决策，极大地提高用户的内容服务体验。最后，在 NS-2 上的仿真结果表明，移动网络内容分发能够动态适应网络变化，实现更精确的资源查询、更低的查找时延、更高的内容命中率和更低的服务开销，从而完成内容服务的高效分发与传输，优化整体网络性能，提高网络资源利用率。

参考文献

[1] PIRO G, GRIECO A, BOGGIA G, et al. Simulating LTE cellular systems: An open source

framework[J]. IEEE Transactions on Vehicular Technology, 2011, 60(2): 498-513.

[2] FERNANDEZ J A, BORRIES K, CHENG L, et al. Performance of the 802.11p physical layer in vehicle-tovehicle environments[J]. IEEE Transactions on Vehicular Technology, 2012, 61(1): 3-14.

[3] WANG Q, FAN P, LETAIEF K B. On the joint V2I and V2V scheduling for cooperative VANETs with network coding[J]. IEEE Transactions on Vehicular Technology, 2012, 61(1): 62-73.

[4] XU C, MUNTEAN G-M, FALLON E, et al. A balanced tree-based strategy for unstructured media distribution in P2P networks[C]//Proceedings of IEEE International Conference on Communications. Piscataway: IEEE Press, 2008: 1797-1801.

[5] XU C, MUNTEAN G M, FALLON E, et al. Distributed storageassisted data-driven overlay network for P2P VoD services[J]. IEEE Transactions Broadcasting, 2009, 55(1): 1-10.

[6] CHANG C L, HUANG S P. The interleaved video frame distribution for P2P-based VoD system with VCR functionality[J]. Computer Network, 2012, 56(5): 1525-1537.

[7] ZHOU Y, FU T, CHIU D M. A unifying model and analysis of P2P VoD replication and scheduling[C]//Proceedings of IEEE Conference on Computer Communications. Piscataway: IEEE Press, 2012: 1530-1538.

[8] LEE C, HWANG E, PYEON D. A popularity-aware prefetching scheme to support interactive P2P streaming[J]. IEEE Transactions Consumer Electronic, 2012, 58(2): 382-388.

[9] WU W, LUI J C S. Exploring the optimal replication strategy in P2P VoD systems: Characterization and evaluation[C]//Proceedings of IEEE Conference on Computer Communications. Piscataway: IEEE Press, 2011: 1206-1214.

[10] YIU W P K, JIN X, CHAN S H G. VMesh: Distributed segment storage for peer-to-peer interactive video streaming[J]. IEEE Journal Selelectd Areas Communications, 2007, 25(9): 1717-1731.

[11] CHAN S H G, YIU W P K. Distributed storage to support user interactivity in peer-to-peer video[C]//Proceedings of IEEE International Conference on Communications. Piscataway: IEEE Press, 2006: 55-60.

[12] HSIEH Y, WANG K. Dynamic overlay multicast for live multimedia streaming in urban VANETs[J]. Computer Network, 2012, 56(16): 3609-3628.

[13] ZHOU L, ZHANG Y, SONG K, et al. Distributed media services in P2P-based vehicular networks[J]. IEEE Transactions on Vehicular Technology, 2011, 60(2): 692-703.

[14] QADRI N N, FLEURY M, ALTAF M, et al. Multi-source video streaming in a wireless vehicular Ad Hoc network[J]. IET Communication, 2010, 4(11): 1300-1311.

[15] YANG Z, LI M, LOU W. CodePlay: Live multimedia streaming in VANETs using symbol-level network coding[C]//Proceedings of IEEE International Conference on Network Protocols. Piscataway: IEEE Press, 2010: 223-232.

[16] STOICA I, MORRIS R, NOWELL D L, et al. Chord: A scalable peer-to-peer lookup protocol

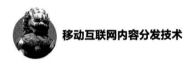

for Internet applications[J]. IEEE/ACM Transactions on Networking, 2003, 11(1): 17-32.

[17] CANALI C, RENDA M E, SANTI P, et al. Enabling efficient peer-to-peer resource sharing in wireless mesh networks[J]. IEEE Transactions on Mobile Computing, 2010, 9(3): 333-347.

[18] LIU C L, WANG C Y, WEI H Y. Mobile chord: Enhancing P2P application performance over vehicular Ad Hoc network[C]//Proceedings of IEEE Global Communications Conference. Piscataway: IEEE Press, 2008: 1-8.

[19] LIU C L, WANG C Y, WEI H Y. Cross-layer mobile chord P2P protocol design for VANET[J]. International Journal of Ad Hoc Ubiquitous Computation, 2010, 6(3): 150-163.

[20] DING W, IYENGAR S S. Bootstrapping chord over MANETs—All roads lead to Rome[C]//Proceedings of IEEE Wireless Communications & Networking Conference. Piscataway: IEEE Press, 2007: 3501-3506.

[21] FORESTIERO A, LEONARDI E, MASTROIANNI C, et al. Self-chord: A bio-inspired P2P framework for self-organizing distributed systems[J]. IEEE/ACM Transactions on Networking, 2010, 18(5): 1651-1664.

[22] AO W C, CHEN P Y, CHEN K C. Rate-reliability-delay tradeoff of multipath transmission using network coding[J]. IEEE Transactions on Vehicular Technology, 2012, 61(5): 2336-2342.

[23] AHLUND C, BRANNSTROM R, ZASLAVSKY A. Traffic load metrics for multi-homed mobile IP and global connectivity[J]. Telecommunication System, 2006, 33(1): 155-185.

[24] NORDMARK E, BAGNULO M. SHIM6: Level 3 multihoming shim protocol for IPv6[R]. RFC 5533, 2009.

[25] TROAN O, WING D, MILES D, et al. IPv6 multihoming without network address translation[R]. RFC 7157, 2013.

[26] FORD A, RAICIU C, HANDLEY M, et al. Architectural guidelines for multipath TCP development[R]. RFC 6182, 2011.

[27] XU C, FALLON E, QIAO Y, et al. Performance evaluation of distributing real-time video over concurrent multipath[C]//Proceedings of IEEE Wireless Communications & Networking Conference. Piscataway: IEEE Press, 2009: 1-6.

[28] XU C, FALLON E, QIAO Y, et al. Performance evaluation of multimedia content distribution over multi-homed wireless networks[J]. IEEE Transactions on Broadcasting, 2011, 57(2): 204-215.

[29] XU C, LIU T, GUAN J, et al. CMT-QA: Quality-aware adaptive concurrent multipath data transfer in heterogeneous wireless networks[J]. IEEE Transactions on Mobile Computing, 2013, 9(3): 333-347.

[30] PIRO G, GRIECO L A, BOGGIA G, et al. Two-level downlink scheduling for real-time multimedia services in LTE networks[J]. IEEE Transactions on Multimedia, 2011, 13(5): 1052-1065.

[31] PITOURA T, NTARMOS N, TRIANTAFILLOU P. Replication, load balancing and efficient

range query processing in DHTs[C]//Proceedings of International Conference on Extending Database Technology. Heidelberg: Springer, 2006: 131-148.

[32] SHUMINOSKI T, JANEVSKI T. Cross-layer adaptive QoS provisioning for next generation wireless networks[J]. International Journal of Next-Generation Networks, 2011, 1(1): 7-13.

[33] ZHANG Q, ZHU W, ZHANG Y Q. Resource allocation for multimedia streaming over the Internet[J]. IEEE Transactions on Multimedia, 2001, 3(3): 339-355.

[34] BALDO N, MIOZZO M, MAGUOLO F, et al. Miracle: The multi-interface cross-layer extension of NS-2[J]. EURASIP Journal on Wireless Communications Network, 2010: 1-16.

[35] ROUILR. The Network Simulator NS-2 NIST add-on; IEEE 802.16 model (MAC+PHY)[J]. National Institute of Standards and Technology, 2007.

[36] KMJZEWICZ D, HERTKORN G, WAGNER P, et al. Simulation of urban mobility (SUMO): An open-source traffic simulation[C]//Proceedings of the 4th Middle East Symposium Simulation Modeling. [S.l.:s.n.], 2002: 1-25.

[37] BAI F, SADAGOPAN N, HELMY A. The important framework for analyzing the impact of mobility on performance of routing protocols for Ad Hoc networks[J]. Ad Hoc Networking, 2003, 1(4): 383-403.

[38] IEEE. IEEE standard for local and metropolitan area networks-part 16: Air interface for fixed and mobile broadband wireless access systems[S]. IEEE Std. 802.16e-2005, 2005.

[39] BRAMPTON A, MACQUIRE A, RAI I A, et al. Characterizing user interactivity for sports video-on-demand[C]//Proceedings of ACM NOSSDAV. New York: ACM Press, 2007: 1-6.

第4章 基于移动虚拟社区的资源管理与维护

内容分发作为移动网络服务中的关键技术，需要采用高效的资源管理机制，来实现请求内容的及时查找与交付，从而提供高体验质量的内容服务。当前，虚拟社区技术通过利用用户的兴趣偏好、内容交互性等特征，精准刻画内容属性，实现内容分类，帮助网络实现高效的内容分发，已经成为内容资源管理与维护的重要途径。因此，本章以视频内容为例，向读者介绍移动互联网下基于虚拟社区的资源管理与维护方案。该方案能够为大规模移动用户提供低时延的内容服务。最终，本章通过一系列的实验测试，验证了方案在实际应用中的有效性。

4.1 研究背景

4.1.1 现存问题

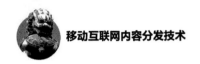

视频服务作为当前内容领域的典型代表，已成为当下最流行的内容业务。移动无线网络日益增长的通信能力能够为视频服务提供所需带宽，用户可以利用 Wi-Fi、5G 网络等接入互联网，从具有充足计算和通信资源的网络节点上获取丰富的视频服务[1-4]。然而，用户与视频内容之间的交互行为（如对内容的随机访问行为），以及无线移动网络的高度动态特性（如用户的移动性导致的数据传输路径的变化）等因素，极大影响了内容的管理与共享性能[5-7]。因此，移动对等（MP2P）网络被提出用以解决该问题。与基于互联网的传统点对点技术不同[8-13]，移动对等网络技术将对等节点思想拓展到无线移动网络中，显著提高了网络的内容服务性能[14-20]。然而，在资源受限的通信环境，尤其是移动环境中，实现高效视频内容资源管理并提供优越的用户体验质量（QoE）极具挑战。

虚拟社区技术通过感知用户资源访问行为和评估用户共同的特征（如兴趣偏好、用户间的交互频率等）定义资源共享内容和对象的范围，从而增强资源的共享效率、降低网络资源管理成本。虚拟社区技术为 MP2P 提供了有效的 MP2P 网络结

构构建和资源管理方案，有效缓解了基于 MP2P 的视频内容共享方法面临的问题。

本章将基于上述概念为读者介绍基于移动虚拟社区的资源管理与维护方案。针对蜂窝网络，本章介绍一种基于蚁群优化的社区化资源管理方案（Ant-Inspired Mini-Community-Based Video Management Solution，AMCV）；另外，面向车联网，本章介绍性能感知的动态化资源维护方案（Performance-Aware Mobile Community-Based Resource Maintenance Solution over Vehicular Networks，PMCV）。其中，AMCV 基于视频内容构建多个社区，降低资源查询时延，高效管理社区内容资源，提高资源的利用效率。而 PMCV 在高效管理社区资源的同时，有效地支持了节点的加入、退出、切换社区，降低了移动性对社区成员节点分发性能的影响，提高了社区管理结构的稳定性。仿真结果表明，本章所介绍的方案在资源管理维护与内容分发性能方面具有显著优势。

4.1.2　研究现状

近年来，有一些内容资源管理方案已经能够支持具有用户交互性的视频内容服务[21-30]。其中，部分解决方案聚焦于内容分发拓扑的构建。例如，用于 P2P 网络的非结构化内容分发方法，包括多路树结构[10]和平衡二叉树策略[29]等。通过使用客户端的预取缓冲区，视频块被主动预取并以分布式方式沿树结构存储在节点中，从而支持内容的快速分发。然而，每次增加移动无线网络节点时，都需要重新构造树结构，这不仅增加了系统的开销，还导致该方案存在维护困难的问题。在 VMesh[9]中，视频被均分为多个内容块，并分布式地存储在网络节点中。为了确保播放的连续性，消除播放过程中由随机向前/向后搜索、暂停和重新启动等交互行为所带来的视频卡顿问题，VMesh 利用对等节点的存储资源和分布式哈希表（Distributed Hash Table，DHT）来改善视频块的供应与分发质量，从而高效地支持用户的交互式需求。由上可知，基于对等网络的结构化解决方案可以实现高效的资源搜索与内容分发，并更好地支持视频内容的连续播放。然而，随着节点数量的增加，这些结构化的解决方案中往往出现系统维护成本的大幅增长，这严重影响了这些方案的可扩展性。此外，一些学者提出了具有非结构化拓扑（如网格化拓扑）的方案来解决系统扩展性方面的问题。例如，Chang 等[11]介绍了一种视频帧分配方案来支持视频的播放。但是，在该方案中，非结构化的拓扑在内容定位方面存在缺陷，难以快速发现对应的内容

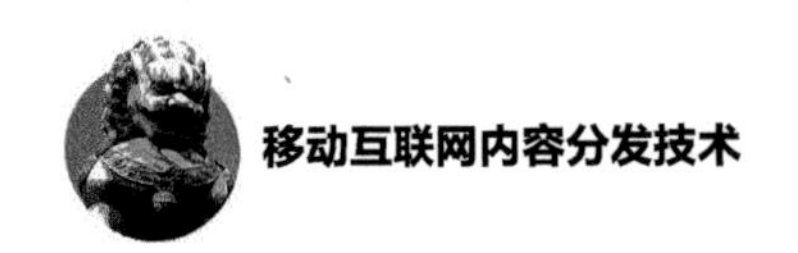

提供者，降低了用户体验质量。

由于基于虚拟社区的资源共享方案能够实现系统可扩展性和资源定位性能的均衡，该方案已经吸引了众多学者的关注。文献[1]提出了一种协作式的内容分发架构，能够将偏好一致且地理位置接近的移动用户分到同一个协作小组。小组成员通过在通信接口上使用高速 WLAN 进行社区内通信，并在媒体访问控制（Media Access Control，MAC）层中使用多播技术与其他成员共享本地的内容资源，以加快社区成员对内容资源的获取速度。但是，该方案依赖于理想化的前提：一定数量的移动用户在一段时间内彼此靠近并请求相同的内容，而实际上在移动环境中大多数时间无法确保移动用户能够长期保持邻近关系。文献[20]提出了 SPOON 方案，该方案首先提出了一种兴趣偏好提取算法，用于从基于内容的资源搜索过程中提炼出节点的兴趣偏好，并将具有相同兴趣和彼此频繁互动的节点分组到同一虚拟社区内。在该算法的基础上，SPOON 方案还提出了一种面向兴趣的内容搜索机制，用于实现资源的快速定位。然而，节点内所存储的文件之间的相似度不能准确表征节点本身兴趣偏好的相似程度，因此社区的边界难以得到清晰的界定，这对文件搜索效率具有极大的负面影响。同时，SPOON 方案忽略了节点的移动性，导致社区成员之间地理距离的增加可能会影响内容交付的性能；另外，其社区构建策略相对静态，难以适应实时动态变化的移动网络环境。在 SURFNet[13]中，稳定的对等节点通过构造平衡二叉树（Adelson-Velsky-Landis Tree，AVL 树），以存储视频内容块的数据可用性信息。存储相同内容块数据的对等节点都被分组到一个标识为提供者的链式结构中。然后，将提供者链表的头部添加到 AVL 树中，成为其稳定节点。借助 AVL 树与链表相结合的数据结构，SURFNet 可以支持近乎恒定的、对数级的搜索时间，帮助节点进行内容的搜索与定位，并快速跳转到所需要的内容块。但是，在 SURFNet 中，AVL 树的稳定性在很大程度上取决于对等节点的稳定性，因此内容分发系统的灵活性受到极大限制。另外，随着节点规模的增加，树结构的维护开销也显著提高，从而降低了树结构的可扩展性。文献[22]提出了 VOVO 方案，该方案将请求相同内容块的对等节点组织为同一个分组，并使用批处理程序和修补程序在每个分组中为请求异步的对等节点提供服务。VOVO 方案利用分组结构来改善内容资源的缓存效率，并减少请求节点的等待时延。但是，VOVO 方案通过批处理等操作来处理节点分组的变化，因此产生了较高的启动时延。VOVO 方案忽视了内容管理机制和社区的建设，导致资源利用率低下，难以准确定位内容。此外，针对城市车载网络环境，

文献[14]提出了一种以用户体验质量为中心的视频内容服务解决方案。该方案设计了一种新颖的基于分组的内容存储策略，可沿 Chord 环均匀地分配视频片段。在 Chord 覆盖网络中，存储相似视频块的对等节点构成一个组，从而减少了内容搜索流量，实现了网络负载平衡，提高了内容分发效率。但是，Chord 覆盖网络是结构化的解决方案，存在系统可扩展性方面的问题。综上所述，基于树和 Chord 结构的方案具有较高的维护开销，从而影响了系统的可扩展性。

虚拟社区技术通过对请求用户属性进行抽象表征，使具有相同特性的用户能够形成稳定的社区结构，高效应对动态的移动网络环境，从而显著提高成员节点集合内的自给能力。本章将依次对蜂窝网络下的社区化资源管理方案和车联网下的动态化资源维护方案进行介绍。

4.2 面向蜂窝网络的社区化资源管理方案

本节主要介绍移动蜂窝网络中的社区化资源管理方案，即 AMCV。虚拟社区的构建依赖于服务内容的划分。本节以视频服务为例，旨在在用户请求的驱动下，将播放同一视频块的节点根据请求偏向组织成为不同的虚拟社区，从而将移动网络中内容资源和节点状态的管理和维护负载分散到多个不同的社区进行自治维护，实现资源的高效定位与内容的快速分发。如图 4-1 所示，AMCV 体系结构将媒体服务器和多个节点组织为一个两层网络分发结构：社区网络层和社区成员层。AMCV 在社区网络层中定义社区结构和社区之间的逻辑连接，从而可以实现快速的资源搜索和低成本的连接维护。AMCV 在社区成员层中定义社区成员节点的角色和任务，实现低开销的服务管理，从而支持无线移动网络中用户的大规模内容服务和高体验质量。

媒体服务器是所有视频内容的原始存储库，对于所有节点都是可达的，当由于某些原因无法在节点之间完成内容的获取与分发时，它可以提供内容的交付服务。媒体服务器上保存的视频内容通常分为长度相等的 n 个块，即 Video=(chunk$_1$, chunk$_2$,⋯, chunk$_n$)，chunk$_n$ 在后文可简称为 c_n。服务器维护一个节点队列以记录节点的初始信息（即进入系统的时间和内容播放点）。为了实现 AMCV 的可扩展性，服务器不维护队列中节点的任何实时状态。相反，它在移动节点和覆盖网络之间扮演代理的角色，以帮助移动节点加入相应的社区。

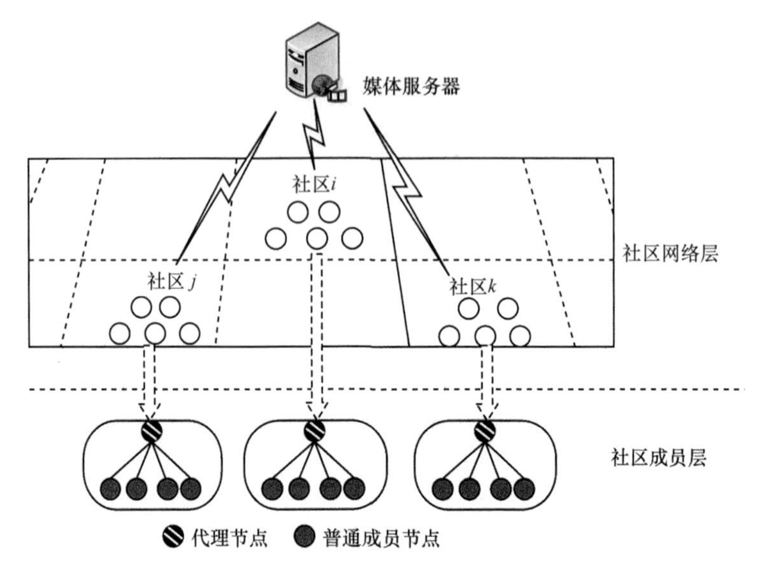

图 4-1 AMCV 体系结构

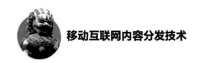

在社区网络层中，播放相同视频块的节点形成一个社区并彼此共享内容，极大优化了覆盖网络中节点管理内容资源的开销，且提高了内容分发方案的灵活性和可扩展性。此外，用户的交互性促使社区成员在社区之间移动，使社区彼此产生联系，减少了移动成本（即开始等待时间）。然而在所有社区之间维护实时连接不仅会消耗大量的网络资源，而且维护成本很高。为解决这一问题，受蚁群优化算法的启发，系统从社区成员的移动行为中提取共同特征，使彼此密切联系的社区维持联系，而其他社区则不必维护该联系，从而降低了状态探测与维护成本。社区自身也可以根据成员对视频内容的兴趣变化来动态更新连接的对象。

在社区成员层中，每个社区的成员构成了基于 P2P 的覆盖网络，该网络可以根据节点所担任的角色和所要完成的任务实现社区自治管理。社区内部选择对视频内容的兴趣度高于其他社区成员的节点作为代理节点，避免了代理节点的频繁替换，保持了社区的稳定性。代理节点负责收集成员的信息和移动行为，用来高效维护社区的内容服务并进一步发掘节点的兴趣偏好。此外，代理节点还负责管理与其他社区代理节点的联系，并维护与相应社区的实时连接。同时，为了平衡社区的维护负载，社区内的普通成员节点也将参与社区管理。

4.2.1　基于用户行为的社区构建

首先，定义 AMCV 中使用的部分符号，见表 4-1。

表 4-1　AMCV 中使用的部分符号

符号	描述
N_i	社区的成员 i
C_x	社区网络的社区
n	视频块总数
c_i	视频块 i
len	视频块长度（单位：s）
nL_x	社区 C_x 的节点列表
iL_x	社区 C_x 的连接列表
esTime_i	成员节点 N_i 加入系统的时间
egTime_{ix}	成员节点 N_i 加入社区 C_x 的时间
lgTime_{ix}	成员节点 N_i 离开社区 C_x 的时间
scTime	服务器端的系统时间
PT_b	社区构建动态连接的阈值
PT_r	社区移除动态连接的阈值
UT	社区更新动态连接的周期
Que	媒体服务器维护的节点队列

媒体服务器维护一个系统中的节点队列，$\mathrm{Que}=\{n_1, n_2,\cdots, n_v\}$。该队列的作用是为将来新加入的节点引入初始内容提供者，如图 4-2 所示。当一个移动节点 N_i 加入系统中时，服务器把 N_i 加入 Que。在 Que 中的任意项 n_c 可以被定义为 $n_c=(\mathrm{ID}_c)$，其中，ID_c 表示节点 c 的 ID。服务器并不实时地维护 Que 中节点的状态。这是因为实时维护状态信息会导致系统退化成传统的客户端/服务器（C/S）结构，服务器无法承受巨大的维护负载与单点故障压力，以至于严重限制了系统的可扩展性。Que 中的节点状态被定义为两种——可用或不可用，该状态的定义由内容可用的持续时间所决定，如式（4-1）所示。

$$\begin{cases}可用, & \mathrm{scTime}-\mathrm{et}_c < n\times\mathrm{len}-\mathrm{pt}_c \\ 不可用, & \mathrm{scTime}-\mathrm{et}_c \geqslant n\times\mathrm{len}-\mathrm{pt}_c\end{cases} \tag{4-1}$$

其中，scTime 表示服务器端的系统时间；len 表示视频块的长度；$\mathrm{scTime}-\mathrm{et}_c$ 表示 n_c 当前在系统中的停留时间；$n\times\mathrm{len}-\mathrm{pt}_c$ 表示 n_c 按照顺序播放模式的最大停留时间。

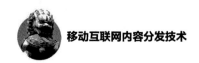

若 $scTime-et_c \geqslant n \times len-pt_c$，表示用户按照顺序播放模式已经完成当前视频内容的播放，则其状态标志为不可用，服务器可将满足此类状态的节点从 Que 中删除。反之，若 $scTime-et_c < n \times len-pt_c$，表示按照顺序播放模式，用户仍然没有完成视频内容的播放，服务器视 n_c 的状态为可用状态。服务器认为 Que 中的所有项目都按顺序播放，因为出于对可扩展性的考虑，它无法对每个项目的播放状态进行更详细的实时维护。当 N_i 加入系统后，服务器的首要任务是搜索与新加入移动节点请求的播放位置相匹配的初始内容提供者（即该播放点落入供应商的播放缓冲区范围内）。具体的匹配方法采用缓冲区覆盖匹配策略（Buffer Overlapping Mechanism，BOM）[29]。BOM 验证内容请求者和内容提供者的缓冲区重叠的程度。如果存在重叠，则进一步验证其是否接近同步播放情况。

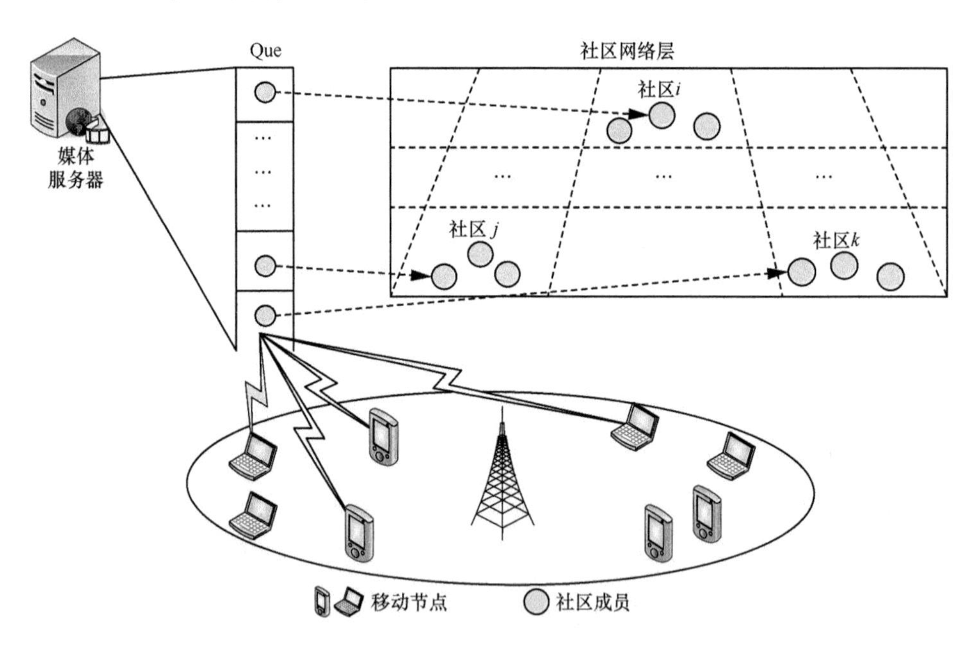

图 4-2　服务器“入口”功能示例

为了提高对内容提供者的查找成功率，服务器根据 BOM 算法从 Que 中选择多个节点作为潜在内容提供者，并将这些匹配结果返回给 N_i。如果服务器未提供任何可用的内容提供者，或者服务器给出的内容提供者由于其播放位置的改变而拒绝了来自内容请求者的数据请求，则服务器会在向 N_i 提供内容服务的同时继续搜索新内容提供者。算法 4-1 描述了 N_i 加入系统时对初始内容提供者的搜索过程。服务器根

据 BOM 算法在 Que 中搜索与 N_i 具有同步播放情况的候选提供者。如果服务器无法搜索合适的候选提供者，则它将请求的视频内容提供给 N_i，并继续在 Que 中搜索可用的候选提供者。否则，如果服务器找到候选提供者，则将这些候选提供者的信息返回给 N_i。N_i 根据最优选择策略，从服务器提供的候选项中选择合适的内容提供者。当 N_i 成功与内容提供者 n_j 建立通信链接时，N_i 从 n_j 接收相应社区中代理节点的内容数据和 ID。然后，N_i 的内容提供者将 N_i 的信息直接或间接发送给本社区的代理节点，从而帮助内容请求者加入该社区。

算法 4-1　N_i 加入虚拟社区的内容搜索算法

```
令 rsSet 结果集为空集;
for(c = 0; c < count(Que); c++)
    n_c = Que[c];
    if (n_c 满足 N_i 的请求播放点)
        将 n_c 加入 rsSet;
    end if
end for c
将 N_i 加入 Que;
if (rsSet == NULL)
    服务器直接将视频数据交付给 N_i;
else
    N_i 向 rsSet 内的元素项发送请求消息并接收反馈;
    for(c = 0; c < count(rsSet); c++)
        if (rsSet[c] 有可用资源)
            继续循环;
        end if
        if (rsSet[c]的可靠性不能满足需求)
            继续循环;
        end if
        N_i 计算与 rsSet[c]的兴趣相似度;
        N_i 计算 rsSet[c]的消息值 SC_c;
        N_i 将 SC_c 加入 SC_S;
```

end for c

end if

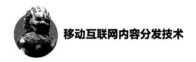

令 rsSet 中的 n_j 节点作为 N_i 的初始内容提供者;

N_i 连接到 n_j 并获得数据与代理节点 ID;

4.2.2 社区的网络层资源管理

如前所述，请求相同视频块的节点被组织为一个社区。这种基于社区的方法使覆盖网络中的节点能够以分布式形式完成信息的存储、控制和分发，提高了系统的可扩展性和灵活性，并均匀地分配了维护负载。随着视频播放位置的动态变化，N_i 将动态地与某个社区关联。在此过程中，社区之间需要建立联系，以使成员快速移动。因此，本小节设计一种社区通信策略，制定社区连接的形成方式和社区管理方法，以实现社区维护成本和成员需求之间的均衡。

1. **连接分类**

首先考虑社区 C_x，其成员接入视频流的第 x 个内容块 chunk_x，即 c_x。当任意节点 N_i 访问当前社区对应的内容资源时，N_i 被映射到当前社区 C_x 内。C_x 中代理节点 n_x 将 N_i 的信息添加至本地存储的节点列表中，即 $C_x=(c_x,\text{nL}_x)$，其中，c_x 是第 x 个内容块；$\text{nL}_x=(n_1, n_2,\cdots,n_v)$，表示映射到 C_x 中所有节点构成的列表。nL_x 中任意元素 n_c 使用一个一元组表示，即 $n_c=(\text{ID}_c)$，ID_c 表示节点 c 的 ID。社区中的成员被划分为代理节点和普通资源节点。代理节点维护社区内的成员信息，目的是能够获知当前携带资源的节点状态，快速响应资源请求，从而减少用户的等待时延。所有社区的代理节点维护了整个分发网络中所有可用内容资源的信息，大大减少了服务器端的负载，从而提高了系统的可扩展性与鲁棒性。

对于每一个社区而言，其与划分的视频块一一对应，划分的目的即根据节点携带资源将节点进行分类管理。视频内容服务允许用户播放点随机跳转，使得节点映射的社区动态变化。因此，社区间需要建立关联机制，从而支持节点在社区间动态迁移。根据节点跳转的距离可将用户的跳转行为细分为近端跳转和远端跳转。本章采用当前社区编号与跳转目标社区编号之差来表示用户的跳转距离，计算式如下。

$$\text{dis}(N_i)=\text{CUR}(N_i)-\text{TAR}(N_i) \tag{4-2}$$

其中，函数 CUR(·)和 TAR(·)返回的结果分别为 N_i 当前社区和目标社区的编号。

① 近端跳转。若|dis|为 0 或 1，则 N_i 的跳转就被认为是近端跳转。|dis|=1 表示 N_i 将从当前社区向前一个或者下一个社区移动。|dis|=0 表示 N_i 的播放点在当前社区内实施跳转。

② 远端跳转。如果|dis|≥2，则 N_i 为远端跳转，如图 4-3 所示。

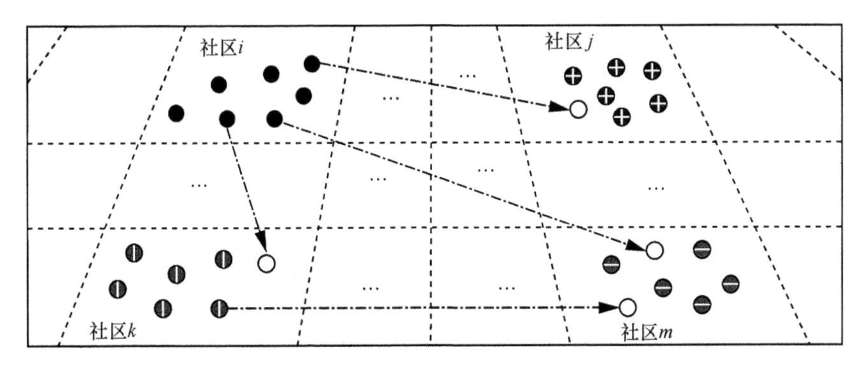

图 4-3　远端跳转示意

N_i 在社区间随机跳转迁移会带来以下两个问题。① 当 N_i 的资源提供者已经无法满足 N_i 的资源需求时，N_i 需要重新查找新的资源提供者为其提供服务。② N_i 从当前社区被映射到另一个社区时，N_i 需要向目标社区的代理节点注册自己的节点信息。社区间需要建立一定的关联关系以支持节点在社区间的迁移。在任意两个社区之间建立一个逻辑连接（接口），社区的代理节点通过接口传递节点的请求信息，收到请求信息的目标社区代理节点将近似同步播放的节点集合发送至请求节点，由请求节点选择合适的资源提供者，从而实现节点的随机跳转。例如，当 C_x 与 C_y 之间建立了接口关系时，C_x 和 C_y 的代理节点 n_x 和 n_y 互相存储彼此信息。当 N_i 从 C_x 迁移至 C_y 时，N_i 将资源请求消息 C_i 发送至 n_x，n_x 利用接口将 C_i 发送至 n_y。当 n_y 收到请求消息后，则从列表 nL_y 中返回一个与 N_i 拥有相似播放点的节点子集至 N_i，并将 N_i 加入到 nL_y，从而完成 N_i 在新社区的注册。同时，n_x 将 N_i 从 nL_x 中删除。

社区代理节点自身同样是担任内容提供者的资源节点，除此之外其还担负着维护社区信息（节点和接口信息）的任务。随着代理节点从当前社区迁移至另一社区时，接口信息必然发生变化，从而引发接口信息的维护问题。若将 C_x 与所有其他的 $n-1$ 个社区均建立接口连接关系，那么随着 n 不断地增加，巨大的接口信息维护代价不仅增加了代理节点的负载和网络的负担，也限制了系统的规模与可扩展性。因此，根据用户跳转的分类情况定义如下两种接口。

（1）静态接口

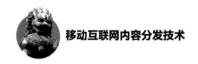

每个社区需要与其前后相邻的社区建立静态接口。如图 4-4 所示，每个社区利用静态接口进行关联，其中 C_1 与 C_n 也建立接口关系。建立静态接口是为了支持节点的近端跳转，确保节点可以利用社区间的静态接口传递资源请求消息至目标社区。为了确保节点能够从当前社区成功迁移至任意社区，规定静态接口不能被社区代理节点删除。

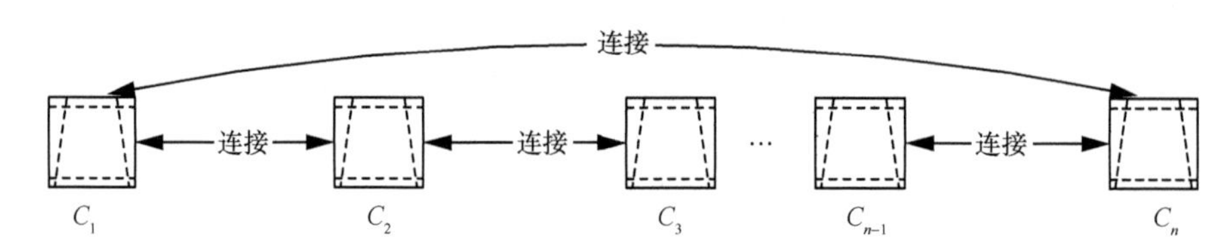

图 4-4　静态接口示意

利用静态接口实现节点在社区之间的远端迁移会导致中间转发节点较多，查询时延增大，频繁地转发消息不仅会增加代理节点的负载，也浪费了大量的网络带宽资源。因此，社区间还需要建立一个动态接口，以较低的维护代价来支持节点的远端跳转。

（2）动态接口

若一个社区需要与其他 $n-3$ 个社区（除当前社区以及前后社区）建立接口时，则两个社区间的接口被定义为动态接口。建立动态接口的目的是支持节点远端跳转、支持节点快速迁移、降低查询时延、确保播放连续性。动态接口的建立需要遵循节点在社区间移动规律的指导，确保动态接口利用率，即满足多数节点移动的需要。此外，还需要根据节点向热点社区移动所反映的兴趣变化动态调节动态接口信息，即代理节点可根据节点对其他社区对应的视频内容兴趣变化建立和删除当前维护的接口信息。因此，动态接口是可以根据需要被动态删除的。

社区信息中应当同时存储静态和动态接口的信息，即将 C_x 的二元组结构转化为三元组结构，$C_x=(c_x, \mathrm{nL}_x, \mathrm{iL}_x)$，其中 $\mathrm{iL}_x=(\mathrm{inf}_1, \mathrm{inf}_2,\cdots, \mathrm{inf}_v)$为接口列表，考虑元素 inf_j 为 C_j 的接口。inf_j 可由一个二元组来表示 $\mathrm{inf}_j=(\mathrm{NID}_j, \mathrm{type}_j)$，$\mathrm{NID}_j$ 表示 C_j 中代理节点的 ID。type_j 为接口类型，$\mathrm{type}_j=0$ 表示 inf_j 为静态接口，$\mathrm{type}_j=1$ 表示 inf_j 为动态接口。代理节点在社区中扮演了连接管理者的角色，通过与其他社区的代理节点联系，确保这些社区间的直接通信。

2. 动态连接构建

用户观看视频的过程类似于蚂蚁觅食的行为。用户的播放点从当前社区 C_x 到另一个社区 C_y 的移动，类似于当蚂蚁使用 C_x 和 C_y 作为顶点通过路径 $path_{xy}$ 并将信息素沉积在 $path_{xy}$ 上时的移动。在蚁群优化问题中使用了这种用于搜索最感兴趣内容的路径选择模型，以寻求最佳的解决方案。通过分析用户的交互行为，AMCV 可以提取社区成员的共同兴趣，从而准确地预测社区成员的兴趣偏好，进而锁定未来的目标社区（蚁群算法的用户偏好分析详见 2.2 节）。

蚂蚁释放的启发值和信息素是蚁群优化模型中的关键因素。通过相同路径的蚂蚁数量越多，产生的信息素越强。这导致其他蚂蚁在具有强信息素的路径上通过的可能性更高，即蚂蚁选择该路径的可能性更高。通过收集由在当前社区中进行远端跳转的成员生成的信息素和启发值，代理节点就按照从当前社区到其他 $n-3$ 个社区的路径的概率高低来建立和删除动态连接。

在此过程中，由于远端跳转对动态连接的影响，需要针对每个成员 N_i 定义两个基于时间的参数：在进入社区 C_x 前，每社区的平均停留时间 $\overline{T_{ix}}$；在社区 C_x 的停留时间 $\overline{\mathrm{ST}_{ix}}$。通过利用信息论模型[30]计算由 $\overline{T_{ix}}$ 与 $\overline{\mathrm{ST}_{ix}}$ 产生的信息熵，信息内容 $\mathrm{Gain}_x(N_i)$ 被表示为 N_i 在路径 $path_{xy}$ 上的启发值。例如，假设 N_i 的播放轨迹在播放 c_x 前包含 L_i 个视频块，此时，N_i 执行从 C_x 到 C_y 的远端跳转，$\overline{T_{ix}}$ 通过式（4-3）计算。

$$\overline{T_{ix}} = \frac{\mathrm{egTime}_{ix} - \mathrm{esTime}_i}{L_i} \tag{4-3}$$

其中，egTime_{ix} 与 esTime_i 分别是 N_i 加入社区 C_x 和分发系统的时间，该信息应当由 N_i 维护。因此，N_i 相关的信息将从一元组扩展到三元组，$N_i=(\mathrm{ID}_c, \mathrm{esTime}_i, \mathrm{egTime}_{ix})$。$\mathrm{egTime}_{ix}$ 是一个变量，指代成员加入当前社区的时间，其将会在每当成员进入一个新社区时进行更新；esTime_i 是一个常数，表示节点加入系统的时间。那么 $\mathrm{egTime}_{ix}-\mathrm{esTime}_i$ 表示 N_i 加入社区 C_x 之前的在线时间。为了表示方便，$\overline{T_{ix}}$ 需要通过式（4-4）被归一化为平均观看时间。

$$\overline{P_{ix}} = \begin{cases} \overline{P'_{ix}}, & 0 < \overline{P'_{ix}} < 1 \\ 1, & \overline{P'_{ix}} \geqslant 1 \end{cases}, \quad \overline{P'_{ix}} = \frac{\overline{T_{ix}}}{\mathrm{len}} \tag{4-4}$$

其中，len 是每个视频块的长度（假设内容块的长度是均等的）。当节点在某一社区内执行暂停操作或者重复观看某一片段内容时，N_i所经历的视频块长度将大于其自身的长度，此时$\overline{P'_{ix}}$的值将会大于等于1。$\overline{P_{ix}}$是N_i在每个社区的平均播放时间。若大于1，则将其对应归一值设置为1。那么，观看时间产生的信息熵可由式（4-5）得到。

$$I_x(N_i)=\begin{cases}-\overline{P_{ix}}\,\mathrm{lb}(\overline{P_{ix}}), & \overline{P_{ix}}<1\\ 1, & \overline{P_{ix}}=1\end{cases} \tag{4-5}$$

获取$\overline{\mathrm{ST}_{ix}}$的信息熵的方法与$\overline{T_{ix}}$类似。$\overline{\mathrm{ST}_{ix}}$可根据式（4-6）计算。

$$\overline{\mathrm{ST}_{ix}}=\mathrm{lgTime}_{ix}-\mathrm{egTime}_{ix} \tag{4-6}$$

其中，lgTime_{ix}与egTime_{ix}分别表示N_i加入与离开社区C_x的时间。$\mathrm{lgTime}_{ix}-\mathrm{egTime}_{ix}$表示$N_i$在社区$C_x$的停留时长。$\overline{\mathrm{ST}_{ix}}$也需要经过归一化的步骤。

$$\overline{H_{ix}}=\begin{cases}\overline{H'_{ix}}, & \overline{H'_{ix}}<1\\ 1, & \overline{H'_{ix}}\geqslant 1\end{cases}, \overline{H'_{ix}}=\frac{\overline{\mathrm{ST}_{ix}}}{\mathrm{len}} \tag{4-7}$$

其中，H_{ix}是N_i在社区C_x的播放时间比率。相似地，当$\overline{H'_{ix}}\geqslant 1$时意味着节点经历了暂停或重复观看的操作，导致其停留时间可能大于等于len。停留时间对应产生的信息熵可通过式（4-8）获得。

$$E_x(N_i)=\begin{cases}-\overline{H_{ix}}\,\mathrm{lb}(\overline{H_{ix}}), & \overline{H_{ix}}<1\\ 1, & \overline{H_{ix}}=1\end{cases} \tag{4-8}$$

信息内容$\mathrm{Gain}_x(N_i)$由$E_x(N_i)$和$I_x(N_i)$计算得到，如式（4-9）所示。

$$\eta_{xy}(N_i)=E_x(N_i)-I_x(N_i),\ \mathrm{Gain}_x(N_i)\in(-1,1) \tag{4-9}$$

$\mathrm{Gain}_x(N_i)\in(-1,0)$表示$N_i$对内容块$c_x$的兴趣度小于$L_i$个视频块，也就是其兴趣级别呈下降趋势。$\mathrm{Gain}_x(N_i)\in(0,1)$表示$N_i$对内容块$c_x$的兴趣度呈上升趋势。$\mathrm{Gain}_x(N_i)$展示了$N_i$的兴趣度变化水平。通过式（4-10）将其进行进一步单调递增处理。

$$\eta_{xy}(N_i)=\arctan\left(\mathrm{Gain}_x(N_i)\right)+\frac{\pi}{2} \tag{4-10}$$

其实质上可以看作评估节点跳转概率因子。假设在某个时间间隔内，社区C_x中m个节点将执行远端跳转到其他社区，其中k（$0<k<m$）个节点从C_x跳转到了C_y。那么，

总体的路径 $path_{xy}$ 中 k 个成员的信息素和启发值如式（4-11）所示。

$$\begin{cases} \hat{\tau}_{xy} = \sum_{c=1}^{k} \tau_{xy}(N_c) \\ \hat{\eta}_{xy} = \sum_{c=1}^{k} \eta_{xy}(N_c) \end{cases} \tag{4-11}$$

将其作为影响节点跳转的重要因素，则任意节点从 C_x 跳转到 C_y 的概率可用式（4-12）表示。

$$S_{xy} = \frac{(\hat{\tau}_{xy})^{\alpha} \times (\hat{\eta}_{xy})^{\beta}}{\sum_{c=1}^{n-3} (\hat{\tau}_{cy})^{\alpha} \times (\hat{\eta}_{cy})^{\beta}}, S_{xy} \in [0,1] \tag{4-12}$$

其中，α、β 分别为函数 τ、η 的影响因子，且 $0<\alpha$，$\beta<1$。定义动态接口更新的时间间隔阈值为 UT，即在一个时间间隔 UT 后，C_x 将重新计算自身与其他社区的跳转概率评估值（由于此类计算会极大增加代理节点的负载，可由代理节点将收集的统计信息发送至服务器端计算）。将 C_x 从三元组扩展到四元组来存储其更新时间 UT_x，即 $C_x=(c_x, nL_x, iL_x, s)$。此外，通过定义 4.1 描述动态接口的更新规则。

定义 4.1：设 PT_b 和 PT_r 是 C_x 与其他社区建立和删除动态接口的阈值。更新跳转概率 S_{xy} 之后，若 C_x 和 C_y 中没有建立动态接口，且 S_{xy} 大于其阈值 PT_b，则在 C_x 和 C_y 之间建立动态接口。若 C_x 和 C_y 已经建立动态接口，且 S_{xy} 小于阈值 PT_r，则将该动态接口删除。

当 C_y 发现 C_x 中节点存在频繁接入的情况且满足定义 4.1 中阈值的要求，则 C_y 需要和 C_x 社区建立一个动态接口，C_y 的代理节点 n_y 就向 C_x 的代理节点 n_x 发送建立动态接口的请求信息。n_x 收到建立请求消息后，将 n_y 的信息存储至 iL_x 列表中。反之，n_x 收到删除请求消息后，将 n_y 的信息从 iL_x 列表中删除。由于 n_y 主动向 n_x 发起动态接口建立请求，n_x 不能主动删除当前接口，即该接口只能被 n_y 删除。由于需要将请求消息快速传递到对应社区，需要提出一种针对最近连接的搜索算法，以实现快速的消息传递。该算法的主要思想是 C_y 的代理节点将请求消息发送到 iL_x 列表中具有最小距离|dis|的连接管理器 inf_{min}。

算法 4-2 描述了搜索 inf_{min} 的过程。

算法 4-2　搜索最近连接

令 TC 表示目标社区;

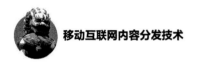

```
//getCID() 返回当前社区 ID;
minimum = ∞;
CID = 0;
for(i = 0; i < count(iL_j); i++ )
    dis = |getCID(iL_j[i])−getCID (TC)|;
    if (dis < minimum)
        minimum = dis;
        RID = getCID (iL_j [i]);
    end if
end for i
return CID;
```

当 $\inf_{min}$ 收到请求时，它将重新执行算法 4-2，直到将请求发送到 C_x 的代理节点为止。与仅通过静态连接转发消息的情况相比，该算法减少了请求消息到达目的地的跳数。当 C_x 的代理节点收到来自 C_y 的请求时，它将关于 C_y 的代理节点的信息插入其 iL_x 中，并返回包含其代理节点信息的响应消息。C_x 和 C_y 通过交换有关代理节点中任何更改的信息来维护动态连接。除了当 C_y 向 C_x 发送删除消息外，C_x 自身无法主动删除与 C_y 的连接。当定期重新计算 C_y 成员执行向其他社区的远端跳转的概率时，将执行动态连接的更新。动态连接的周期性调整可实时反映用户对视频内容的兴趣变化，并减少动态连接的维护成本和转发请求消息时的跳数。算法 4-3 描述了动态连接的更新策略。

算法 4-3　C_x 动态连接更新

```
for(i = 0; i < n; i++ )
    if(i==y||i==y+1||i==y−1)
        continue;
    end if
    计算 S_iy;
    if (C_i 与 C_y 没有动态接口&& S_iy >PT_b)
        建立动态接口;
    else if (C_i 与 C_y 有动态接口&& S_iy >PT_r)
        移除动态接口;
```

```
    end if
end for i
```

4.2.3　社区的成员层资源维护

代理节点和普通成员节点形成社区，并基于此结构，在成员和资源的高效管理以及对资源请求的快速响应方面获得了较高的性能优势。代理节点负责维护社区内的连接，收集成员信息并处理资源请求消息。代理节点负责维护社区内的连接，收集成员信息并处理资源请求消息。

1. 社区连接的维护

通过与 iL_x 列表交换更改消息，社区 C_x 中的代理节点 n_k 实现了 iL_x 的实时维护。当 n_k 离开 C_x 时，它通知 iL_x 列表需要更改 C_x 的代理节点。如果 iL_x 中的列表不同，则 n_k 在收到更改消息后更新 iL_x 列表。

由于移动设备端的计算能力和能量有限，代理节点无法承担跳转概率的计算。因此，代理节点 n_k 定期将收集到的远端跳转相关信息和 NL_x 发送到服务器。可以将该更新周期时间设置为 $\lambda\times\text{len}$，$\lambda=1, 2, \cdots, n$，以减少交互频率。服务器处理概率值的计算，并根据收到的 nL_x 更新 Que，以保持 Que 中列表信息的可用性。最后，n_k 根据定义 4.1 使用返回的概率值来维护 iL_x 列表。

2. 社区成员的维护

由于节点自身的能力有限，n_k 无法维护社区成员的实时状态。它依靠几个成员节点来协助收集其他社区成员的信息。这里存在一种“协作者”选择策略，通过协作者来平衡社区中每个成员的维护负担。每个成员节点将定期向 n_k 报告与自身连接的内容接收者的相关信息（报告时间被设置为 $\psi\times\text{len}$，$\psi\in(0,1)$）。通过重复执行该过程，以服务器为内容提供者的成员将被视为协作者，并将收到的成员信息报告给 n_k。通过这种方式，成员维护的负载被分配给多个成员，从而增强了系统的可扩展性。

3. 处理资源请求

代理节点 n_k 由于能力问题，在承担处理当前社区成员的大规模远端跳转所导致的资源请求消息时，存在无法负担的问题。如果成员跳转至其他社区，它将断开与其内容数据提供者的逻辑连接，内容数据的请求者将通过查询代理节点来重新获得新的内容提供者；否则，成员将靠逻辑连接从其提供者那里获取视频数据或将视频数据提供给其请求者。始终保持顺序播放的成员节点不会频繁更改其逻辑连接，这样就减少了代理节点的负载。如果成员 N_i 执行远端跳转或近端向后跳转，它会将请求消息发送给代理节点 n_k。n_k 通过执行算法 4-2 将 N_i 的请求消息传递给连接管理器 $\mathrm{inf}_{\min}$，并从 nL_x 中删除 N_i。当目标社区的代理节点最终收到请求消息时，它将根据 BOM 算法返回给 N_i 一些候选提供者，并将 N_i 插入其 nL_x 列表中。此外，n_k 将 iL_x 中的连接信息发送给协作者，并要求协作者协助传播社区连接信息，以支持成员的频繁移动。协作者可以将连接信息附加到流数据中，进而将该数据发送给其请求者。通过发送该流数据，协作者的所有接收者都可以知道连接的信息。同样，这些接收者可以通过传递流数据来获取并进一步分发连接信息。所有成员都可以通过执行算法 4-2 获取连接信息，并直接将请求消息发送给 $\mathrm{inf}_{\min}$。

为了进一步减少所需要发送资源搜索消息的数量，每个普通成员 N_i 根据预取策略来获取未来的播放内容[14]，并将预取内容的信息（内容块 ID 和提供者）共享给相关的接收者。资源信息的分发可以减少代理节点与普通成员节点之间的交互，从而帮助代理节点将负载维持在一个较低的水平。

4. 代理节点的替换

代理节点也是一个内容提供者节点，当其完成当前社区对应的视频内容播放时，可从当前社区跳转至其他社区。例如，若 C_x 的代理节点 n_x 迁移至其他社区时，n_x 需要从 nL_x 中选择一个节点作为新的代理节点，将社区信息（nL_x 和 iL_x）发送至新的代理节点。为了防止频繁更换代理节点，n_x 需要评估 nL_x 中每一个节点的状态，从而选择最优节点作为新代理节点。

（1）平均跳转权重比

当节点 N_i 进行一次远端跳转操作时，其跳转距离可通过式（4-13）获得。当节点 N_i 执行一次跳转时，其产生的跳转权重比如式（4-13）所示。

$$\mathrm{wr}_i' = 1 - \frac{|\mathrm{dis}_i|}{n} \tag{4-13}$$

wr_i' 的值越小，说明节点跳转的距离越大，即节点对该视频的兴趣度越小。如果 N_i 在进入 C_x 之前进行 k 次跳转，可通过式（4-14）计算 N_i 的平均跳转权重比。

$$\overline{\mathrm{wr}_i} = \frac{\sum_{c=1}^{k}(\mathrm{wr}_i')_c}{k} \tag{4-14}$$

若 k=0，$\mathrm{wr}_i'=1$，表示 N_i 执行顺序播放，且 N_i 对当前视频内容拥有较高兴趣。

（2）节点在当前社区的在线时间

若 N_i 作为一个新加入 C_x 的成员，N_i 在该社区停留的时间可能会更长，N_i 就可能会为 C_x 中的节点提供时间相对较长的服务，从而间接地减少代理节点替换频率。N_i 在 C_x 中预测的停留时间可通过式（4-15）获得。

$$\mathrm{st}_{ix}=1-\frac{\mathrm{bcTIME}_x-\mathrm{egTime}_{ix}}{\mathrm{len}} \tag{4-15}$$

其中，bcTIME_x 为社区的当前时间。

将 wr_i，st_{ix} 和 $\overline{P_{ix}}$ 作为评估参数，通过式（4-16）计算 N_i 的评估值。

$$\mathrm{sw}_{ix}=\mathrm{wr}_i\times\overline{P_{ix}}\times\mathrm{st}_{ix} \tag{4-16}$$

其中，$\overline{P_{ix}}$ 为 N_i 进入 C_x 之前的平均播放时间归一值。n_x 从 nL_x 中选择 sw_{ix} 值最大的节点作为代理节点的候选节点。代理节点的更替实现了族群中内容资源维护负载的均衡化，即每个代理节点仅仅在一段时间内维护可用的视频资源信息。

4.3　面向车联网的动态化资源维护方案

在 5G 的典型应用场景之一移动车联网中，节点的移动特性等，给 IP 网络的内容分发带来了新的挑战，如链路的不稳定性、转发时延等问题。为此，本节将在 4.2 节所介绍方案的基础上，为读者简单介绍面向车联网的动态化资源维护方案，即 PMCV，并根据系统结构了解其内在设计思想。

为了表述清晰，定义 PMCV 中使用的部分符号，见表 4-2。PMCV 致力于在车辆自组织网络（Vehicular Ad Hoc Network，VANET）中构建基于虚拟社区的资源管理与维护方案，该方案支持有效的资源搜索与定位、内容管理和分发。VANET 中基于社区的视频内容服务性能取决于群集节点的准确性和视频资源管理的效率。具有共同特征的社区成员可以协同存储和分配视频资源，提高视频内容的共享效率。因此，PMCV 依靠蚁群算法来准确地找到节点之间的常见行为模式（见 2.2 节），从而减少了由视频内容的随机访问而导致的负面影响，例如存储视频内容的频繁替换，高启动时延和低资源搜索成功率。与此同时，车辆节点的移动性也对视频内容的传输产生负面影响，PMCV 利用 MSMM（见 2.4 节），通过估计节点移动的相似

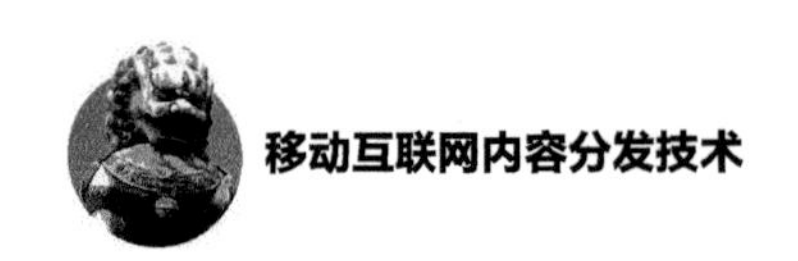

性来解决由车辆节点移动性引起的性能问题。此外，PMCV 使用车联网下移动社区的动态化资源维护机制（Mobile Community Management Mechanism，MCMM）来平衡系统管理成本和资源搜索效率，从而帮助支持了大规模的视频内容服务，并为 VANET 中的用户带来高质量的服务体验。

表 4-2　PMCV 中使用的部分符号

符号	描述
c_a	视频块 a
S_{tr}	存储在媒体服务器的历史轨迹
tr_i	S_{tr} 中的播放日志轨迹 i
N	视频块的总个数
V_i	车联网下的车辆节点 i
AP_a	由 V_i 访问的接入点 a
s_a	进入接入点 AP_a 覆盖范围的 V_i 的状态
mt_i	V_i 的移动轨迹
TH_m	移动相似性阈值
C_a	移动社区
n_k	社区 C_a 中的代理节点
n_j	社区 C_a 中的成员

图 4-5 所示为车辆自组织网络分发系统结构。如图 4-5 所示，媒体服务器中存储了所有的视频资源，可以为网络中所有车辆节点提供流媒体服务。假设当前考虑的所有车辆节点请求相同类型的视频（当然也可以类似地应用于任意数量的视频），加入系统的车辆节点会寻找有相似播放行为和移动特点的节点进行视频内容共享。这些相似节点之间建立、维护逻辑连接，从而组成了一个虚拟的移动社区族群。社区成员的角色可以归类为以下 3 种之一：代理节点、普通节点和准社区节点。通过这种移动社区结构，进而利用车辆节点的共同特性，整合分散节点所携带的分布式视频数据，从而支持高效的数据分发与优越的系统可扩展性。

1. **移动节点加入社区**

媒体服务器拥有全部原始视频资源，并且不会干扰移动社区的自治管理。但服务器会应用蚁群算法计算流行播放模式来帮助构建移动社区（见 2.2 节）。此外，服务器周期性地从虚拟社区的代理节点接收成员信息，同时将更新后的成员列表返回给代理节点，以此支持移动节点在不同社区间的频繁移动。节点使用从媒体服务

器获得的流行播放模式来查找有着相似播放行为的其他节点。如果同一播放模式的节点又同时拥有移动相似性（即移动相似性大于阈值 TH_m），则这些节点将组成一个移动社区。这样同一社区内的节点有相同播放模式，它们可以相互协作、获取和存储视频块，来满足社区内部的内容搜索请求，从而尽量避免跨社区搜索。

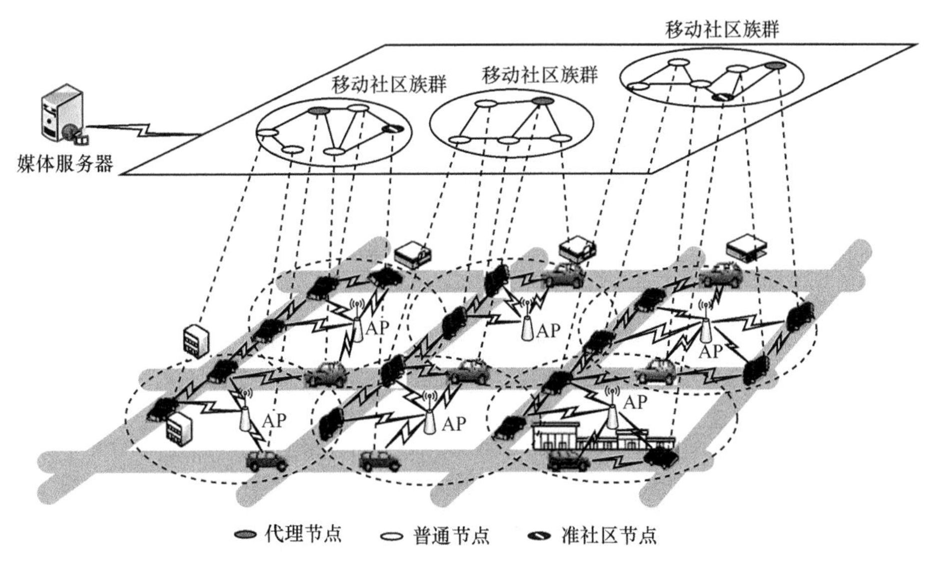

图 4-5　车辆自组织网络分发系统结构

每个虚拟社区有着一个代理节点和许多普通节点和准社区节点。代理节点负责维持和地理相邻社区的代理节点间的连接，同时分发视频内容资源给普通节点。普通节点有着相同的播放模式和相似的移动模式。其他加入社区但是没有符合移动相似要求的节点则被视作准社区节点。

假设任一社区节点 n_j 存储了一个本地节点列表 $S_{\text{member}_{n_j}} \Leftrightarrow (n_1, n_2, \cdots, n_h)$。节点 n_c 用三元组表示：$n_c=(c_t, T^P, F_c)$。其中，c_t 是存储在 n_c 静态缓存中的视频块，T^P 是 n_c 的最新播放点，F_c 是节点角色的标志。$F_c=1$ 表示 n_c 是代理节点，$F_c=0$ 表示 n_c 是普通节点，$F_c=2$ 表示 n_c 是准社区节点。

对任意社区成员节点 n_j 都有一个静态存储缓存区和一个动态播放缓冲区。n_j 协作式地存储视频块到静态缓存，减少同其他社区或服务器通信开销的同时，也保证了较高的查询成功率。成员的静态缓冲区中内容的替换策略主要基于社区中内容资源的分配状况，该过程将在下面详细介绍。n_j 通过定期与其他成员交换信息来帮助

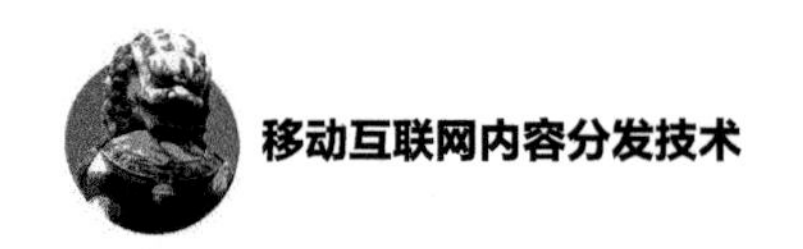

维护整个社区的状态，而动态缓冲区仅用于当前的视频内容播放。下面，将详细介绍社区相关的主要操作。

考虑一个车联网中的移动车辆 V_i，当 V_i 加入系统后，会在所在基站访问点（Access Point，AP）范围内广播包含所请求视频块 ID 的查询信息。拥有或者找到所请求视频块的节点将目标资源存储到自己的节点列表中，并返回节点列表和节点到 V_i 的移动轨迹。这些回复信息的节点可能分属不同的社区。V_i 计算所有回复节点的移动相似性，然后加入具有最高相似度的社区 C_a 中（相似性高于 TH_m）成为该社区内的一个普通节点。如果 V_i 和所有回复节点间的相似性都低于 TH_m，V_i 加入相对相似性最高的 C_a，并成为一个准社区节点。接下来，V_i 更新节点列表，发送请求给携带目标资源的节点。如果 V_i 收到的视频块来自提供者的静态缓存，它需要重新搜索播放序列中下一视频块的提供者。所以 V_i 优先选择播放序列与自己同步的节点为视频提供者，这样就可以从动态缓存中提取视频，从而减少请求消息的数量。

假设 V_i 是虚拟社区 C_a 中的新成员，需要在静态缓存中存储视频块。n_k 是 C_a 的代理节点。PMCV 采用了基于流行度的视频块均衡分发算法来实现社区内部成员间的视频资源协作存储。代理节点 n_k 周期性地收集静态缓存中的视频块信息和出现频率，并根据式（4-17）计算视频块的流行度。

$$P_{c_i} = \frac{H_{c_i} + f_{c_i}}{H_{\text{total}} + f_{\text{total}}} \tag{4-17}$$

其中，f_{c_i} 是 c_i 在现有时段的接入频率，H_{c_i} 是 c_i 的所有接入频率的总和；H_{total}，f_{total} 分别是社区 C_a 中所有 n 个视频块在全过程和现有时段的接入频率总和。$P_{c_i} \times N_{C_a}$ 是 c_i 需要存储的节点数目，其中，N_{C_a} 是 C_a 中的总成员数目。此外，根据汉明距离为每个社区成员定义存储优先级：节点路径和播放模式间距离越低，存储视频块的流行度越高。这是因为有着大汉明距离的节点关系不稳定，很容易从当前社区移动到其他社区，而稳定社区成员携带更多资源，可以保证资源的安全可靠。

为了减少 n_k 的负载，首先提出“reporter”概念。虚拟社区 C_a 中每个成员 n_j 周期性地同资源提供者 n_s 交换 T^P 和静态缓存中的接入频率的信息。n_s 转而与自己的资源提供者交换 n_s 和其接收节点 n_j 的信息。如果 n_s 发现自己的资源提供者是服务器或者来自其他社区，n_s 可以看作“reporter”，发送接收到的信息给 n_k。当 n_k 接收到信息后，其将主动更新成员列表，计算视频块的流行度并且将更新后的列表和流行度传输给“reporter”。这些“reporter”再将这些信息传给它们的资源提供者。当所

有的成员接收到信息后，它们将更新本地成员列表和调节静态缓存的内容。收集成员信息的周期被定义为 $T_c=\lambda\times\text{len}$，$\lambda=1, 2, \cdots, n$，其中 len 是视频块长度。为了减少替换静态缓存内容的频率，替换周期设置为 $T_r=\theta\times T_c$，$\theta\in(0,n)$。在 V_i 加入 C_a 后，V_i 可以从资源提供者那里获取流行度，并且从其他成员那里下载视频块到静态缓存中。如果是关联成员，仅仅存储最低流行度的视频块。

如果 V_i 不能从基站收到回复，它就向服务器发送请求。服务器收到来自 V_i 的信息后，会返回包含请求视频块的社区集合给 V_i。然后 V_i 加入到社区集合中与自己有着最高移动相似性（同时高于 TH_m）的虚拟社区。如果返回社区集合中没有符合 V_i 的移动相似性要求的社区，V_i 就加入到在相关播放模式中有着最多视频块数量的社区。通过这种方法，V_i 获得了有稳定来源的视频资源并且减少了资源提供者数量。如果没有社区拥有 V_i 的请求资源，则由媒体服务器直接发送视频数据给 V_i。当 V_i 改变了播放节点位置，它会利用节点列表搜索目的资源。如果 V_i 不能从列表中找到提供者，它会发送请求给社区代理节点。代理节点搜索本地社区中候选提供者并把结果发送给 V_i。V_i 与候选提供者交换地理位置信息并选择与自己最近的候选提供者作为资源提供者。

2. 节点移动下的社区切换

节点的移动迁移，在微观上表现为节点针对社区的连续性加入与退出，而在宏观上则呈现出节点在社区间切换的趋势。因此，本节以移动车联网节点 V_i 为例，简述移动节点社区间切换机制。

随着 V_i 的播放路径 tr_{V_i} 的条目增多，V_i 将计算 tr_{V_i} 与任意社区中节点播放路径的汉明距离。随后 V_i 将加入与 tr_{V_i} 有着最小汉明距离的虚拟社区。正如前文所提到的，相同社区中的成员有非常接近的播放行为。然而，社区间的移动将确保 V_i 与其内容提供者之间逻辑链路的稳定性，以及可靠资源的可用性。当 V_i 需要从当前社区移动到其他社区时，它会向代理节点 n_k 发送包含相关播放模式的请求消息。n_k 返回属于被请求的播放模式的节点列表以及 V_i 当前的播放点所对应的内容资源，然后 n_k 将 V_i 从自己维护的本地列表中移除。当 V_i 接收到回复消息后，通过与列表中所有节点交换移动轨迹信息，V_i 可以计算自身与列表中所有节点之间的移动相似性，并选择最相近的节点。如果没有符合移动性要求的节点，V_i 会选择地理位置最近的节点作为内容提供者并加入该虚拟社区。

此外，当相同社区内的成员节点的移动相似性高于阈值 TH_m 时，这些成员节点也将退出自身当前的社区，并自发地组建一个新的社区。在资源搜索的过程中，如果一个成员节点找到一个在移动轨迹方面能够满足移动相似性的节点作为内容提供者时，其也将退出原社区并加入内容提供者所在的社区。

3. 代理节点替换

PMCV 由于主要适用于高速移动的车联网中，其代理节点的切换需要更加注重节点的稳定性，保证动态环境下内容得以持续分发，并高质量地完成用户请求。

当社区 C_a 中的代理节点 n_k 完成了播放行为或者移动到其他社区时，需要选择另一个节点作为新的代理节点。为了避免频繁的替换，n_k 需要计算所有节点（不包括准社区节点）成为代理节点的可能性，具体包括需要考虑在线时间、路径和模式的汉明距离。社区内任意成员 n_j 的归一化在线时间可以表示为

$$t_j = \frac{|\mathrm{tr}_j|}{P_{C_a}} \tag{4-18}$$

其中，$|\mathrm{tr}_j|$是 n_j 播放日志路径中的视频块数量，P_{C_a} 是 C_a 的播放模式。t_j 的值越低，意味着 n_j 为其他成员服务的时间越长。tr_j 和 s_{C_a} 间的归一化汉明距离定义为

$$\overline{D_j} = \frac{D_{\mathrm{Hamming}}(\mathrm{tr}_j, s_{C_a})}{n} \tag{4-19}$$

$\overline{D_j}$ 计算的是 C_a 的播放模式和 n_j 的播放轨迹之间的相似度。使用 $\overline{D_j}$ 和 t_j 来衡量代理节点的稳定度 sw_j。

$$\mathrm{sw}_j = \frac{1}{\alpha\overline{D_j} + (1-\alpha)t_j + 1}, \alpha \in (0,1) \tag{4-20}$$

其中，α 是权重因子。n_k 计算其他节点的稳定度，例如$(\mathrm{sw}_1, \mathrm{sw}_2, \cdots, \mathrm{sw}_k)$。稳定度最高的节点被选为代理节点，从而为用户提供便捷高效的内容交付服务。

4.4 蜂窝网络环境下的实验结果和分析

本节主要用于评估 4.2 节所提到的方案性能。接下来，将针对前述方案给出测试结果并进行分析。

4.4.1　实验环境设置

由于参数 $\hat{\tau}$ 和 $\hat{\eta}$ 均能够反映用户播放行为背后的兴趣程度，能够辅助更加精确地描述用户的跳转行为，从而尽可能地减少跳转行为中“噪声”（没有任何观看兴趣的浏览行为）对评估结果的影响。α 和 β 已经在 4.2 节中进行了分析，此处不再赘述，可将 α、β 的值均设置为 0.5。将网络状态的动态接口更新时间间隔设置为 UT，若 UT 的值较大，则概率计算频率较低，从而减少了代理节点和服务器的负载，但这也无法对用户兴趣程度变化做出及时响应；反之，若 UT 的值较小，则代理节点需要频繁地向服务器上传当前用户的访问记录，从而增加了代理节点和服务器的负载，但能够使代理节点可以及时地根据用户访问兴趣程度的变化快速调整与其他社区的接口，也能够及时地通知当前社区内的节点信息，从而提高系统新增节点首次接入资源提供者的命中精度。因此，令 UT=20 s。由于仿真时间的设置，仿真过程中忽略了服务器与代理节点之间关于访问记录和社区节点信息的交互过程。对于阈值 PT_b 和 PT_r（$PT_b>PT_r$）的设置，若 PT_b 值较大，社区间接口数量随之减少，则代理节点维护接口信息的负载降低，但请求消息可能无法直接被交付给目标社区的代理节点，即需要经过多次转发才能够完成消息交付。在极端情况下，若 $PT_b=1$，则动态接口数量为 0，则请求消息在社区间的传递呈线性状态。反之，若 PT_b 值较小，则动态接口数量增加，能够降低请求消息转发节点的数量，从而减少用户的查询时延，但这也增加了代理节点维护接口信息的负载。在极端情况下，若 $PT_b=0$，则每个社区都维护与其他 $n-1$ 个社区的接口信息，从而在社区中生成$(n-1)\times(n-1)$个接口，大大增加了代理节点的维护负载。PT_r 值的设置需要参照 PT_b，若 PT_b 和 PT_r 的差值较小，则容易引起频繁的接口建立和删除操作，接口的抖动现象不仅会增加接口的维护负载和用户资源查询时延，而且无法准确地描述当前用户资源需求状况。反之，若 PT_b 和 PT_r 的差值较大，则代理节点无法及时删除无效的接口信息，不仅增加了维护负载，而且也降低了资源查询效率。经过反复测试，令 $PT_b=0.2$，而 $PT_r=0.12$。

将 AMCV 与领域内的经典算法 SURFNet[13]在网络仿真软件 NS-2[31]中进行仿真实现，并分别在移动自组织网络（Mobile Ad Hoc Network，MANET）下进行部署，并将两个内容资源管理系统的性能进行比较。视频块数量 n 为 20，视频块长度为 30 s，仿真时间为 600 s。仿真节点数量为 400，仿真社区设置为 x=800 m，y=800 m，节点

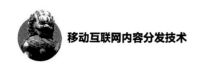

移动速度范围为[0,30]。当节点移动到目的位置时，则立刻为该节点重新分配新的目的坐标及移动速度（即停留时间为 0 s）。节点的信号覆盖范围为 200 m。服务器和移动节点的带宽分别为 10 Mbit/s 和 2 Mbit/s。节点的播放速率和资源提供者与资源请求者之间的视频流数据传输速率均为 480 kbit/s。视频数据传输协议为 UDP，发送请求消息的传输协议为 TCP，路由协议为动态源路由（Dynamic Source Routing, DSR）协议，表 4-3 列出了关于 MANET 环境的部分重要仿真参数信息。根据用户交互式行为的统计特征，创建 200 条播放记录，200 个移动节点根据生成的 200 个播放记录完成视频播放[32]。在仿真过程中，200 个节点每隔 1 s 依次加入系统。此外，在 AMCV 中，模拟生成用户历史播放日志记录 10 000 条，以计算用户播放行为可靠性评估值。根据仿真时间以及视频块长度的设置，在 SURFNet 中，每个节点维护 5 个邻居节点，并每隔 5 s 发送探测消息以维护邻居状态。

表 4-3　MANET 环境的部分重要仿真参数信息

参数	值
区域	800 m×800 m
信道	无线信道
网络接口	无线物理层接口
接口队列类型	优先级队列
MAC 接口	IEEE 802.11
传播模型	双径模型
天线类型	全向天线
移动速度峰值	30 m/s
路由协议	DSR 协议
IEEE 802.11 数据传输率	2 Mbit/s
节点数量	400
视频块数	20
视频块长度	30 s
仿真时间	600 s
传输协议	UDP

4.4.2　实验结果对比分析

1. 远端跳转的请求消息所经历的平均跳数

资源请求消息从请求节点对应的社区代理节点到目标社区对应的代理节点之间

经历的节点数量表示转发消息的跳数。将每个请求消息经历的跳数进行累加，用跳数累加和除以请求消息数量作为请求消息的平均跳数，其被用来反映资源查找效率和社区间跳转概率评估精度。若平均跳数较低，则表明请求消息所经历的中间转发节点数量较少，该消息能够快速到达目标社区；反之，若平均跳数较高，则表明请求消息需要经历多个中间转发节点，导致节点的查询时延较高，影响用户播放的平滑度。

图 4-6 所示为在仿真时间内 SURFNet 和 AMCV 中每 60 s 所生成的请求消息平均跳数。SURFNet 对应的曲线在整个仿真周期中在平均跳数值 4 左右振荡，并且其峰值接近 6。AMCV 对应的曲线则在仿真初期达到接近 7.5 的峰值后快速下降，并在第 70 s 后在平均跳数值 2 附近上下振荡。显然，AMCV 的平均跳数要低于 SURFNet。

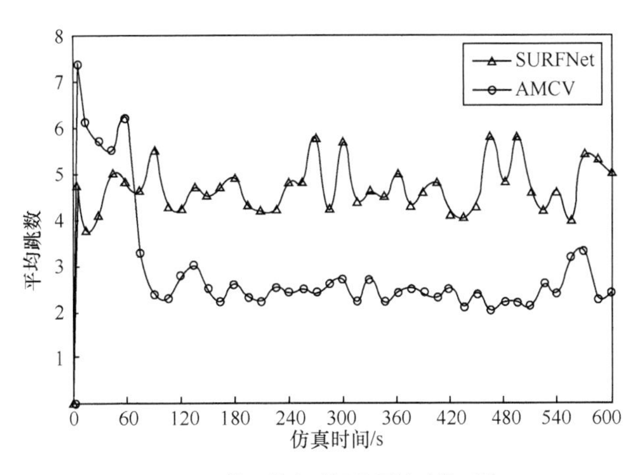

图 4-6　基于仿真时间的平均跳数对比

图 4-7 所示为每个跳转距离对应的请求消息平均跳数的分布。SURFNet 对应的平均跳数随跳转距离的增加大致呈现一个先上升后下降的趋势，在跳转距离为 2 处达到最小值，再逐渐增加，经过小幅波动后在跳转距离为 13 处达到峰值 5.5，并在随后呈现下降趋势。AMCV 对应的平均跳数在跳转距离为 3～8 的区间内在[2,3]内波动，在跳转距离为 9 处达到峰值 4.2，并在跳转距离为 14 处明显下降，最终在跳转距离为 19 处达到最小值 1。

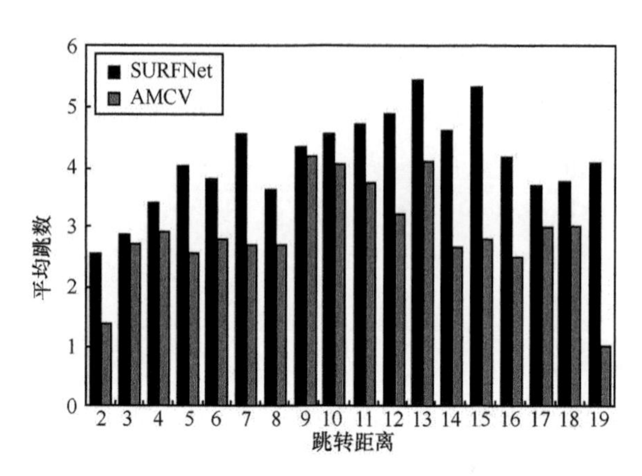

图 4-7　基于跳转距离的平均跳数对比

如图 4-6 所示，在仿真初期，AMCV 的性能要远劣于 SURFNet，但在后期的优化过程中，AMCV 的性能相对 SURFNet 取得明显的优势。这主要是因为在初始时 AMCV 主要利用静态接口为请求节点转发请求消息，使得请求消息平均跳数和响应时延远大于 SURFNet。社区间的静态接口仅能保证请求消息成功到达目标社区，但无法实现高效的资源查找，从而使得高资源查询时延影响用户的播放连续性。然而，随着内容请求与分发的运行，社区间的动态接口不断被创建，节点请求通过社区间的动态接口能够快速到达目标社区，使得请求消息的平均转发跳数和响应时延迅速下降，并保持在一个相对比较低的程度。这表明社区间跳转概率模型能够准确地描述用户的播放行为，精确地预测用户未来可能的跳转目标社区，从而得以根据用户资源需求的变化及时调整动态接口，再借助于最近接口查询算法，请求消息能够快速到达目标社区，极大降低了请求消息转发次数和响应时延。SURFNet 构建了一个平衡二叉树，树中每个节点均为固定节点，并维护着一个存储当前视频内容的节点列表，请求消息在树中经过不断的转发从而到达目标节点。利用平衡二叉树进行资源查找，需要经历树中节点和链表节点两次查找。因此，请求消息需要经过不断的转发才能被持有请求资源的节点接收，而且 SURFNet 无法根据用户资源请求的变化调节资源查询过程，这种机械的资源查询方法难以获得较高的查询效率。

2. 远端跳转请求消息的平均响应时延

利用请求消息的发送时间与资源提供者的响应时间的差值作为请求消息响应时延。将每个请求消息的响应时延进行累加，用时延累加和与请求消息数量之商作为请求消息的平均响应时延，其也被用来反映资源查找效率和社区间跳转概率评估精

度的高低。若平均响应时延较大，则表明用户需要经历较长时间的启动时延，从而影响用户的播放平滑度。反之，若平均响应时延较小，则表明用户需要经历较小的启动时延，从而能够最大限度地确保用户播放的连续性。

图 4-8 所示为在仿真时间内 SURFNet 和 AMCV 中每 60 s 所生成的平均响应时延。在整个仿真周期中，SURFNet 对应的曲线的取值范围为[2,2.6]，且振幅范围较大，其峰值为 2.58 s。AMCV 对应的曲线则在仿真初期达到 3.17 s 的峰值后快速下降，并在第 60 s 后在[1.5,2]范围内抖动，且幅度相对较小。

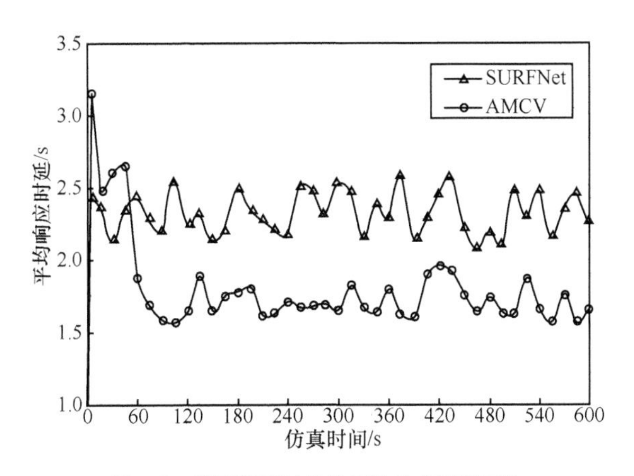

图 4-8　基于仿真时间的平均响应时延对比

图 4-9 所示为每个跳转距离对应的请求消息平均响应时延的分布情况。SURFNet 对应的柱形图呈现出具有较大振幅的抖动过程，在跳转距离为 10 处达到了峰值 2.5 s，整个柱形图的取值范围保持在[2,2.5]。AMCV 对应的柱形图经过小幅的抖动后达到峰值 2 s，并迅速下降，随后呈现小幅振荡。整个柱形图的取值范围为[1.5, 2]。AMCV 的平均响应时延在仿真的所有情况下都小于 SURFNet。显然，AMCV 的性能要优于 SURFNet。

当跳转距离较小时，请求消息的平均跳数和响应时延均保持在较低的水平，这是因为跳转距离小使得请求消息经过中间转发节点的数量较少，对于 SURFNet，在平衡二叉树中，跳转距离小，则请求消息仅通过少量树中节点即可转发至资源提供者；对于 AMCV，请求消息通过静态接口或者距离相对较近的动态接口转发，从而减少转发请求消息的中间节点数量。因此，在跳转距离较小时，请求消息的响应时延也相对较低。随着节点的跳转距离不断增加，请求消息平均跳数和响应时延也随之增加，对于 SURFNet，距离较大的跳转将会导致请求消息在平衡二叉树中经过不断的连续转发（从某一叶子节点到达另一个叶子节点）。AMCV 在初始阶段仅通过静态接口转发请求消息，使得请求消息的平均跳数和响应时延都达到最大值。显然，静态接口的效率无法满足系统和用户的需求。然而，随着动态接口的建立，其能够快速灵活地将请求消息转发至目标社区，从而减少请求消息的平均跳数和响应时延。此外，社区 C_1 和 C_{20} 之间通过静态接口连接，这种环形结构能够大大降低请求消息的转发负载（跳转距离为 19 时，请求消息的平均响应时延约为 1.8 s）。显然，当 AMCV 建立动态接口后，AMCV 的性能远远优于 SURFNet。

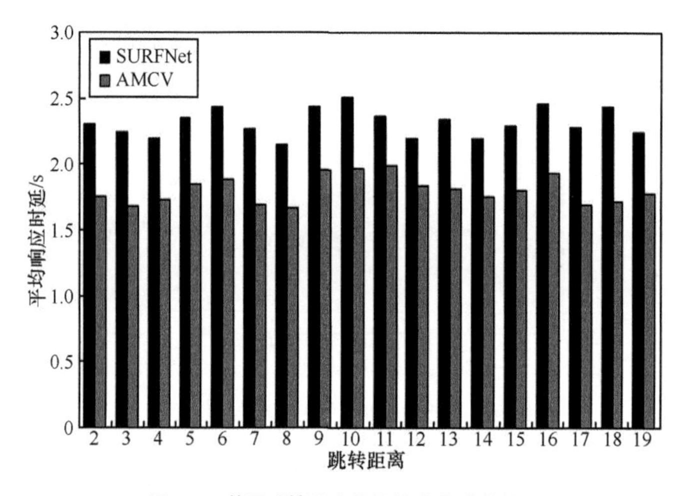

图 4-9　基于跳转距离的平均响应时延对比

3. 平均资源查询成功率和服务器负载

将从移动网络中成功获取资源的请求消息数量与请求消息数量总和之比作为查询成功率，用于评估移动网络中资源分布状况的优劣情况。若资源查询成功率较高，则表明移动网络中视频资源分布状况较为均匀，且间接地说明服务器端负载压力较小（因为资源查询失败后，请求节点将从服务器端获取所需的数据）；反之，若资源查询成功率较低，则表明移动网络中资源分布不均匀。频繁的查询失败不仅导致启动时延高、播放连续性低，而且也增加了服务器的负载。将服务器端输出视频流数量作为评价服务器负载的参数，以衡量系统的可扩展性。若服务器负载越高，则表明系统的可扩展性越差，越难以适应大规模部署要求；反之，若服务器负载越低，则表明移动网络中资源分布越均匀，越能够满足大规模部署的要求。

图 4-10 所示为随着仿真时间的增加，每 60 s 平均资源查询成功率的变化过程。SURFNet 对应的曲线呈现了一个经历快速上升过程后又缓慢上升的趋势，从 45%增加至 70%以上。AMCV 对应的曲线从 60～120 s 拥有一个快速的上升过程，并在随后的时间内从 72%左右平缓地上升至接近 90%。显然，AMCV 的平均资源查询成功率要高于 SURFNet。

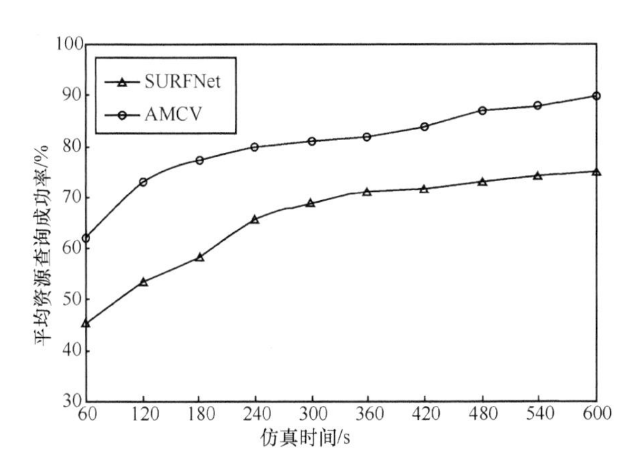

图 4-10　基于仿真时间的平均资源查询成功率对比

将持续获取播放视频数据的节点数量（该节点的寻找时延为 0 s）与当前覆盖网络每 60 s 的节点总数之比，表示为系统的平均播放持续性。图 4-11 所示为该属性随仿真时间的变化。SURFNet 对应的曲线随仿真时间保持快速下降的趋势，并伴有严重的抖动。而 AMCV 对应的曲线在 60～300 s 期间保持稳定上升的趋势，然后从 300 s 以后呈下降趋势，在相同标准下，AMCV 与 SURFNet 相比具有更好的连续性。

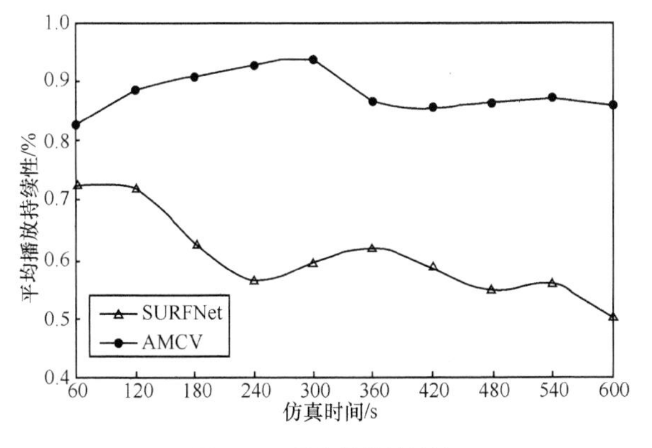

图 4-11　平均播放持续性

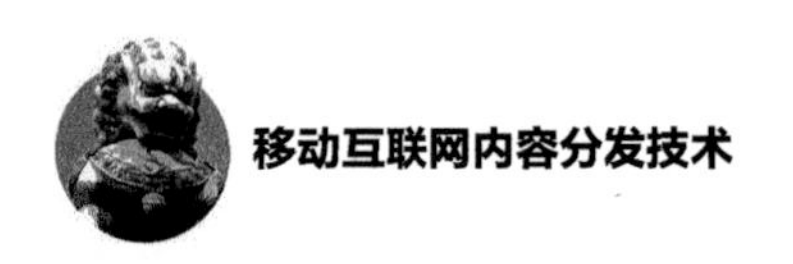

| 4.5 车联网环境下的实验结果和分析 |

本节将对 4.3 节的方案进行测试，并评估其性能状况。在此过程中，选择具有代表性的方案 QUVoD [14]作为对比，并利用网络仿真软件 NS-2 搭建了仿真的移动车联网环境，并将所提出的 PMCV 和对比方案 QUVoD 同时部署在该环境中。

4.5.1 实验环境设置

（1）测试拓扑和场景

表 4-4 分别列出了在 VANET 和 WiMAX 网络下 NS-2 仿真中的重要参数。1 000 个移动节点部署在边长 2 000 m 的正方形区域。如图 4-12（a）所示，城市场景有 5 条水平街道和 5 条垂直街道，其中每一街道都有两条非同向车道。车辆移动遵循曼哈顿移动模型[33]。当车辆到达某一特定的目的地，接下来它休息与否，方向和速度都是随机决定的。场景内共配置有 33 个接入点，并使用 IEEE 802.11p WAVE 接口。而图 4-12（b）所示的是 QUVoD 的蜂窝 WiMAX 网络架构，由 8 个半径为 578 m 的六边形蜂窝组成。

表 4-4　VANET 和 WiMAX 网络下 NS-2 仿真中的重要参数

参数类型		值
VANET	区域大小	2 000 m×2 000 m
	信道	无线信道
	网络接口	无线物理层接口
	MAC 接口	IEEE 802.11
	带宽	27 Mbit/s
	频率	5.9 GHz
	多接入技术	OFDM
	传输功率	33 dBm
	无线传输范围	250 m
	接口队列类型	优先级队列
	接口队列长度	50
	天线类型	全向天线
	路由协议	DSR 协议
	峰值移动速度	30 m/s
	传输协议	TCP

（续表）

参数类型		值
AP	AP 带宽	625 kbit/s
	AP 传输范围	250 m/s
	AP 数量	33
WiMAX	操作频率	2.5 GHz
	信道带宽	10 MHz
	信道容量	40 Mbit/s
	无线传输模型	自由空间传输模型
	帧周期	5 ms
	多接入技术	OFDM
	双工模式	时分双工
	接口队列长度	50
	基站数量	8
	单元半径（传输范围）	578 m
	传输协议	TCP

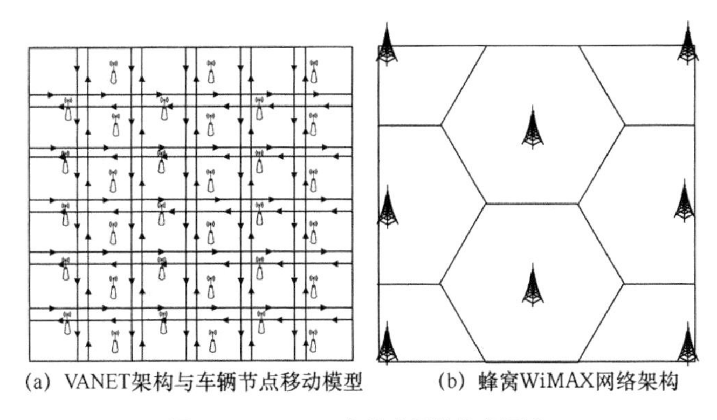

(a) VANET架构与车辆节点移动模型　　(b) 蜂窝WiMAX网络架构

图 4-12　VANET 与蜂窝网络仿真场景

PMCV 使用的是 IEEE 802.11p WAVE 网络接口，用来支持车辆节点间无线通信，可以进行状态和控制信息的交互，并传输视频数据。QUVoD 使用两种无线通信接口：IEEE 802.11p WAVE 和蜂窝 WiMAX。节点可以根据传输路径的通信质量动态选择接口。在 QUVoD 系统的仿真中，AB_{thres} 设置为 128 kbit/s，AB_{value} 分别取 24 kbit/s、48 kbit/s 和 96 kbit/s。如果 V 路径的检测带宽低于 $AB_{thres}-AB_{value}$=104 kbit/s 并且 G 路径的带宽高于 128 kbit/s，节点将使用 G 路径发送数据包。其他情况则使用 V 路径发送。节点间交换数据的视频流速率是 128 kbit/s。仿真将 3 600 s 长的视频分为 90 个视频块。每一视频块 40 s 长，大小是 640 KB。仿真时间是 2 400 s。根据文献[32]提供的用户交互行为模型和部分实际数据，本实验生成了一个具有 20 200 条用户视频请求记录的模拟数据集，本实验将其中 20 000 条作为用户的历史播放记录，将剩余的 200 条请求记录作为 200 个移动节点在仿真实验中的请求行为，另外规定用户请求的产生方式服从泊松分布。如果移动节点完成了整个视频的播放就退出系统。媒体服务器的带宽是 10 Mbit/s。

（2）参数设置

阈值 TH_m 设为 0.5。λ 是收集用户信息周期的影响因子，λ 值越大，收集数据的周期时间越长。如果族群内成员的负载较小，节点成员的状态就不能实时更新。为了平衡负载和时效性，λ 设为 60。θ 决定了静态负载中替换资源的时间，θ 值越大，替换频率越低。替换时间通常是单个或几个视频块的长度。媒体服务器和代理节点间交换信息的时间是 $T_s=\mu\times T_c$，$\mu\in(0,n)$。其中 μ 代表代理节点与服务器之间的交互频率。为了平衡社区的实时状态和代理节点的负载状况，μ 设为 1。模糊程度 m 设为 2[34]。为了平衡在线时间比率和社区成员数量，α 设为 0.5.

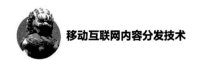

4.5.2 实验结果对比分析

1. **平均查询时延**（Average Seeking Latency，ASL）

节点接收到视频数据与节点发送请求信息的时间差被定义为查询时延。平均查询时延则表示为多个节点查询时延的平均值。ASL 主要包括请求资源的定位时延和服务器反应时延。ASL 越小，用户 QoE 越高。

图 4-13 所示为 PMCV 与 QUVoD-24、QUVoD-48 和 QUVoD-96 在不同系统节点数量下的 ASL 性能。QUVoD-24 的 ASL 性能比其他三者要好。PMCV 的 ASL 曲线首先随着系统节点数量的增多而下降，在 160 个系统节点的时候达到最低值 0.624 s，比 QUVoD-48、QUVoD-96 分别低 50%和 80%左右。之后随着节点数量增多，PMCV 的 ASL 增加到 1.146 s。

图 4-14 所示为在移动节点不同移动速率范围下的 ASL 性能。如图 4-14 所示，QUVoD-24 的性能比其他三者要好，而 PMCV 的性能比 QUVoD-48 和 QUVoD-96 在大多数移动速率范围内要好。例如当速率范围为 10～15 m/s，PMCV 的 ASL 比 QUVoD-48 和 QUVoD-96 分别低 35%和 40%左右。但是在高速率范

围内，PMCV 的 ASL 比其他三者要高。QUVoD 中的移动节点使用蜂窝路径搜索视频块，蜂窝网络的高效可靠性和 Chord 结构确保了请求视频块的快速定位。但是因为 QUVoD 没有考虑节点移动性，资源提供者的选择没有考虑地理相近，因此视频数据需要进行多跳传递，导致了较高的响应时延。AB_{value} 关系着 VANET 路径和蜂窝路径间的转换。如果 AB_{value} 较低，从 VANET 路径到蜂窝路径转换速度较快。这样可以减少响应时延，但是蜂窝网络的大量使用也会造成较高的用户花销、蜂窝网络负载和能量消耗。如果 AB_{value} 较高，VANET 网络使用较多，此时时延较高且用户 QoE 体验不好。同样，系统成员数量的增加将会促使 QUVoD 选择蜂窝路径，并导致网络的拥塞。这样虽然提高了性能，但是增加了相关开销。此外，QUVoD 中的移动节点在接收和播放一个视频块之后，需要重新搜索新的提供者，这同样会造成较大消息开销和启动时延。PMCV 中的节点通过运用提取流行播放模式的方式来组织形成虚拟社区族群。同一族群内的节点成员使用节点列表来维护其他节点成员存储的状态和资源。移动节点数目增加造成族群资源的增加，从而减少了社区族群间的跨区资源搜索代价。此外，当 PMCV 中资源提供者和接收者间的逻辑连接断开，内容接收者可以在同一族群搜索新的内容提供者，从而减少额外的系统开销。尽管系统成员数量的增加会造成网络拥堵，进而导致 PMCV 的 ASL 的增加，但是其 ASL 总体数值依然保持较低水平。

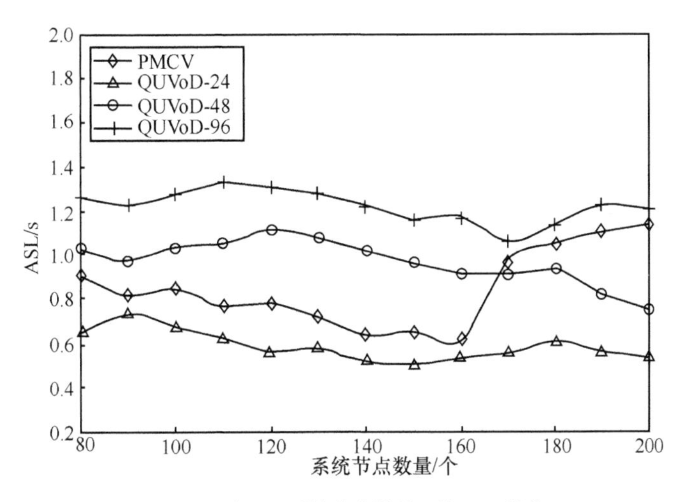

图 4-13　在不同系统节点数量下的 ASL 性能

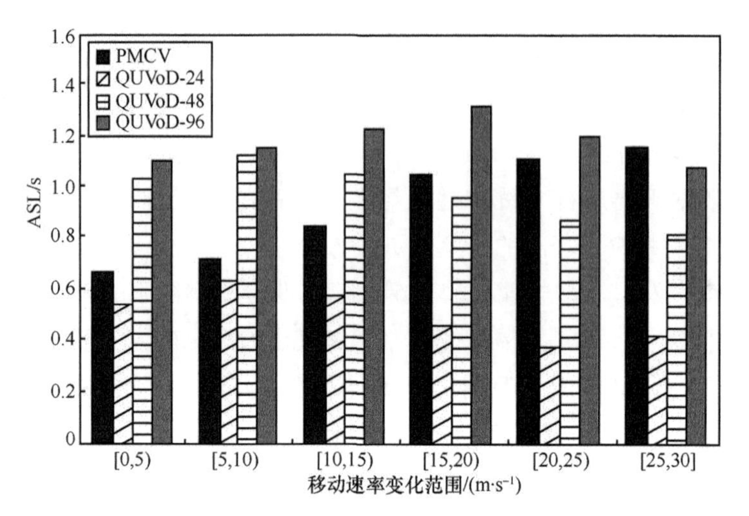

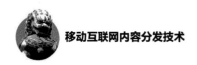

图 4-14　在移动节点不同移动速率范围下的 ASL 性能

2. **丢包率**（Packet Loss Rate，PLR）

图 4-15 所示为不同系统节点数量下的 PLR 性能。QUVoD-24、QUVoD-48 和 QUVoD-96 的 PLR 随系统节点数量的增加呈下降趋势。其中 QUVoD-24 的 PLR 最低，PMCV 的 PLR 比较接近 QUVoD-24，并且显著低于 QUVoD-48 和 QUVoD-96。但是随着系统节点数量增加，网络负载加大，PMCV 的 PLR 也随之上升。

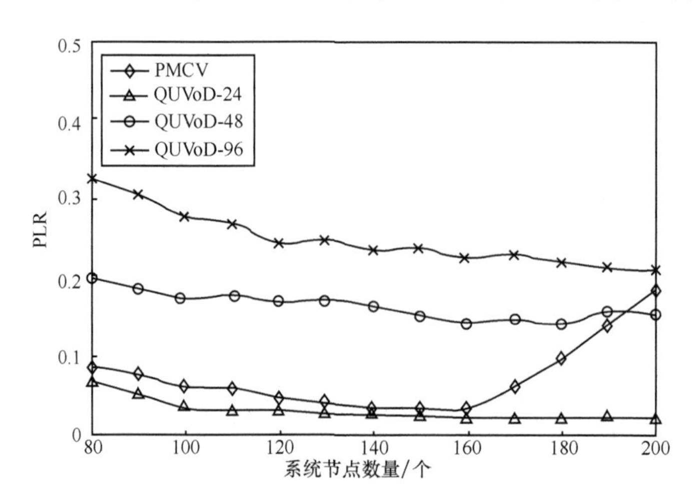

图 4-15　在不同系统节点数量下的 PLR 性能

图 4-16 所示为在移动节点不同移动速率范围下的 PLR 性能。其中 QUVoD-24

的 PLR 最低且在[0,5)到[15,20)范围呈下降趋势。PMCV 的 PLR 在 0.17～0.23 之间，比 QUVoD-48 和 QUVoD-96 低。

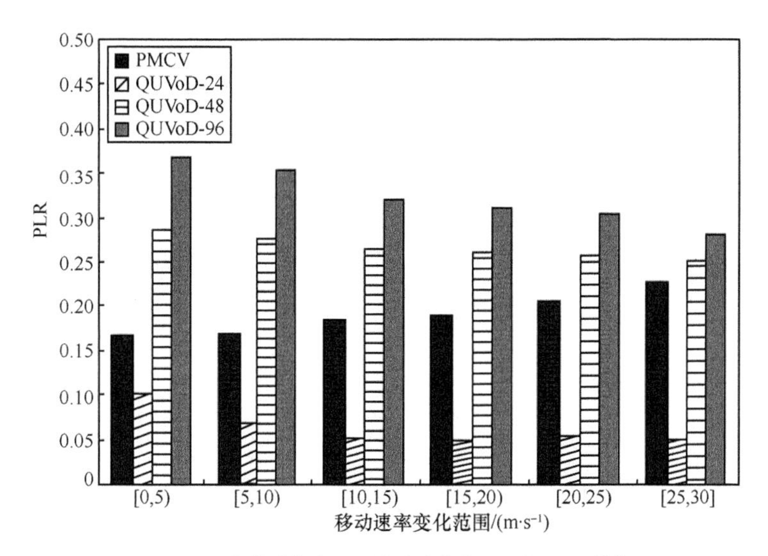

图 4-16　在移动节点不同移动速率范围下的 PLR 性能

QUVoD 的移动节点使用蜂窝网络来补偿 VANET 网络传输的低性能。如果 AB_{value} 较低，则使用蜂窝路径的频率变高。蜂窝网络的优异性能使得增加的节点数量和移动速率没有对 QUVoD-24 造成很大的负面影响，但是带来了较大的网络花销。而 QUVoD-48 和 QUVoD-96 因为 AB_{value} 较大，不能轻易从 VANET 切换到蜂窝网络，所以二者的性能相对较差。

PMCV 使用移动社区族群来增加资源分享效率，减少搜索请求数量。由于每个族群的成员有着相似的移动轨迹，它们之间可以保持较近的距离。这使得时延较小，PLR 较低。当节点数量达到 160 个，PMCV 的 PLR 达到最小值 0.031。之后节点数量的增加导致了资源请求增多，系统内视频传输也增多。但是 VANET 网络带宽是一定的，所以造成了网络拥堵，PLR 也随之增加。

计算每一个流媒体会话（每个系统成员到资源提供者的视频流）的平均吞吐量来表示移动用户体验到的视频质量情况。图 4-17 所示为随着系统节点数量的增加，流媒体会话的平均吞吐量变化。QUVoD-24 的值最高，在 119～126 kbit/s 范围变化。在系统节点数量较少时，PMCV 的平均吞吐量相比于 QUVoD-48、QUVoD-96 大约能够提升 30%和 120%左右。在节点数量较多的时候 PMCV 的平均吞吐量有所下降，但依

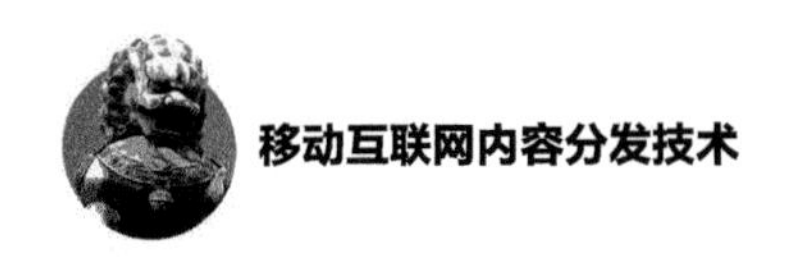

然基本上比 QUVoD-48 和 QUVoD-96 好。

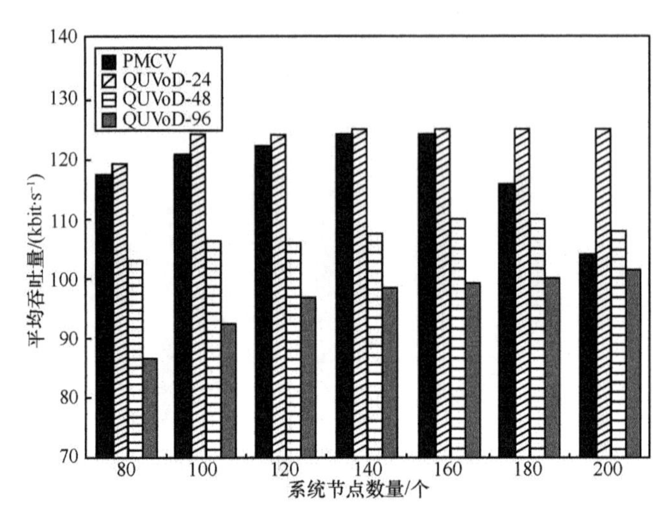

图 4-17 在不同系统节点数量下的平均吞吐量

系统成员数量的增加导致数据包的传输增加。QUVoD 使用蜂窝网络路径可以保证高吞吐量，但是花销很大。而 PMCV 中随着节点数量增加，移动社区中播放模式和移动轨迹相似的成员数量也随之增长，这有利于移动网络快速搜索转发资源并进行视频内容传输。因此，随着节点数量从 80 个增加到 160 个，PMCV 的平均吞吐量持续增加。但是因为 VANET 的带宽限制，当节点数量超过 180 个，增加的视频数据传输导致了网络拥堵以至于平均吞吐量下降。

3. **峰值信噪比**（Peak Signal to Noise Ratio，PSNR）

视频质量主要由 PSNR 表示（单位为 dB）[35]，式（4-13）描述了 PSNR 的计算方法，其值受吞吐量和流媒体传输速率影响。

$$\text{PSNR} = 20\lg\left(\frac{\text{MAX\_Bitrate}}{\sqrt{(\text{EXP\_Thr} - \text{CRT\_Thr})^2}}\right) \tag{4-21}$$

其中，MAX_Bitrate 表示流媒体解码过程中的平均比特率。EXP_Thr 表示流媒体数据在网络中的期望平均吞吐量。CRT_Thr 表示测量后的真实吞吐量。MAX_Bitrate 和 EXP_Thr 在仿真中都设为 128 kbit/s。图 4-18 所示为在不同系统节点数量下 4 个系统的平均 PSNR。QUVoD-24 的值最高，而 PMCV 的值要明显高于 QUVoD-48 和 QUVoD-96。随着节点数目增加，系统变得更加拥堵，所以 PMCV 的平均 PSNR 也随之下降。

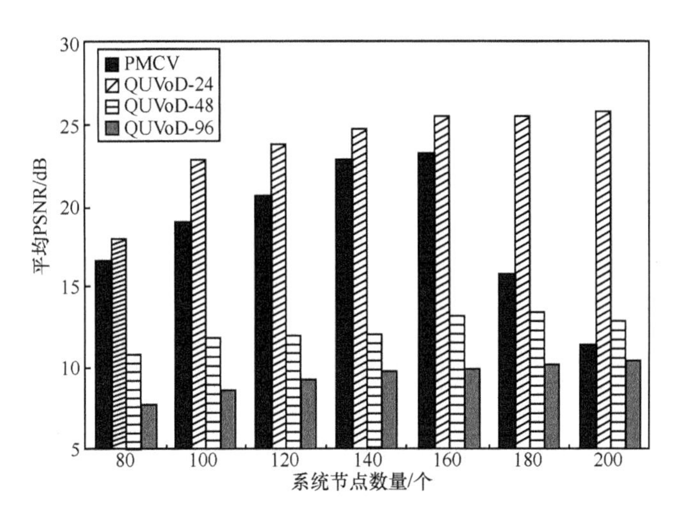

图 4-18　在不同系统节点数量下的平均 PSNR

QUVoD 的优越性能取决于部分使用了蜂窝网络通信（QUVoD-24 中大约 86% 的节点使用蜂窝网络）。蜂窝网络的优势可以抵消资源请求数量的增加和节点移动性带来的负面影响。但是过高地依赖蜂窝网络来保证 QoE，将会增加用户开销和系统的资源消耗。PMCV 构建的移动社区族群确保了分享视频内容的用户节点有着相近的地理位置和相似的播放行为，所以社区成员可以体验到高质量视频服务。但是如果系统成员过多，有限的带宽会导致高丢包率和高时延。因此，当节点数量从 180 个增加到 200 个，PMCV 的视频质量下降。如果网络带宽充裕，PMCV 可以保证系统的高视频质量。

4.6　本章小结

本章针对无线移动网络中的内容服务介绍了基于移动虚拟社区的内容分发体系。其中，AMCV 的效率基于两层体系结构，通过社区网络层和社区成员层的层次化设计，在用户交互方面构建了社区之间的灵活连接与社区内资源的快速发现和访问。另外，本章也简述了移动车联网环境下 PMCV 方案的系统结构，来适配高速移动环境下的服务需求。最终，通过一系列仿真测试，验证了基于虚拟社区的内容分发方案能够确保在资源请求者和资源持有者之间快速定位内容资源，并实现更高的资源管理与内容分发性能。

| 参考文献 |

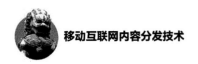

[1] TU L，HUANG C M. Collaborative content fetching using MAC layer multicast in wireless mobile networks[J]. IEEE Transactions on Broadcasting, 2011, 57(3): 695-706.

[2] HONG S E, KIM M. Design and analysis of a wireless switched digital video scheme for mobile TV services over WiMAX networks[J]. IEEE Transactions on Broadcasting, 2013, 59(2): 328-339.

[3] ZHOU L, CHEN M, QIAN Y, et al. Fairness resource allocation in blind wireless multimedia communications[J]. IEEE Transactions on Multimedia, 2013, 15(4): 946-956.

[4] WANG X, CHEN M, KWON T T, et al. AMES-cloud: A framework of adaptive mobile video streaming and efficient social video sharing in the clouds[J]. IEEE Transactions on Multimedia, 2013, 15(4): 811-820.

[5] XU C, FALLON E, QIAO Y, et al. Performance evaluation of multimedia content distribution over multi-homed wireless networks[J]. IEEE Transactions on Broadcasting, 2011, 57(2): 204-215.

[6] ZHOU L, WANG X, TU W, et al. Distributed scheduling scheme for video streaming over multi-channel multi-radio multi-hop wireless networks[J]. IEEE Journal on Selected Areas in Communications, 2010, 28(3): 409-419.

[7] XU C, LIU T, GUAN J, et al. CMT-QA: Quality-aware adaptive concurrent multipath data transfer in heterogeneous wireless networks[J]. IEEE Transactions on Mobile Computing, 2013, 12(11): 2193-2205.

[8] MU M, ISHMAEL J, KNOWLES W, et al. P2P-based IPTV services: Design, deployment, and QoE measurement[J]. IEEE Transactions on Multimedia, 2012, 14(6): 1515-1527.

[9] CHAN S H G, YIU W P. Distributed storage to support user interactivity in peer-to-peer video: US7925781[P]. 2011-4-12.

[10] XU C, MUNTEAN G M, FALLON E, et al. Distributed storage-assisted data-driven overlay network for P2P VoD services[J]. IEEE Transactions on Broadcasting, 2009, 55(1): 1-10.

[11] CHANG C L, HUANG S P. The interleaved video frame distribution for P2P-based VoD system with VCR functionality[J]. Computer Networks, 2012, 56(5): 1525-1537.

[12] WU W, LUI J C S. Exploring the optimal replication strategy in P2P-VoD systems: Characterization and evaluation[J]. IEEE Transactions on Parallel and Distributed Systems, 2012, 23(8): 1492-1503.

[13] WANG D, YEO C K. Superchunk-based efficient search in P2P-VoD system multimedia[J]. IEEE Transactions on Multimedia, 2011, 13(2): 376-387.

[14] XU C, ZHAO F, GUAN J, et al. QoE-driven user-centric VoD services in urban multi-homed P2P-based vehicular networks[J]. IEEE Transactions on Vehicular Technology, 2013, 62(5):

2273-2289.

[15] JIA S, XU C, MUNTEAN G M, et al. Cross-layer and one-hop neighbour-assisted video sharing solution in mobile Ad Hoc networks[J]. China Communications, 2013, 10(6): 111-126.

[16] ZHOU L, ZHANG Y, SONG K, et al. Distributed media services in P2P-based vehicular networks[J]. IEEE Transactions on Vehicular Technology, 2011, 60(2): 692-703.

[17] FANELLI M, FOSCHINI L, CORRADI A, et al. Self-adaptive context data distribution with quality guarantees in mobile P2P networks[J]. IEEE Journal on Selected Areas in Communications, 2013, 31(9): 115-131.

[18] JIA S. XU C, ATHANASIOS V V, et al. Reliability-oriented ant colony optimization-based mobile peer-to-peer VoD solution in MANETs[J]. Wireless Network, 2013, 19(8): 55-60.

[19] WANG S, LIU M, CHENG X, et al. Opportunistic routing in intermittently connected mobile P2P networks[J]. IEEE Journal on Selected Areas in Communications, 2013, 31(9): 369-378.

[20] CHEN K, SHEN H, ZHANG H. Leveraging social networks for P2P content-based file sharing in disconnected MANETs[J]. IEEE Transactions on Mobile Computing, 2014, 13(2): 235-249.

[21] HE Y, GUAN L. Solving streaming capacity problems in P2P VoD systems[J]. IEEE Transactions on Circuits and Systems for Video Technology, 2010, 20(11): 1638-1642.

[22] HE Y, LIU Y. VOVO: VCR-oriented video-on-demand in largescale peer-to-peer networks[J]. IEEE Transactions on Parallel and Distributed Systems, 2009, 20(4): 528-539.

[23] ZHOU Y, T Z, FU T Z J, CHIU D M, et al. On replication algorithm in P2P VoD[J]. IEEE/ACM Transactions on Networking, 2013, 21(1): 233-243.

[24] YU Q, YE B, LU S, et al. Optimal data scheduling for P2P video-on-demand streaming systems[J]. IET Communications, 2012, 6(12): 1625-1631.

[25] WU W J, LUI J C S, MA R T B, et al. On incentivizing upload capacity in P2P-VoD systems: Design, analysis and evaluation[J]. Computer Networks, 2013, 57(7): 1674-1688.

[26] GRAMATIKOV S, JAUREGUIZAR F, CABRERA J, et al. Stochastic modelling of peer-assisted VoD streaming in managed networks[J]. Computer Networks, 2013, 57(9): 2058-2074.

[27] ACUNTO L, CHILUKA N, VINK T, et al. BitTorrent-like P2P approaches for VoD: A comparative study[J]. Computer Networks, 2013, 57(5): 1253-1276.

[28] ZHOU Y, FU T Z J, CHIU D M. Server-assisted adaptive video replication for P2P VoD[J]. Signal Processing-Image Communication, 2012, 27(5): 484-495.

[29] XU C, MUNTEAN G M, FALLON E, et al. A balanced treebased strategy for unstructured media distribution in P2P networks[C]//IEEE International Conference on Communications. Piscataway: IEEE Press, 2008.

[30] CERNEKOVA Z. Information theory-based shot cut/fade detection and video summarization[J]. IEEE Transactions on Circuits and Systems for Video Technology, 2006, 16(1): 82-91.

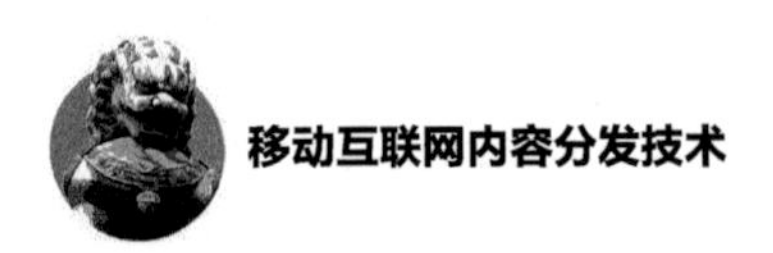

[31] UC Berkeley, LBL, USC/ISI. NS-2 Documentation and Software, v. 2.35[EB]. 2011.

[32] BRAMPTON A, MACQUIRE A, RAI I, et al. Characterising user interactivity for sports videoon-demand[C]//ACM NOSSDAV. New York: ACM, 2007.

[33] BAI F, SADAGOPAN N, HELMY A. The important framework for analyzing the impact of mobility on performance of routing protocols for Ad Hoc networks[J]. Ad Hoc Networks, 2003, 1(4): 383-403.

[34] BELACEL N, HANSEN P, MLADENOVIC N. Fuzzy J-means: A new heuristic for fuzzy clustering[J]. Pattern Recognition, 2002, 35(10): 2193-2200.

[35] SHANG X, LIANG J, WANG G, et al. Color-sensitivity-based combined PSNR for objective video quality assessment[J]. IEEE Transactions on Circuits and Systems for Video Technology, 2019, 29(5): 1239-1250.

第 5 章 族群化的移动网络数据转发机制

随着移动通信技术的发展和移动设备能力的提高，大流量的内容服务已成为新的互联网发展趋势。为了支持移动无线网络大规模、高质量的内容服务，网络节点的数据转发机制至关重要，因此国内外学者在该领域开展了大量的研究。为此，本章将以视频内容服务为例，在移动网络虚拟社区的基础上，为读者介绍一种族群化转发方案，以解决内容分发过程中数据转发的效率问题。最后，本章在车辆自组织网络场景中验证了该方案在新兴移动网络应用场景下的有效性。

5.1 研究背景

5.1.1 现存问题

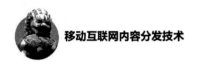

爱立信于2020年6月发布的移动性报告[1]显示，预计2019年到2025年移动流量将以每年31%的速度增长，其中视频流量将成为移动网络流量增长的主要贡献者，从2019年的63%（世界手机用户平均消耗流量7.2 GB/月）增长到2025年的76%（预计用户平均消耗25 GB/月），占移动数据流量的3/4以上。尤其随着360°全景视频、虚拟现实等新兴多媒体业务的快速发展，移动互联网服务的内容元素将变得更加丰富多彩。与此同时，移动通信技术（如车载无线通信技术、5G蜂窝网络等）的不断革新也推动了新应用在移动网络（如车辆无线自组织网络）中的蓬勃发展[2-5]。同时，IEEE 802.11无线通信协议的拓展也满足了移动用户在复杂多变的通信环境下进行多媒体业务所需的高带宽要求[6]。实际上，新兴媒体服务凭借其丰富的内容元素与呈现模式，极大提高了用户的服务体验[7-12]，具有极佳的发展前景。

然而，视频服务为移动用户提供丰富的内容体验的同时，也给移动网络带来了大规模的数据流量和巨大的内容分发压力。一方面，高质量流媒体服务需要占用大量网络带宽，这与移动网络中有限的带宽资源之间存在矛盾，而不合理的转发决策

不仅会消耗大量网络资源，还会影响移动内容的服务质量。另一方面，移动网络节点地理位置是动态的，使得网络物理拓扑频繁变化，数据转发效率低下，而传统固网的数据转发机制难以适应这一特性。同时，视频服务中用户动态随机的交互操作也会降低视频内容的分享效率。因此，迫切需要设计高效的数据转发机制，在提高网络资源利用率的同时，保障移动用户的服务体验质量。

5.1.2　研究现状

国内外学者对移动网络下的内容转发进行了广泛的研究，下面将主要介绍传统转发方案与基于虚拟社区的转发方案。文献[13]提出了一种基于多跳中继的蜂窝网络自适应转发策略，该方案能够自行在最佳的转发节点与最佳协作中继之间进行选择。作者设计了一种低复杂度的自适应转发策略来减少选取下一跳转发节点的计算复杂度，从而实现了高效的网络资源利用率。然而，该方案主要针对设备到设备通信环境，并不能直接应用到蜂窝网络下来解决数据转发问题。同时，该方案主要研究数据如何转发，忽略了路由选择与最后一跳数据交付的问题。文献[14]考虑移动网络节点具有缓存功能，将数据缓存在移动节点能够增强网络内容分发的性能并降低核心网的流量负载，作者采用李雅普诺夫（Lyapunov）随机优化技术，提出了一个分布式的转发与缓存联合优化框架，通过建立内容需求与网络拥塞的双队列系统，来优化网络数据转发开销与用户服务体验质量。文献[15]研究了多跳无线自组织网络中的路由转发问题，将转发过程与网络编码技术结合，借助节点间链路的可靠概率，评估多跳转发路径的整体稳定性，能够找到安全性最高的路由，实验结果表明，该方案能够以较低的计算复杂度实现近似穷举法的性能。虽然上述方法综合考虑了路由策略的物理层安全性，但忽略了数据转发的时延问题。在 IP 网络中，传统路由机制直接决定了网络中数据转发的方式，然而，该方案无法支持多路径传输技术，难以高效整合多条路径的传输资源，无法充分利用网络节点资源。为了让路由能够支持数据转发，文献[16]设计并实现了一种基于概率的命名数据网络（NDN）随机自适应转发策略，通过网络智能引导节点间的数据转发，在拥塞时产生隐式反馈，自动降低转发的数据量，从而增强了转发平面上的内容分发能力，避免链路拥塞与故障等问题。

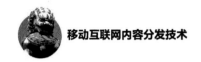

另外，不少研究者通过构建虚拟社区实现节点的协作转发，从而优化移动内容分发[17]。虚拟社区通过分析用户的特征（如兴趣偏好）和用户间交互频率来实现节点间资源分享对象的定义，从而提高数据的检索与转发效率，降低在移动网络中定位内容的查询开销。文献[18]提出了一种无线自组织网络下基于虚拟社区的文件分享系统，将具有共同兴趣并存在频繁社交行为的用户划分在同一个虚拟社区，达到快速定位资源、实现高效数据转发的目的。文献[19]提出了基于社区的文件资源协同分享机制，将一段时间内地理位置相近且请求相同资源的移动用户聚类为一个社区，社区内的节点以相互协作的形式获取资源，从而提高资源利用效率。这些系统在虚拟社区聚类过程中所考虑的元素相对简单，难以适用于复杂时变的移动网络环境，这使得其通过聚类得到的社区结构不稳定并且效果较差。

现有的虚拟社区聚类方法主要有 3 类，包括图论聚类、层次聚类和划分聚类[20]。图论聚类方法需要节点具有部分先验知识，如每个社区的规模。另外，直接采用均匀划分社区规模这种简单方案，会严重影响社区聚类的准确性。层次聚类方法依靠节点间的相似性评估聚类准确性，如果评估不准，将会引入极大的误差。划分聚类方法尽管不需要提供社区规模和节点相似度评估，但是需要预先设定社区数量和社区中心点位置，这些信息的设置也会影响聚类的准确性。构建一个面向网络内容服务的移动社区不仅需要准确描述用户动态的播放行为，还要解决高移动性对数据转发效率的影响，这样才可以增强内容分发过程的效率，进而满足流畅播放体验和视频点播服务的交互性需求。

为此，本章在移动网络虚拟社区的基础上，提出了族群化的移动网络数据转发方案（Video Content Forward Solution in Community-Based Communication，VSCC），通过充分调动族群成员的内在协作特性，实现内容的快速定位与数据的高效转发，为用户提供大规模、高质量的内容服务。接下来，我们将对其进行详细介绍，并给出相应的算法设计方案。

5.2 移动自适应的族群服务架构

图 5-1 所示为族群化数据转发架构。一方面，共同的兴趣偏好使节点能够存储相似的视频来满足彼此的需求，通过研究视频播放历史记录的相似性来估计节点之

间的兴趣偏好相似度，可以帮助聚合对同类内容感兴趣的节点族群，提高内容在族群内的分发效率。另一方面，节点间移动轨迹的相似性与族群的稳定性息息相关，将地理位置接近的节点汇聚在一起，可以支持内容数据的本地卸载和迁移。因此，建立在共同偏好和相似性移动行为基础上的动态族群，直接反映了节点间的关系水平。

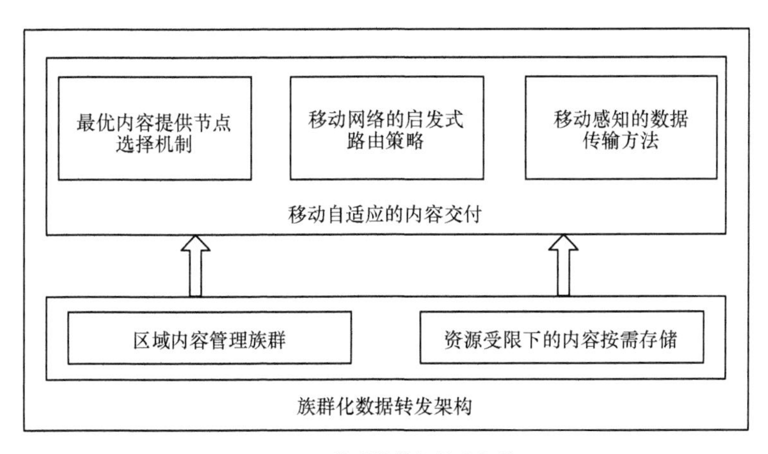

图 5-1　族群化数据转发架构

此外，用户需求的时变性是造成内容供需不平衡的主要原因。资源受限的移动节点作为内容提供者需要紧跟需求变化趋势，使自身所存储的内容资源能够尽可能满足族群成员的请求。这种族群能够自我满足请求，具有很强的自适应能力。因此，移动节点通过更新存储内容，可以使族群内的冗余内容保持在一个很低水平的同时，提高资源的利用率和节点的服务能力。

在上述设计的基础上，通过设计面向移动族群的数据转发策略，快速定位内容资源并完成交付，从而提高移动网络的内容服务性能。该策略侧重于提高内容的获取效率，并依赖于以下 3 个组件。

① 最优内容提供节点选择机制。充分利用节点交付能力，并根据收集的内容信息确定节点优化目标。

② 移动网络的启发式路由策略。通过使用迭代搜索最优中继转发节点来找到最优的视频提供者和传递路径。

③ 移动感知的数据传输方法。根据中继转发节点、视频请求者和视频提供者的移动行为感知信息来维持回传路径的稳定性。

5.3 面向移动族群的数据转发策略

5.3.1 最优内容提供节点选择机制

为了减少视频查找和传输的时延，需要将感兴趣的数据包转发给具有足够带宽，并且离视频内容请求者（Video Requester，VR）地理位置较近的视频内容提供者（Video Provider，VP）。由于族群中的所有成员都知道族群内部的视频信息（Video Information，VIM），所以 VR 和中继转发节点将根据下面的优化问题选择最优的 VP。

$$\begin{gathered}\min_{n_p \in \mathrm{VCMR}} f_{n_x}(n_p) = (1-\alpha)\frac{C_R}{C_{n_p}} + \alpha\frac{D_{xp}}{D_{\mathrm{TTL}}-1} \\ \text{s.t. } C_{n_p} \geqslant \max\left\{\sum_{k=1}^{h} s_k / t, C_R\right\} \\ 0 \leqslant D_{xp} \leqslant D_{\mathrm{TTL}}-1\end{gathered} \tag{5-1}$$

其中，n_p 和 n_x 分别表示一个 VP 和中继转发节点；VCMR（Video Content Management Region）表示视频内容管理区域；C_{n_p} 是 n_p 的可用带宽，而 C_R 是满足 n_x 的视频播放速率所需要的带宽；D_{xp} 是在 n_p 和 n_x 之间的跳数；s_k 和 D_{TTL} 分别表示兴趣包的数据包大小和生存时间（Time to Live，TTL）。

式（5-2）表示 n_p 的可用带宽大于平滑播放所需要的带宽，其中 h 表示完成视频的启动所需要的数据包的个数。

$$C_{n_p} \geqslant \max\left\{\sum_{k=1}^{h} s_k / t, C_R\right\} \tag{5-2}$$

$$\sum_{k=1}^{h} s_k / t \tag{5-3}$$

式（5-3）表示当在规定时间内交付 h 个数据包所需要的带宽，满足该带宽时可以获得一个可接受的启动时延。C_R 是满足当前视频播放速率所需要的带宽。这是因为如果用户的启动时延较长，其体验到的服务质量就较差，那么他们离开视频系统

的可能性较高。$0 \leqslant D_{xp} \leqslant D_{\mathrm{TTL}}-1$ 表示在 n_p 和 n_x 之间跳数的范围。$\alpha \in (0,1)$是一个权重值，用来归一化带宽和跳数的影响级别。

5.3.2 移动网络的启发式路由策略

移动网络中的内容路由被认为是一个动态的多目标优化 VP 搜索过程。因此，我们提出了一个基于标量场的启发式内容路由方法来快速地在内容族群中选择合适的下一跳中继转发节点，从而快速寻找到最优 VP。移动性自适应的内容中心视频交付过程如图 5-2 所示，如果一个请求节点 n_i 想要从当前族群的 VP，即集合$\{n_a, n_b,\cdots, n_q\}$，获取视频数据 d_j，n_i 将会向所有单跳内可以到达的邻居节点集合$\{n_c, n_d,\cdots, n_y\}$发送要请求的视频 ID。同时，n_i 根据所收集 VP 的可用带宽和 VP 与 n_i 自身之间的跳数计算目标函数 $f_{n_i}(n_a),\cdots,f_{n_i}(n_q)$ 的值。然后，n_i 根据 $f(n_i,p^*)=\min\left[f_{n_i}(n_a),\cdots,f_{n_i}(n_q)\right]$ 选择最优解决方案，这可以看作标量场下的一个点。在邻居节点接收到视频 ID 以后，它们也都按照目标函数所得到的最佳解决方案映射到标量场里的一个点里。基于场论，n_i 根据式（5-4）选择一个最佳节点 n_j 作为下一跳中继转发节点。

$$\arg\max\left\{\left[f\left(n_i,p^*\right)-f\left(n_c,p^*\right)\right],\cdots,\left[f\left(n_i,p^*\right)-f\left(n_y,p^*\right)\right]\right\} \tag{5-4}$$

如图 5-2 所示，n_j 把 n_i 的 ID 以及它自己的 ID 加到已接收的数据包里，然后继续从邻居节点中按照以上方法选择最佳的下一跳中继转发节点 n_e。n_e 存储了 n_i 的 ID 后，把它自己的 ID 也加到数据包里，并继续搜寻最佳 VP。当 n_e 按照计算出的最优解对应的节点 ID 找到在单跳邻居节点内的最佳 VP n_q 时，n_e 直接把数据包转发给 n_q。实际上，在所有可用路由路径中，n_i 到 n_q 的路由路径的最优值的递减度最大。这个被发现的 VP 到 n_i 的跳数最小，并且有足够可用的带宽来支持快速的数据转发和交付。即使最佳 VP 的地理位置发生改变，兴趣包也会持续沿着目标函数最优值梯度下降的方向进行转发。查找路径中 VR 的单跳可达的邻居节点和中继转发节点的个数决定了基于标量场的启发式路由方法的计算负载，因此该路由算法的复杂度是 $O(n)$。

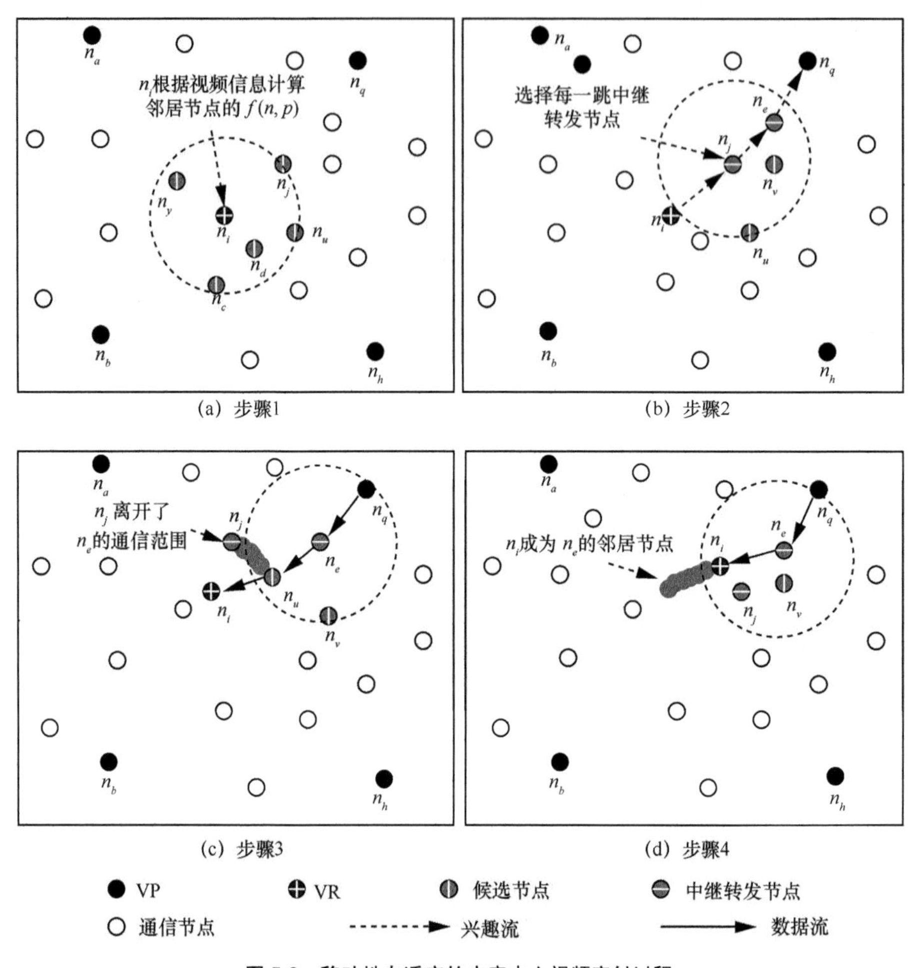

图 5-2 移动性自适应的内容中心视频交付过程

5.3.3 移动感知的数据传输方法

在 n_q 接收数据包以后，将 n_i 请求的视频数据返回给它。考虑到移动性对原始路由路径数据传输性能的影响，传输路径的稳定性决定了内容数据的服务时延。为了解决这一问题，我们设计了一种基于路径维护的移动感知数据传输方法。因为中继转发节点的 ID 已经被添加到数据包中，所有中继转发节点都知道从 VR 到下一跳节点的路由路径信息。比如，n_j 和 n_e 分别存储了子路径 $n_i \rightarrow n_j \rightarrow n_e$ 与 $n_j \rightarrow n_e \rightarrow n_q$ 的信息。中继转发节点主要通过信息交互来维持路由路径，从而获取所有单跳邻居节点的移

动行为。

n_j需要单跳邻居节点来检测到达 n_i和 n_e所需的跳数，同时提取单跳距离内可以同时到达 n_i和 n_e的候选节点。如图 5-2（c）所示，一旦 n_i和 n_j的距离（跳数）大于 1，n_j将从候选节点中随机选择一个替换节点 n_u。同时通知 n_u路由转发路径，包括 n_i和 n_e的 ID。这时候 n_j也发送了 n_u的 ID 给 n_i和 n_e，这保持了传输路径的连通性。相似地，一旦 n_e发现它自身和 n_j的网络距离大于 1 跳，其会将路由信息传播到所选的替换节点 n_v，同时通过发送消息使 n_j和 n_q知道 n_v的 ID。另一方面，如果中继转发节点发现路由路径中到前一跳节点的距离减小，则更新路径信息并将其传播到相关中继转发节点。比如，如图 5-2（d）所示，n_e发现 n_i作为其单跳邻接节点，也就是到 n_i的距离从 2 变为 1，n_e重新按照到 n_i和 n_q的距离提取候选节点，并通知 n_j结束路径。这减小了网络带宽消耗，同时也改善了数据传输的性能。如果被请求的视频在本地族群之外，兴趣包将会直接被转发给知道其他外部族群中包含缓存被请求视频内容 VP 的边界节点。然后边界节点按照以上路由方法帮助 VR 转发兴趣包。

5.4　实验验证和性能分析

在这一部分将对本章的方案进行测试，并评估其性能状况。选择当前领域内的两种经典算法 RUFS[21]和 V-NDN[22]作为对比，并从启动时延和播放卡顿频率等方面进行性能评估和对比实验。

5.4.1　实验环境设置

借助网络仿真软件 NS-3，上述 3 种解决方案都被部署在一个区域面积为 2 000 m×2 000 m 的无线移动网络环境中，其中包括 200 个通信节点（Communication Node，CN）。这些 CN 通过 IEEE 802.11p WAVE 协议彼此交互信息。移动节点的移动行为遵循曼哈顿移动模型[23]。移动节点按照泊松分布加入视频系统内。视频服务器存储了 60 个视频文件，每个文件的长度为 100 s。移动节点的播放行为遵循合成的用户日志，这些日志的合成基于文献[24]所提供的统计数据。

5.4.2 实验结果对比分析

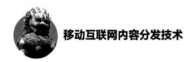

图 5-3 所示为启动时延随仿真时间的变化，启动时延定义为从 VR 发送第一个兴趣包到 VR 接收到足够的数据包完成启动过程之间的时间跨度。VSCC 的结果相对 RUFS 和 V-NDN 来说，在仿真过程中基本保持了一个较低的水平。图 5-4 所示为播放卡顿频率随仿真时间的变化，该参数表示在全部仿真时间下每秒出现的播放卡顿停滞次数。播放卡顿频率越低，用户感觉播放过程越顺畅。方形标记的曲线对应 VSCC 的结果，它比 RUFS 和 V-NDN 的结果都要低，这一点表明 VSCC 的优越性。

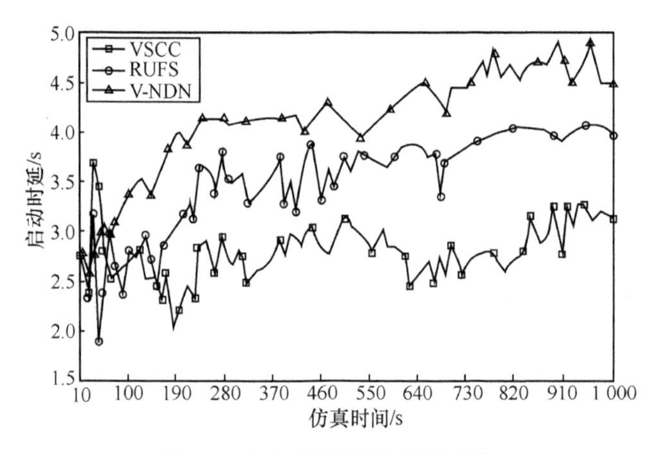

图 5-3 启动时延随仿真时间的变化

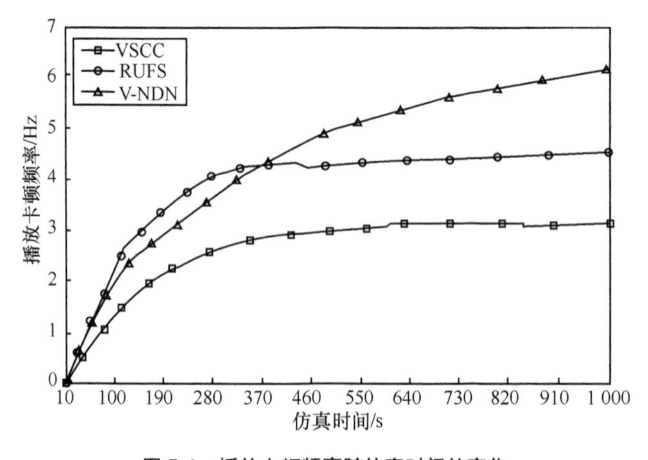

图 5-4 播放卡顿频率随仿真时间的变化

如前所述，VSCC 根据在视频内容管理区域中所收集的 VIM 和相似节点移动性，然后利用按需缓存的方法来平衡收集到的视频内容的供求关系，从而增加了对所需视频就近访问的概率。另外，VSCC 通过使用基于标量场的启发式兴趣路由方法，在低跳数内快速搜索到 VR 以及有足够带宽的最佳 VP，并通过部署移动数据传输策略，利用稳定的反向路径来快速返回视频数据。在 VR 和 VP 之间选择较低的跳数以及稳定的反向路径，不仅减小了查找和传输的时延，同时也减小了数据损耗的概率，避免了较大的启动时延，减小了重新寻找丢失数据所带来的播放卡顿频率。因此，VSCC 有较低的启动时延以及较小的播放卡顿频率。而 RUFS 采用基于路径的内容缓存方法来实现供需之间的本地资源平衡，并利用单播的兴趣路由（Unicast-Based Interest Routing，UIR）与一跳邻居交换最近成功的路由信息来搜索 VP。然而，基于路径的内容缓存方法只能在较小的范围内实现视频分布的优化，不能保证以高概率就近访问资源。此外，移动节点的移动性也导致了所收集的路由信息的改变，这是由与遇到的节点进行机会性的数据交换所引起的。这大大降低了视频查找命中率，增加了启动时延和播放卡顿频率。V-NDN 采用传统的全缓存方式来调节视频内容的分布，以减小 VR 和 VP 之间的地理距离。移动节点难以承受为近端视频获取而消耗大量存储和带宽的成本。此外，V-NDN 利用基于广播的兴趣路由方法搜索视频，浪费了网络带宽。触发的网络拥塞也大大增加了启动时延和播放卡顿频率。

5.5　本章小结

本章通过结合国内外相关报告与研究，为读者介绍了在大规模内容服务环境下移动数据转发所面临的挑战。为此，本章介绍了一种基于族群的数据转发机制来解决该问题。首先，提出最优内容提供节点的选择机制，帮助请求节点快速定位内容提供者，提高内容服务效率；此外，通过族群下的启发式路由策略，帮助转发节点根据地理位置、服务需求等因素自主转发。同时，本章还介绍了一种移动感知的数据传输技术，动态维护族群中继转发节点，实现了移动内容的高效传输，在保障用户服务体验质量的同时，显著提高了系统吞吐量。最终，本章通过仿真环境下的实验测试，验证了方案的有效性。

参考文献

[1] Telefonaktiebolaget LM Ericsson. The Ericsson mobility report[R]. [S.l.:s.n.], 2020.

[2] GLASS S, MAHGOUB I, RATHOD M. Leveraging MANET-based cooperative cache discovery techniques in VANETs: A survey and analysis[J]. IEEE Communications Surveys & Tutorials, 2017, 19(4): 2640-2661.

[3] GAO J, AGYEKUM O-B O K, SIFAH B E, et al. A blockchain-SDN-enabled Internet of vehicles environment for fog computing and 5G networks[J]. IEEE Internet of Things Journal, 2020, 7(5): 4278-4291.

[4] WU J, CHENG B, WANG M, et al. Delivering high-frame-rate video to mobile devices in heterogeneous wireless networks[J]. IEEE Transactions on Communications, 2016, 64(11): 4800-4816.

[5] TARIQ A, REHMAN R A, KIM B. Forwarding strategies in NDN-based wireless networks: A survey[J]. IEEE Communications Surveys & Tutorials, 2020, 22(1): 68-95.

[6] FERNANDEZ A J, BORRIES C K, CHENG L, et al. Performance of the 802.11p physical layer in vehicle-to-vehicle environments[J]. IEEE Transactions on Vehicular Technology, 2012, 61(1): 3-14.

[7] XU C, MUNTEAN G M, FALLON E, et al. Distributed storage-assisted data-driven overlay network for P2P VoD services[J]. IEEE Transactions on Broadcasting, 2009, 55(1): 1-10.

[8] ZHOU Y, FU T Z J, CHIU D M. On replication algorithm in P2P VoD[J]. IEEE/ACM Transactions on Networking, 2013, 21(1): 233-243.

[9] WANG D, YEO C K. Exploring locality of reference in P2P VoD systems[J]. IEEE Transactions on Multimedia, 2012, 14(4): 1309-1323.

[10] WU J, YUEN C, CHENG B, et al. Bandwidth-efficient multipath transport protocol for quality-guaranteed real-time video over heterogeneous wireless networks[J]. IEEE Transactions on Communications, 2016, 64(6): 2477-2493.

[11] CHEN Y, ZHANG B, LIU Y, et al. Measurement and modeling of video watching time in a large-scale internet video-on-demand system[J]. IEEE Transactions on Multimedia, 2013, 15(8): 2087-2098.

[12] WANG D, YEO C K. Superchunk-based efficient search in P2P-VoD system multimedia[J]. IEEE Transactions on Multimedia, 2011, 13(2): 376-387.

[13] KLAIQI B, CHU X, ZHANG J. Energy- and spectral-efficient adaptive forwarding strategy for multi-hop device-to-device communications overlaying cellular networks[J]. IEEE Transactions on Wireless Communications, 2019, 17(9): 5684-5699.

[14] WANG Y, WANG W, CUI Y, et al. Distributed packet forwarding and caching based on stochastic network utility maximization[J]. IEEE/ACM Transactions on Networking, 2018, 26(3):

1264-1277.

[15] YAO J, FENG S, ZHOU X, et al. Secure routing in multihop wireless Ad Hoc networks with decode-and-forward relaying[J]. IEEE Transactions on Communications, 2016, 64(2): 753-764.

[16] POSCH D, RAINER B, HELLWAGNER H. SAF: Stochastic adaptive forwarding in named data networking[J]. IEEE/ACM Transactions on Networking, 2017, 25(2): 1089-1102.

[17] HU H, WEN Y, CHUA T, et al. Joint content replication and request routing for social video distribution over cloud CDN: A community clustering method[J]. IEEE Transactions on Circuits and Systems for Video Technology, 2016, 26(7): 1320-1333.

[18] CHEN K, SHEN H, ZHANG H. Leveraging social networks for P2P content-based file sharing in disconnected MANETs[J]. IEEE Transactions on Mobile Computing, 2014, 13(2): 235-249.

[19] TU L, HUANG C M. Collaborative content fetching using MAC layer multicast in wireless mobile networks[J]. IEEE Transactions on Broadcasting, 2011, 57(3): 695-706.

[20] FORTUNATO S. Community detection in graphs[J]. Physics Reports, 2010, 486(3-5): 75-174.

[21] SYED H A, SAFDAR H B, DONGKYUN K. RUFS: Robust forwarder selection in vehicular content-centric networks[J]. IEEE Communications Letter, 2015, 19(9): 1616-1619.

[22] GIULIO G, DAVIDE P, GIOVANNI P, et al. VANET via named data networking[C]//Proceedings of IEEE International Conference on Computer Communications Workshop. Piscataway: IEEE Press, 2014: 410-415.

[23] BAI F, SADAGOPAN N, HELMY A. The important framework for analyzing the impact of mobility on performance of routing protocols for Ad Hoc networks[J]. Ad Hoc Networks, 2003, 1(4): 383-403.

[24] IHSAN U, GUILLAUME D, GREGORY B, et al. A survey and synthesis of user behavior measurements in P2P streaming systems[J]. IEEE Communications Surveys & Tutorials, 2012, 14(3): 734-749.

第6章 基于随机优化的移动网络传输控制

高效的传输控制对于提升移动网络服务质量、无线资源利用率至关重要。然而，移动场景下随机的请求到达、动态的链路条件、不确定的缓存状态以及有限的节点资源等特性，给移动网络的高效数据传输带来了巨大挑战。本章以信息中心网络（Information-Centric Networking，ICN）为例，提出了一种基于随机优化的分布式传输控制方法，以最大化网络平均传输效用为目标，将联合数据调度和拥塞控制的传输问题建模成一个随机凸优化问题，该问题被进一步分解为请求调度和传输速率控制两个子问题。为了解决上述问题，本章提出了一种基于分布式交替下降迭代的传输控制算法，后文简称DADM（Distributed Alternating Descent Method），该算法根据链路和内容提供者的状态依次调整请求调度和数据发送速率，从而在分布式环境中以较低的复杂度获得两个子问题的收敛最优解。一系列仿真实验结果表明，DADM与3种同期传输控制机制相比，能够改善吞吐量、时延和能量效率等方面的性能。

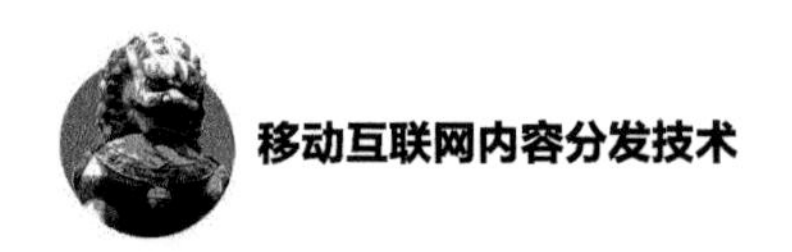

6.1 研究背景

6.1.1 现存问题

近年来，为了克服传统 IP 网络端到端通信机制的固有缺陷，以信息为中心的网络体系架构得到了广泛的关注，ICN 创造性地采用按名字路由、接收者驱动[1-6]的通信模式，并且内生支持多播和多路传输[7]。如何设计适应于以信息为中心数据交付模式的传输控制方法，并且保证数据传输效率以及可靠性[8]成为了当前信息中心网络领域研究需要解决的关键问题。然而，现有新型 ICN 传输控制研究如文献[9-10]等都忽略了其多播和多路传输特性，导致这类方案都无法充分利用网络带宽资源。一些工作如文献[7]虽然考虑了这些特性，但其研究仅针对固网场景。由于缺乏对移动场景中网络状态动态性以及用户行为随机性的考虑，这类传输机制难以在移动场景下实现最优控制。另外，移动网络中的网络单元，即智能手机、无线传感器等受限于设备本身的计算能力和电池寿命等，也难以部署一些计算复杂度较高的传输控制方法，如基于机器学习的解决方案[11-12]（需要对大量的数据进行训练）。此外，部分传输控制方法为集中式算法[13-14]，即依赖于中心控制器来实现网络数据调度，这种设计难以适应部分移动场景，如物联网、Ad Hoc 网等，因此需要研究网络节点可以单

独做出决策的分布式传输控制方案。

6.1.2 研究现状

针对上述问题，目前存在多种解决方案，其中最简单的方案是通过修改现有针对 IP 的传输控制方法，来适应接收者驱动的特性。例如，Oueslati 等[9]提出了一种基于窗口的控制方案，该方案由接收者驱动，基于往返时间（Round-Trip Time，RTT）并利用“加性增，乘性减（Additive Increase Multiplicative Decrease，AIMD）”策略来调整窗口大小。然而，由于中间节点具有缓存功能，缓存所导致的内容提供者变化会在极大程度上影响预估的 RTT，从而导致窗口大小估计不准确。为了解决该问题，Saino 等[6]提出了一种支持缓存的 RTT 预估机制（允许路由器在缓存内容后重置 RTT），并进一步介绍了一种基于预估 RTT 的窗口更新方法。然而，由于用户的请求可以由多个节点响应，这种多源场景会影响 RTT 估计，从而影响流量控制方法的效率。

此外，还有一类基于跳数的流量控制方法，根据路径上的节点数来调整数据请求速率，从而克服 RTT 预估不准确的问题。例如，在文献[10]中，作者提出了一种基于单跳和接收端驱动的联合控制协议，通过在单跳范围内观察网络状态，实现对接收端和中间节点请求速率的调节。然而，这些研究都忽略了多路传输特性，无法完全激活传输效率。在文献[7]中，Mahdian 等通过在每个转发器上调节请求速率来实现多路传输控制。但是，由于中间节点只是根据到下一跳的链路条件来确定发送速率，它并不知道整个路径上的可用容量，所以在单跳上执行传输控制[7,10]很难做到全局的最优。

Carofiglio 等在文献[15]中将联合多路拥塞控制和转发问题建模成一个凸优化问题，并通过拉格朗日函数求解数据传输速率。然而，该解决方案假设链路状态是静态的，并且数据流的数量需要提前给定，这些假设不适用于移动网络场景，因为在真实的移动网络中，无线信道的状态是时变的并且数据流的到达是随机的。由于参数变化不可预测，通过确定性方法优化控制移动网络的流量可能会造成传输控制偏离最优。

与本章相关的另一项研究[11]以最大化用户的体验质量和降低网络成本为目标，通过深度强化学习（Deep Reinforcement Learning，DRL）技术实现缓存和传输的联合控制，作者将该问题建模成马尔可夫决策过程（Markov Decision Process，MDP），并采用深度强化学习算法对缓存资源进行预先分配，在每一轮决策中调整传输速率。然而，MDP 需要先验的状态转移概率，这可能是未知的。相比于文献[11]，本章考虑了网络状态的随机性，并将该问题建模成随机优化问题，在状态转移概率分布未知的情况下，基于当前观测值更新控制策略。此外，本章没有像文献[11]那样直接使用现有的方法，而是通过对问题的分解，设计了一种全新的分布式交替下降迭代算法，能够在较低的计算复杂度下保持长期控制的最优性。现有传输控制方案与本章提出的传输控制方案的比较见表 6-1。

表 6-1　不同传输控制方案的比较

	多路径	最优化	随机性	分布式
文献[6, 9-10]	×	×	×	√
文献[7]	√	×	×	√
文献[15]	√	√	×	√
文献[11]	×	√	√	×
本章提出的方案	√	√	√	√

6.2　多路径时变信道下的传输控制模型

6.2.1　移动多路传输的多源网络模型

在本章中，∇ 表示微分算子，$|\cdot|$和$\|\cdot\|$分别表示 L1 范数和 L2 范数。本章使用的主要符号及定义见表 6-2。假设移动网络为一个图$\mathbb{G}=\{\mathbb{V},\mathbb{L}\}$，其中$\mathbb{V}$和$\mathbb{L}$分别表示网络中节点和无线链路的集合。为了应对网络状态时变这一问题，假设系统运行的时间被划分为多个时隙，即 $t\in\{1,2,3,\cdots,T\}$，网络状态在每个时隙内不变而在不同的时隙上可以变化。令$\mathbb{C},\mathbb{P}\subset\mathbb{V}$分别表示网络中的用户和内容提供者的集合。在任意时隙 t，用户随机向内容提供者发出数据请求，考虑到移动网络应用的多样性，用户的数据请求模式不固定，因此，本章不假设请求到达率服从某一特定分布，而是用 $A_i(t)$来表示用户 $i\in\mathbb{C}$ 在时隙 t 内的请求到达率。

考虑到无线场景链路的动态性，令$\mathbb{L}(t)\subset\mathbb{L}$为 t 时的激活链路集合，假设链路的激活分布和信道状态过程都遵循独立同分布。对于每一条激活态的链路$l\in\mathbb{L}(t)$，令$c_l(t)$表示其在 t 时的带宽容量，且$\overline{c_l}=\lim_{T\to\infty}1/T\sum_{t=1}^{T}\mathbb{E}\{c_l(t)\}$，其中$\mathbb{E}\{c_l(t)\}$为$c_l(t)$的期望。假设该链路可能存在的信道状态为$\pi=[\pi_1,\pi_2,\cdots,\pi_M]$，对于每个信道状态$\pi_m$，其可行的传输速率集合可定义为一个连续区间，例如$[0,c_m]$。因此，链路 l 在 t 时的带宽容量为$c_l(t)=c_m$。令 p_l 为链路 l 被激活的概率，β_m为处于信道状态π_m的概率。因此，$\overline{c_l}$可近似为$p_l\sum_{m=1}^{M}\beta_m c_m$。

表 6-2 本章使用的主要符号及定义

符号	描述
$\mathbb{C}$, $\mathbb{P}$	网络中用户与内容提供者的集合
$\mathbb{L}$	网络中链路的集合
$c_l(t)$	链路 l 在 t 时隙内的带宽
$\mathbb{E}\{x(t)\}$	随机变量 $x(t)$ 的期望值
β_m	信道在状态 π_m 的概率
$\overline{c}_l$	链路 l 的平均带宽
c_m	信道状态 π_m 下的最大传输速率
$\alpha_i(t)$	t 时隙内到达 i 的请求发送速率
$b_{ij}(t)$	t 时隙内 i 与 j 之间的数据传输速率
$\lambda_{ij}(t)$	t 时隙内 i 分配至 j 上的请求数量占比
$q_{ij}(t+1)$	i 与 j 之间等待发送的请求队列长度
$Q_{ij}(t)$	t 时隙时输入/输出请求速率的累计变化量
$U_i(\cdot)$	i 的效用函数
$\bar{U}_i$	i 的长期平均效用
$P_i(t)$	t 时隙内向 i 发送数据的内容提供者集合
$P_{i,l}(t)$	t 时隙内通过链路 l 向 i 发送数据的内容提供者集合
$s_l(t)$	使用链路 l 的用户集合
$H_l(t)$	链路 l 的虚拟队列长度
$E_{ij}(t)$	i 到 j 传输路径上的链路集合
V	惩罚因子

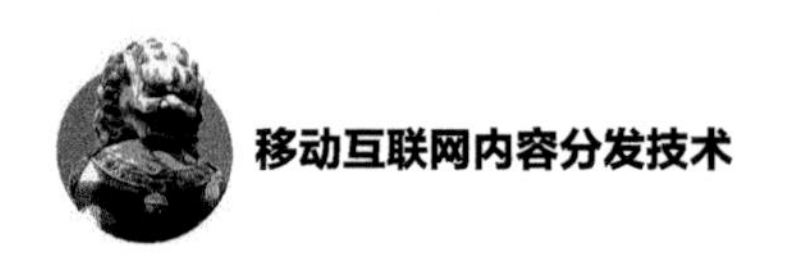

6.2.2 基于虚拟队列的传输质量评估方法

如图 6-1 所示，假设对于网络中的任意用户 i，都会有一个队列用来存储等待发送至内容提供者 j 的请求，令 $q_{ij}(t)$ 为 t 时隙 i 与 j 之间等待发送的请求队列长度。考虑网络内缓存以及多路传输的特性，用户可以从多个内容提供者同时获取内容，令 $P_i(t) \subset P_i$ 表示 t 时隙内向 i 发送数据的内容提供者集合。在每个时隙上，位于 i 的转发平面上的请求调度器观察当前产生的请求 $A_i(t)$，并且根据请求调度向量 $\boldsymbol{a}_i^+(t) \triangleq \{a_{ij}^+(t) \mid j \in P_i(t)\}$ 将请求分配到不同的内容提供者上，根据速率控制向量 $\boldsymbol{a}_i^-(t) \triangleq \{a_{ij}^-(t) \mid j \in P_i(t)\}$ 来确定 t 时隙内应该发出多少请求。直观地，有 $\sum_{j \in P_i(t)} a_{ij}^+(t) = A_i(t)$ 以及 $a_{ij}^-(t) < q_{ij}(t) + a_{ij}^+(t)$。那么，队列 $q_{ij}(t)$ 的演化规律可以表示为

$$q_{ij}(t+1) = \left\lceil q_{ij}(t) + a_{ij}^+(t) - a_{ij}^-(t) \right\rceil^+ \tag{6-1}$$

其中，$\lceil \cdot \rceil^+ \triangleq \max\{0, \cdot\}$。由于 i 与 j 之间的队列表示未被处理的请求的数量，$q_{ij}(t)$ 可以用于测量 j 的负载程度以及队列时延。为进一步评估 $q_{ij}(t)$ 的动态性，如文献[16]中的定义 2.3，引入对 $q_{ij}(t)$ 的队列稳定性定义。

定义 6.1：对于任意内容提供者，$j \in P_i(t), i \in \mathbb{C}$，存在一个整常数 C，如果 $q_{ij}(t)$ 的时间平均值有界且小于等于 C，那么对应的队列长度 $q_{ij}(t)$ 稳定，即

$$\limsup_{t \to \infty} \frac{1}{t} \sum_{\tau=1}^{t} \mathbb{E}\left\{q_{ij}(\tau)\right\} \leqslant C \tag{6-2}$$

根据定义，当 $q_{ij}(t)$ 稳定时，节点 j 上的请求到达与处理速度达到均衡，从而 j 的负载与时延稳定。

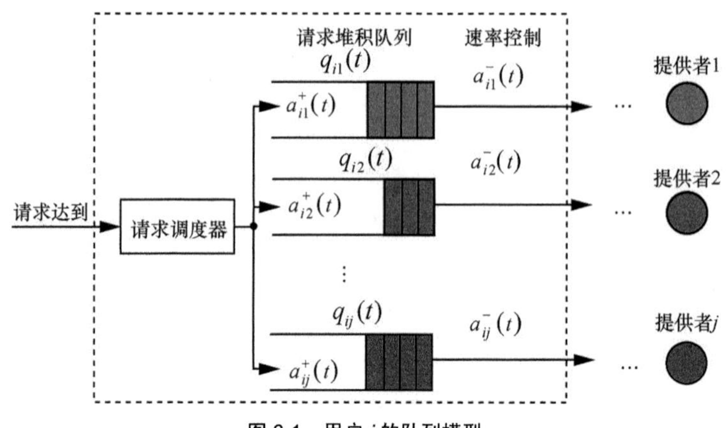

图 6-1　用户 i 的队列模型

考虑到数据传输的多路并行特性，如何将请求分配到每一条路径并调节其发送速率，对于传输质量至关重要。本章引入输入/输出请求率的概念，分别对应每秒输入/输出请求的数据量。例如，假设每个兴趣包都对应了网络中大小为 p MB 的数据包，给定用户在 t 内推送了 $a_{ij}^{+}(t)$ 的请求到 j，那么 j 的输入请求率为 $pa_{ij}^{+}(t)/t$，令 $\alpha_i(t)$ 为节点 i 的总输入请求率。同理，当用户 i 在 t 内发送了 $a_{ij}^{-}(t)$ 请求至 j，对应的输出请求率为 $pa_{ij}^{-}(t)/t$，定义 i 到 j 之间的输出请求率为 $b_{ij}(t)$。由于信息中心网络是以请求者为驱动的传输模式，因此 $b_{ij}(t)$ 也能够表示 i 到 j 的理想数据传输速率（即不存在丢包的情况）。

6.3　基于随机优化的联合传输控制技术

6.3.1　面向路径选择与速率控制的联合优化策略

基于 6.2.2 节所定义的输入/输出请求率，移动网络传输控制可以分解为如下两个动作。

① 输入请求调度。对于每个用户 i，$\lambda_{ij}(t)$ 表示分配至内容提供者 j 的数据请求占比。那么 i 到 j 之间的输出请求率可以表示为 $\lambda_{ij}(t)\alpha_i(t)$，其中 $\sum_{j\in P_i(t)}\lambda_{ij}(t)=1,\forall t$。

② 传输速率控制。如前所述，输出请求率也可以由数据传输速率来表示，即通过调整 $b_{ij}(t)$ 来控制数据传输速率。

为了测量输入/输出请求率的时间累计差异，本章定义 t 时隙时输入/输出请求速率的累计变化量 $Q_{ij}(t)$，其演化过程为

$$Q_{ij}(t+1)=\left\lceil Q_{ij}(t)+\lambda_{ij}(t)\alpha_i(t)-b_{ij}(t)\right\rceil^{+} \tag{6-3}$$

根据 $\alpha_i(t)$ 和 $b_{ij}(t)$ 的定义，队列 $q_{ij}(t)$ 稳定等价于 $Q_{ij}(t)$ 稳定，换而言之，当 $\limsup_{t\to\infty} 1/t\sum_{\tau=1}^{t}\mathbb{E}\{Q_{ij}(\tau)\}\leqslant pC$ 时，$q_{ij}(t)$ 队列稳定。

假设每个用户 i 都有一个效用函数 $U_i\left(\sum_{j\in P_i(t)} b_{ij}(t)\right)$ 与其相关联，它表示了用户从数据提供者处以 $\sum_{j\in P_i(t)} b_{ij}(t)$ 的速率接收数据的收益。通常情况下，这些收益可以是用

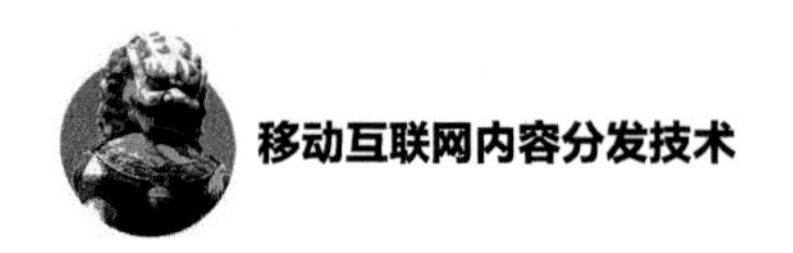

户的服务/体验质量。本章对$U_i(\cdot)$的形式做如下假设。

假设 1：对于全部的$i \in \mathbb{C}, U_i(\cdot)$都是单调递增的且是二阶连续可导的凸函数。

假设 2：$U_i(\cdot)$均满足利普希茨条件，即$\forall x, y, \nabla U_i(x) - \nabla U_i(y) \leqslant G\|x-y\|$，$G$为常数。

上述假设保证了$U_i(\cdot)$最优值的存在性以及函数的光滑，因此该最优值可以通过下降法收敛得到。几种函数如文献[17]中的效用函数满足上述假设。定义向量$\boldsymbol{b}_i(t) \triangleq \left[b_{ij}(t), j \in P_i(t)\right]$以及其 L1 范数$|\boldsymbol{b}_i(t)| = \sum\limits_{j \in P_i(t)} b_{ij}(t)$，因此用户 i 的长期时间平均效用可以表示为

$$\bar{U}_i \triangleq \limsup_{T \to \infty} \frac{1}{T} \sum_{t=1}^{T} U_i\left(\left|\boldsymbol{b}_i(t)\right|\right) \tag{6-4}$$

本章所提 DADM 算法的目标是在网络容量和队列稳定性约束下，使网络中全体用户的时间平均效用，即$\sum\limits_{i \in \mathbb{C}} \bar{U}_i$最大化。因此，移动场景下信息中心化传输控制可以表述为以下随机优化问题。

$$\text{Max} \ \sum_{i \in \mathbb{C}} \bar{U}_i \tag{6-5}$$

$$\text{s.t.} \ \frac{1}{t} \limsup_{T \to \infty} \sum_{t=1}^{T} \sum_{i \in \boldsymbol{s}_l(t)} \sum_{j \in P_{i,l}(t)} b_{ij}(t) \leqslant \bar{c}_l, \ \forall l \tag{6-6}$$

$$Q_{ij}(t)\text{稳定}, \ \forall i \in \mathbb{C}, j \in P_i(t) \tag{6-7}$$

$$b_{ij}(t) \in \left[0, \lambda_{ij}(t)\alpha_i(t) + Q_{ij}(t)\right], \ \forall t, i, j \tag{6-8}$$

$$\sum_{j \in P_i(t)} \lambda_{ij}(t) = 1, \ \forall t, i, j \tag{6-9}$$

其中，向量$\boldsymbol{s}_l(t)$表示通过链路 l 请求数据的用户集合，而$P_{i,l}(t)$表示$P_i(t)$中使用链路 l 传输数据的内容提供者。

式（6-6）限制了通过链路 l 的时间平均传输速率不大于其平均容量c_l。需要注意的是，不同于具有静态链路容量的有线网络，式（6-6）表明在移动场景下数据传输速率不需要时刻满足容量限制，因为在确定传输策略之后，无线链路的瞬时容量可能会发生变化，因此在某些时刻，数据传输速率超过平均链路容量是被允许的。但是为了保证避免拥塞，传输速率在时间上的平均值应低于链路平均带宽。

为了解释链路限制条件式（6-6）是如何避免链路拥塞的，首先对每一条链路 l 引入如下虚拟队列$H_l(t)$。

$$H_l(t+1)=\lceil H_l(t)+g_l(t)\rceil^+,\ \forall l\in\mathbb{L} \tag{6-10}$$

其中，$g_l(t)\triangleq\sum_{i\in s_l(t)}\sum_{j\in P_{i,l}(t)}b_{ij}(t)-c_l(t)$。根据式（6-10），$H_l(t)$可以看作是在 t 时隙链路 l 上等待发送的数据堆积。该堆积会在数据到达速率超过链路容量时上升。给定 $H_l(1)=0$，有 $H_l(t)/t\geqslant 1/t\sum_{\tau=1}^{t}g_l(\tau)$。这说明当 $H_l(1)$稳定时，满足式（6-6）。因此，存在一个非负整数 F，使得 $\mathbb{E}\{H_l(t)\}>F$ 的概率趋近于 0。也就是说，l 只要设置一个合适的发送队列，那么由队列溢出而导致的数据丢包的概率趋近于 0，因此式（6-6）避免了网络拥塞。

注意，本章所描述的问题假设没有因为信道误差而丢包的情况，这一假设是合理且常用的，例如文献[15]也采用了这类假设。此外，该问题仍然可以通过其概率分布形式引入由信道误差带来丢包的情况，例如，假设信道误差概率为 p，此时只需将式（6-6）中右侧项的 $\overline{c}_l$ 修改为 $(1-p)\overline{c}_l$。

由于式（6-6）在所有 $H_l(t),l\in\mathbb{L}$ 稳定时成立，因此可将式（6-6）替换为 $H_l(t)$ 稳定，$l\in\mathbb{L}$。由于式（6-5）～式（6-9）中变量在时间上耦合，因此在网络完全随机变化的条件下直接求解该问题十分复杂。为了消除随机变量的时间耦合，并使每个时间段在线决策保持最优，本章建立了随机问题的最小漂移减惩罚表达式[17]。首先给出了该问题中队列的李雅普诺夫函数的形式

$$L(t)\triangleq\frac{1}{2}\sum_{l\in\mathbb{L}}H_l(t)^2+\frac{1}{2}\sum_{i\in\mathbb{C}}\sum_{j\in P_i(t)}Q_{ij}(t)^2 \tag{6-11}$$

令 $\Delta L(t)=L(t+1)-L(t)$，对于任意 t，有最小漂移减惩罚表达式

$$\Delta L(t)-V\mathbb{E}\left\{\sum_{i\in\mathbb{C}}U_i\left(|\boldsymbol{b}_i(t)|\right)\mid L(t)\right\}$$

其中，$\mathbb{E}\{x\mid y\}$ 表示 x 在给定 y 下的条件期望，V 为惩罚因子。

根据文献[17]中的引理 4.6，可证明如下不等式。

$$\begin{aligned}&\Delta L(t)-V\mathbb{E}\left\{\sum_{i\in\mathbb{C}}U_i\left(|\boldsymbol{b}_i(t)|\right)\mid L(t)\right\}\leqslant\\&B'-V\mathbb{E}\left\{\sum_{i\in\mathbb{C}}U_i\left(|\boldsymbol{b}_i(t)|\right)\mid L(t)\right\}+\sum_{l\in\mathbb{L}}H_l(t)\mathbb{E}\{g_l(t)\mid L(t)\}+\\&\sum_{i\in\mathbb{C}}\sum_{j\in P_i(t)}Q_{ij}(t)\mathbb{E}\{\lambda_{ij}(t)\alpha_i(t)-b_{ij}(t)\mid L(t)\}\end{aligned} \tag{6-12}$$

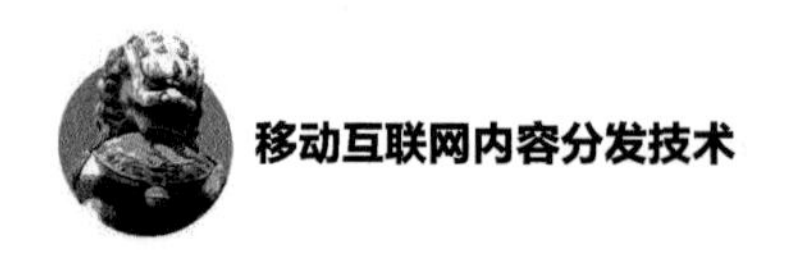

其中，B' 为常数且满足

$$B' \geqslant \frac{1}{2}\mathbb{E}\left\{\sum_{l\in\mathbb{L}} g_l(t)^2 + \sum_{i\in\mathbb{C}}\sum_{j\in P_i(t)}\left(\lambda_{ij}(t)\alpha_i(t) - b_{ij}(t)\right)^2 \mid L(t)\right\}$$

不等式(6-12)给出了最小漂移减惩罚的上界，因此原问题，即式(6-5)～式(6-9)可以分解为如下每个时隙上独立的优化问题。

$$\begin{aligned}\text{Min } & -V\sum_{i\in\mathbb{C}} U_i\left(\boldsymbol{b}_i(t)\right) + \sum_{l\in\mathbb{L}} H_l(t) g_l(t) + \\ & \sum_{i\in\mathbb{C}}\sum_{j\in P_i(t)} Q_{ij}(t)\left(\lambda_{ij}(t)\alpha_i(t) - b_{ij}(t)\right)\end{aligned} \tag{6-13}$$

$$\begin{aligned}\text{s.t. } & b_{ij}(t) \in \left[0, \lambda_{ij}(t)\alpha_i(t) + Q_{ij}(t)\right] \\ & \sum_{j\in P_i(t)} \lambda_{ij}(t) = 1,\ \forall t, i, j\end{aligned} \tag{6-14}$$

不同于原始问题可能需要研究系统的时变特性，最小漂移减惩罚形式，即式（6-13）～式（6-14）可以仅根据当前状态的观察值确定每个时隙的控制策略，这大大简化了问题求解过程。此外，通过观察式（6-13）～式（6-14）可以发现，控制参数 $\boldsymbol{b}_i(t)$ 和 $\lambda_{ij}(t)$ 是线性解耦的，因此，式（6-13）～式（6-14）可以进一步分解为请求调度和速率控制两个子问题。

（1）请求调度子问题

考虑式(6-13)包含输入请求率调度参数 $\lambda_{ij}(t)$ 的项，可得如下请求调度子问题。

$$\text{Min } \sum_{i\in\mathbb{C}} \boldsymbol{Q}_i^{\mathrm{T}}(t)\boldsymbol{\lambda}_i(t)\alpha_i(t) \tag{6-15}$$

$$\text{s.t. } \lambda_{ij}(t)\alpha_i(t) \geqslant b_{ij}(t) - Q_{ij}(t) \tag{6-16}$$

$$\sum_{j\in P_i(t)} \lambda_{ij}(t) = 1,\ \forall i\in\mathbb{C}, j\in P_i(t) \tag{6-17}$$

其中，$\boldsymbol{Q}_i(t) = \left[Q_{ij}(t), j\in P_i(t)\right]$，$\boldsymbol{\lambda}_i(t) = \left[\lambda_{ij}(t), j\in P_i(t)\right]$ 分别为对应 i 的队列长度以及调度参数的向量。因为对于任意 $i \neq k$，$\boldsymbol{\lambda}_i(t)$ 和 $\boldsymbol{\lambda}_k(t)$ 是可分的，因此每个用户 i 可以通过求解如下问题来独立决策其请求调度策略。

$$\text{Min } \alpha_i(t)\sum_{j\in P_i(t)} Q_{ij}(t)\lambda_{ij}(t) \tag{6-18}$$

$$\text{s.t. } \lambda_{ij}(t)\alpha_i(t) \geqslant b_{ij}(t) - Q_{ij}(t) \tag{6-19}$$

$$\sum_{j\in P_i(t)} \lambda_{ij}(t) = 1,\ j\in P_i(t) \tag{6-20}$$

解决式（6-18）～式（6-20）的方法取决于 $\lambda_{ij}(t)$ 的可行域。若 $\lambda_{ij}(t)$ 在区间[0,1]中，即 $\lambda_{ij}(t)\in[0,1]$，则式（6-18）～式（6-20）是一个线性规划问题，其解析解可以用单纯形法给出。在某些未来网络设计中，如 ICN 中的 NDN[5]，每个兴趣包对应一个最大有效载荷为 1 500 B 的给定数据包，因此，在每一个时隙 t，用户 i 产生的兴趣包的数量等于 $\lceil \alpha_i(t)/0.012 \rceil$（$\alpha_i(t)$ 的单位为 Mbit/s），其中 $\lceil x \rceil$ 表示 x 的上限。由于为每个路径分配的兴趣包数量必须是整数，那么 $\lambda_{ij}(t)$ 的可行集合是离散的并且等于 $\left[0,1,\cdots,\lceil \alpha_i(t)/0.012 \rceil\right]/\lceil \alpha_i(t)/0.012 \rceil$。在这种情况下，$Q_{ij}(t)$ 可以被理解为 $\lambda_{ij}(t)$ 的单位回报，约束条件式（6-19）～式（6-20）为背包的容量，这样使上述问题变成了一个有界的背包问题，其最优解可以由文献[18]中的方法给出。

令 $\lambda_{ij}^*(t)$ 表示式（6-18）～式（6-20）中 $\lambda_{ij}(t)$ 的最优解

$$\lambda_{ij}^*(t)=\arg\min_{\lambda_{ij}\in 式(6\text{-}17)\sim 式(6\text{-}18)} \alpha_i(t)\sum_{j\in P_i(t)} Q_{ij}(t)\lambda_{ij} \tag{6-21}$$

（2）速率控制子问题

通过消去式（6-13）～式（6-14）中 $\lambda_{ij}(t)$ 项，可得如下速率控制问题。

$$\text{Min}\ -V\sum_{i\in\mathbb{C}} U_i\left(\left|\boldsymbol{b}_i(t)\right|\right)+\sum_{l\in\mathbb{L}} H_l(t)g_l(t)-\sum_{i\in\mathbb{C}} \boldsymbol{Q}_i^{\mathrm{T}}(t)\boldsymbol{b}_i(t) \tag{6-22}$$

$$\text{s.t.}\ \ b_{ij}(t)\in\left[0,\lambda_{ij}(t)\alpha_i(t)+Q_{ij}(t)\right] \tag{6-23}$$

注意到式（6-22）中第 1 项和第 3 项中的 $\boldsymbol{b}_i(t)$ 是线性可分的，而在第 2 项中不同的 i 所对应的 $b_{ij}(t)$ 是耦合的。因此，目标函数式（6-22）可重写为

$$-V\sum_{i\in\mathbb{C}} U_i\left(\left|\boldsymbol{b}_i(t)\right|\right)+\sum_{l\in\mathbb{L}} H_l(t)\left(\sum_{i\in \boldsymbol{s}_l(t)}\sum_{j\in P_{i,l}(t)} b_{ij}(t)-c_l(t)\right)-\sum_{i\in\mathbb{C}} \boldsymbol{Q}_i^{\mathrm{T}}(t)\,\boldsymbol{b}_i(t)\overset{\mathrm{a}}{=}$$

$$\sum_{i\in\mathbb{C}}\left(\underbrace{\left(\left(\boldsymbol{H}_i(t)-\boldsymbol{Q}_i(t)\right)^{\mathrm{T}}\boldsymbol{b}_i(t)\right)-VU_i\left(\left|\boldsymbol{b}_i(t)\right|\right)}_{A(\boldsymbol{b}_i(t))}\right)-\sum_{l\in\mathbb{L}} H_l(t)c_l(t) \tag{6-24}$$

其中，式（6-24）成立可以由重排列 $\sum_{l\in\mathbb{E}} H_l(t)\sum_{i\in \boldsymbol{s}_l(t)}\sum_{j\in P_{i,l}(t)} b_{ij}(t)$ 得到，$\boldsymbol{H}_i(t)\triangleq \sum_{l\in E_{ij}(t)} H_l(t)$，$j\in P_i(t)$，$E_{ij}(t)$ 表示 i 到 j 传输路径上的链路集合。通过观察式（6-24），发现所有的控制变量 $\boldsymbol{b}_i(t)$ 都集中在 $A(\boldsymbol{b}_i(t))$ 中。而且式（6-22）中的变量 $\boldsymbol{b}_i(t)$ 与式（6-24）具有相同的最优条件，由于式（6-22）达到最优解的条件为 $\nabla A(\boldsymbol{b}_i(t))=0$，且 $A(\boldsymbol{b}_i(t))$ 是凸的，式（6-22）～式（6-23）的最优解 $b_{ij}^*(t)$ 可由如下等式给出。

$$b_{ij}^{*}(t)=\left[U_{ij}^{\prime-1}\left(\frac{\sum_{l\in E_{ij}(t)}H_{l}(t)-Q_{ij}(t)}{V}\right)\right]_{0}^{Q_{ij}(t)+\lambda_{ij}(t)\alpha_{i}(t)} \tag{6-25}$$

其中，$[x]_{b}^{a}\triangleq\min\{\max\{b,x\},a\}$，$U_{ij}^{\prime-1}(\cdot)$ 是 $U_{i}(\cdot)$ 对 $b_{ij}(t)$ 偏导的倒数。对于任意 i，求解式（6-25）只需要知道相应的 $Q_{ij}(t)$ 以及所经过链路的虚拟队列长度。因此，i 可以自主决定其最优请求率而不需要与其他用户协调。

6.3.2 基于交替下降法的分布式传输控制算法

本节设计了一种传输控制算法——DADM，该算法通过交替求解请求调度子问题和速率控制子问题来得到最优的请求调度和速率控制策略，从而实现高效的传输控制。本节以广泛使用的 ICN 架构 NDN 为例介绍如何实现 DADM 的部署。

在 NDN 中，每个数据内容都被分割成多个更小的数据块。每个数据块对应于一个兴趣包。用户通过向网络中发送请求数据的兴趣包来发起数据传输，这种请求驱动的模式允许将数据请求分配给不同的提供者，为多源和多路的数据传输创造了机会。

为了在 NDN 中实现 DADM 的部署，本节对 NDN 的转发平面进行了修改。首先为适应无线环境，本节修改了 NDN 中节点转发信息表，使该表能够维护数据对象名称到相应的下一跳节点和内容提供者之间的映射。在每个节点的待定请求表中，除了记录发送请求的出口链路 l 外，还维护了 l 的虚拟队列 $H_{l}(t)$。在用户侧，数据结构 Q 持续记录每一个内容提供者的实时 $Q_{ij}(t)$。

根据式（6-21）和式（6-25），更新每个用户 i 的 $\lambda_{ij}(t)$ 和 $b_{ij}(t)$ 需要知道 i 到 j 的传输路径上所有 $H_{l}(t)$ 以及 j 的队列长度 $Q_{ij}(t)$。为了减少消息交换带来的额外开销，DADM 采用了信息夹带的方法，通过在兴趣包的头部和数据包中分别添加新字段 Q 和 H，将队列更新信息放进兴趣包和数据包中，其中，Q 包含内容提供者 j 的 $Q_{ij}(t)$，H 包含交付路径上所经过链路的 $H_{l}(t)$。

图 6-2 所示为一个基于 DADM 的 ICN 传输控制流程，每个用户通过来自传输路径和内容提供者反馈的网络状态信息来顺序确定请求调度策略和传输速率。

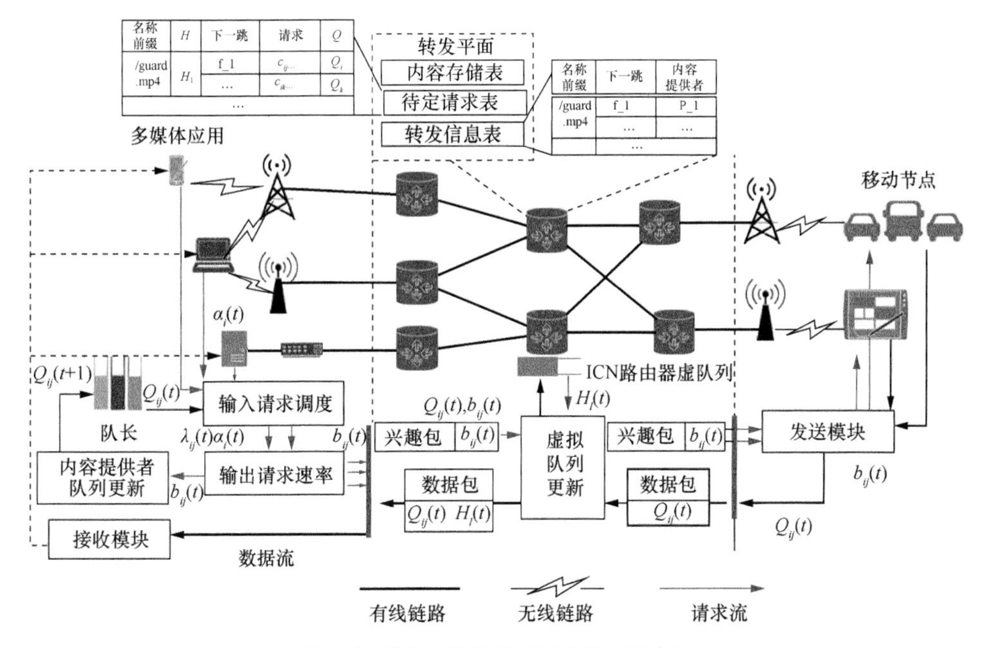

图 6-2　基于 DADM 的 ICN 传输控制流程

在时隙 t 内，DAM 包括以下 4 个步骤。

① 调度请求。给定用户 i 的输入请求率为 $\alpha_i(t)$，i 的转发平面观察当前的数据传输速率以及内容提供者的队列长度，根据式（6-26）为每个来自 $P_i(t)$ 的内容提供者确定请求调度 $\lambda_{ij}(t)$。

$$\lambda_{ij}(t) = \operatorname{argmin}_{\lambda_{ij} \in \mathcal{S}_i(t)} \alpha_i \boldsymbol{Q}_i^{\mathrm{T}}(t) \boldsymbol{\lambda}_i \tag{6-26}$$

其中，$\mathcal{S}_i(t) \triangleq \left\{ \lambda_{ij} \mid \lambda_{ij} \geqslant b_{ij}(t-1) - Q_{ij}(t), \sum_{j \in P_i(t)} \lambda_{ij}(t) = 1 \right\}$ 为可行域。

② 传输速率控制。根据 $Q_{ij}(t)$ 以及 i 到 j 路径上链路的虚拟队列长度，根据式（6-25），用户 i 通过式（6-27）更新到每个内容提供者的输出请求率，也就是数据传输速率。

$$b_{ij}(t) = \left[U_{ij}'^{-1} \left(\frac{\sum_{l \in E_{ij}(t)} H_l(t) - Q_{ij}(t)}{V} \right) \right]_0^{M_{ij}(t)} \tag{6-27}$$

其中，$E_{ij}(t)$ 代表传输路径上的链路集合，$M_{ij}(t) = Q_{ij}(t) + \lambda_{ij}(t)\alpha_i(t)$。每个中间节点会根据 $b_{ij}(t)$ 将请求转发至对应的内容提供者上。由于一条链路可能被多个 i 的内容

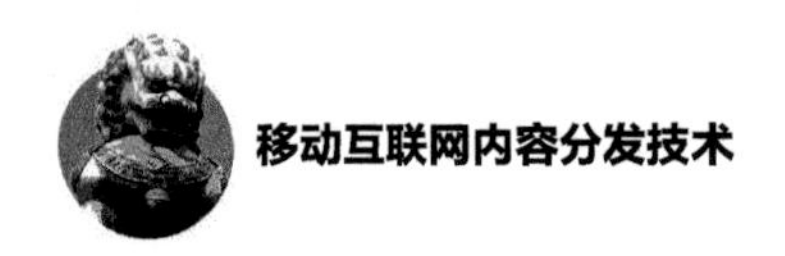

提供者使用，因此发送给使用该链路的内容提供者的请求会被整合一并发出，即 i 在 l 上的输出请求率为 $\sum_{j\in P_{i,l}(t)} b_{ij}(t)$。当内容提供者 j 接收到兴趣包后，将以 $b_{ij}(t)$ 的速率向用户返回数据。

③ 内容提供者队列更新。用户 i 根据式（6-28）为 $P_i(t)$中的内容提供者更新队列。

$$Q_{ij}(t+1)=\left\lceil Q_{ij}(t)+\lambda_{ij}(t)\alpha_{ij}(t)-b_{ij}(t)\right\rceil^{+} \tag{6-28}$$

④ 虚拟队列更新。与链路 l 相关联的转发节点会观察 l 上的总体数据传输速率并更新虚拟队列 $H_l(t)$。

$$H_l(t+1)=\left\lceil H_l(t)+g_l(t)\right\rceil^{+} \tag{6-29}$$

根据上述迭代，每个用户通过与内容提供者及其传输路径上的链路交互信息，从而实现传输控制。上述迭代过程的伪代码见算法 6-1。

算法 6-1 DADM 伪代码

输入：非负惩罚因子 V，t=1；初始队列 $Q_{ij}(1)=H_l(1)=0,\forall i,j,l$；

随机生成 $\lambda_{ij}(1)$ 且 $\sum_{j\in P_i(t)}\lambda_{ij}(1)=1$，$b_{ij}(0)=0,\forall i,j$；

while $t\leqslant T$ do

用户 i：

观察输入请求率 $\alpha_i(t)$；

for each $j\in P_i(t)$ do

$\lambda_{ij}(t)\leftarrow \arg\min_{\lambda\in S_i(t)}\alpha_i\sum_{j\in P(t)}Q_{ij}(t)\lambda$；

$$b_{ij}(t)\leftarrow\left[U_{ij}^{\prime -1}\left(\frac{\sum_{l\in E_{ij}(t)}H_l(t)-Q_{ij}(t)}{V}\right)\right]_0^{M_{ij}(t)};$$

$Q_{ij}(t+1)\leftarrow\left\lceil Q_{ij}(t)+\lambda_{ij}(t)\alpha_{ij}(t)-b_{ij}(t)\right\rceil^{+}$；

end

将 $\lambda_{ij}(t)\alpha_i(t)$ 写入兴趣包；

根据 $\sum_{j\in P_{i,l}(t)}b_{ij}(t)$ 确定 l 上的发送速率；

内容提供者 j：

以 $b_{ij}(t)$ 的速率回传数据至 i；

无线链路 l:

观察数据传输率 $b_{ij}(t)$；

$g_l(t) \leftarrow \sum_{i \in s_l(t)} \sum_{j \in P_{i,l}(t)} b_{ij}(t) - c_l(t)$；

$H_l(t+1) \leftarrow \lceil H_l(t) + g_l(t) \rceil^+$；

将 $H_l(t)$ 写入数据包；

end

接下来讨论 DADM 的几个理论结果，包括计算复杂度、队列稳定性和最优性收敛。结果表明，所提出的 DADM 是轻量级的，并能够实现队列长度损失和最优性差距之间的[$O(V)$, $O(1/V)$]权衡。

（1）计算复杂度

在算法 6-1 中，用户侧的计算复杂度主要取决于用户 i 的内容提供者规模，以及请求调度和请求速率的求解方法。设内容提供者数量上界为 N，求解式（6-26）和式（6-27）的计算复杂度分别为 F 和 R。因此，用户侧 DADM 处理的复杂度为 $O(N\max\{\mathrm{F},\mathrm{R}\})$，$N$ 随着内容提供者数量的变化而变化，相对于网络规模来说较小，通常情况下，F 和 R 都是常数。特别地，如果式（6-18）～式（6-20）是背包问题，那么解决该问题的复杂度如下。

$$O\left(\left|P_i(t)\right| + \min(\Pi_{j=s}^{s'}) M_j, \left|C_{\mathrm{ore}} \Lambda(t) \mathrm{lb} \Lambda(t)\right|\right)$$

其中，$[s,s']$ 是取值区间，M_j 为第 j 个 $\lambda_{ij}(t)$ 的上界，$\left|C_{\mathrm{ore}}\right|$ 等于 $s'-s$，$\Lambda(t)=Q_{ij}(t)-b_{ij}(t)$。因此，较低的复杂度使得 DADM 能够方便地部署在资源受限的移动设备上。另外，由于链路只需要更新 $H_l(t)$，DADM 在链路上的复杂度为 $O(1)$。

（2）队列稳定性

如前文所述，$Q_{ij}(t)$ 和 $H_l(t)$ 的稳定性是影响网络拥塞水平的决定性因素。$Q_{ij}(t)$ 的队列稳定性以及队列长度上界由定理 6.1 给出。

定理 6.1：假设存在一个正数 ϵ' 以及惩罚因子 V，且效用函数 $U_i(\cdot)$ 满足假设 1 和假设 2，那么 DADM 产生的队列 $Q_{ij}(t)$ 是稳定的，并且有如下不等式。

$$\limsup_{T \to \infty} \frac{1}{T} \sum_{t=0}^{T} \sum_{i \in \mathcal{C}} \sum_{j \in P_i(t)} Q_{ij}(t) \leqslant \frac{V|\mathcal{C}|GR + B}{\epsilon'} \tag{6-30}$$

其中，B 是一个条件参数，且满足如下表达式。

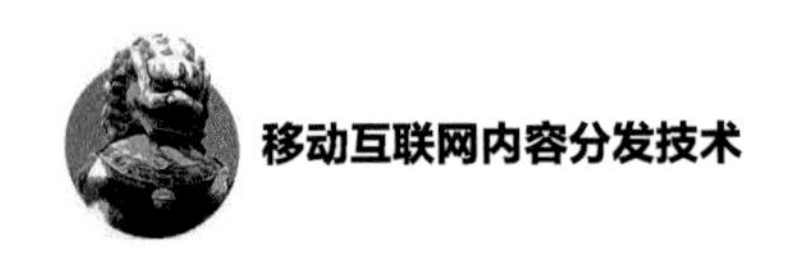

$$B \geqslant \frac{1}{2}\mathbb{E}\left\{\sum_{l\in\mathbb{L}} g_l(t)^2 + \sum_{i\in\mathbb{C}}\sum_{j\in P_i(t)} 2\left(\lambda_{ij}(t)\alpha_i(t) - b_{ij}(t)\right)^2 \mid L(t)\right\}$$

$|\mathbb{C}|$为用户集合的基数，G 为 $U_i(\cdot)$ 的利普希茨常数，R 为 $|\boldsymbol{b}_i(t)|$ 的范围。

定理 6.1 证明了由 DADM 生成的任何一个 $Q_{ij}(t)$ 都是稳定的，且响应时延具有上界。由于$|\mathbb{C}|$、G、R 都是常数，$Q_{ij}(t)$ 的值只依赖于惩罚因子 V，因此内容提供者响应时延的上界为 $O(V)$。

另外，定理 6.2 保证了 DADM 中虚拟队列的稳定性。

定理 6.2：对于由 DADM 生成的 $H_l(t)$，在 $U_i(\cdot)$ 满足假设 1 和假设 2，$H_l(1)=0, \forall l$ 的条件下，假设存在一正数 η，那么 $H_l(t)$ 是稳定的且上界为

$$\limsup_{T\to\infty}\frac{1}{T}\sum_{t=0}^{T}\sum_{l\in\mathbb{L}} H_l(t) \leqslant \frac{V|\mathbb{C}|GR+B}{\eta} \tag{6-31}$$

定理 6.2 保证了传输路径上各链路的稳定性。此外，根据式（6-31），链路的队列长度同样依赖于 V，即上界为 $O(V)$。这说明一个较小的惩罚因子能够减小网络中传输队列的长度，进而降低网络拥塞程度。

（3）算法最优收敛性

首先引入 Gap 函数，该函数是某一随机动态场景下的传输控制策略所得结果与式（6-5）～式（6-9）的静态优化控制解之间的差值。令 $(\overline{\boldsymbol{b}}_i^*, \overline{\boldsymbol{\lambda}}_i^*)$ 为式（6-5）～式（6-9）的最优静态控制，即

$$(\overline{\boldsymbol{b}}_i^*, \overline{\boldsymbol{\lambda}}_i^*) \in \operatorname{argmax}_{\boldsymbol{\lambda}_i, \boldsymbol{b}_i \in 式(6\text{-}6)\sim式(6\text{-}9)} \frac{1}{T}\limsup_{T\to\infty}\sum_{t=1}^{T}\sum_{i\in C} U_i\left(\left|\boldsymbol{b}_i(t)\right|\right) \tag{6-32}$$

因此，Gap 函数有如下形式。

$$\text{Gap} \triangleq \sum_{i\in C} U_i\left(|\overline{\boldsymbol{b}}_i^*|\right) - \sum_{i\in C}\bar{U}_i$$

定理 6.3 保证了 DADM 所得到的 Gap 函数的有界性。

定理 6.3：假设 $U_i(\cdot)$ 满足假设 1 和假设 2，网络中初始队列长度为 0，即 $Q_{ij}(1)=0,\ H_l(1)=0, \forall i,j,l$，此时 DADM 所得到的 Gap 函数上界为

$$\text{Gap} \leqslant \frac{(2M+\Delta b)\left(V|\mathbb{C}|GR+B\right)+B\epsilon'}{V\epsilon'} \tag{6-33}$$

其中，$\Delta b = \max_{i\in C, j\in P_i, t\leqslant T}\|b_{ij}(t)-b_{ij}(t-1)\|$，$M$ 为非负常数。

由式（6-33）可知，Gap 函数的上界与 V 成反比，结合定理 6.1 和定理 6.2 可知，DADM 中的最优收敛–队列长度权衡满足[$O(1/V)$, $O(V)$]。这一特性说明：当增大惩

罚因子 V 的值时，控制结果趋近于最优，然而，这也可能导致内容提供者上的队列和链路上的虚拟队列长度增加，进而增大时延和网络拥塞程度。

6.4　实验验证和性能分析

本节将通过在网络仿真软件 ndnSIM 2.0 中部署所提出的 DADM 来对其性能进行评估。作为对比，本节还模拟了 3 种当前常用的 ICN 传输控制机制：① 无传输控制方案的默认 NDN（后文简称 NDN w/o C）；② 文献[9]中基于窗口的传输控制，该策略通过维护每条路径的传输窗口来控制传输速率；③ 文献[7]中的 MIRCC，该策略中每个转发节点会动态调节至下一跳的传输速率。

6.4.1　实验环境设置

本节选择了 30 个不同的短视频进行传输，每个视频由 120 个片段组成，这些片段的大小从 100 KB 到 600 KB 不等。每个数据包的有效载荷设置为 1 500 B，因此每个视频片段由 70～400 个数据包组成。仿真时间设置为 600 s，DADM 的处理（即队列更新、请求调度、速率控制）间隔设置为 10 ms。采用最优路由策略，该策略总是选择最短路径来转发兴趣包。令效用函数 $U_i(x)=\text{lb}(1+x)$。考虑到移动场景复杂多变的特性，本节设计了两种不同的仿真场景。场景（a）为基础设施场景。有基础设施的无线网络拓扑如图 6-3 所示，其中移动节点充当内容提供者，通过无线链路与基站通信，客户通过有线网络连接到基站。内容提供者的数量设置为 32。每个客户按照 λ=25 的泊松分布产生请求，与每个内容提供者相关联的无线链路容量为 $c_j(t)\sim U[0,5]$ Mbit/s，其中 $U[a,b]$表示在$[a,b]$内的均匀分布，每个用户的内容提供者数量服从均匀分布 $|P_i(t)|\sim U[1,10]$。在获得请求视频的所有数据之后，客户将按照 $|P_i(t)|$ 随机重新选择一组新的移动节点作为内容提供者。场景（b）为 Mesh 网络场景。移动节点通过 Ad Hoc 网相连接，实现直接通信，节点数量为 400 个，其中 30 个节点充当内容提供者，50 个节点充当移动用户。每对移动节点之间的链路容量 $c_j(t)\sim U[0,5]$ Mbit/s，每个移动节点按照 λ=25 的泊松分布产生兴趣包。对于仿真结果，取 30 次独立运行的平均值。网络中物理层参数设置见表 6-3。

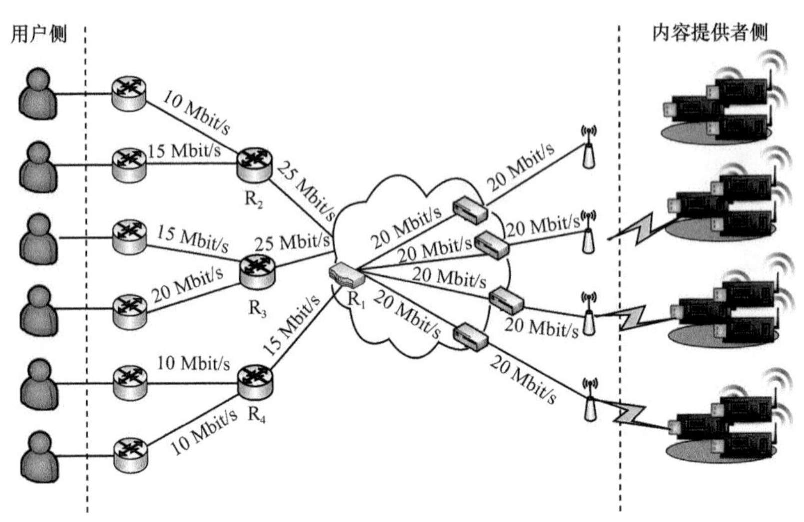

图 6-3　有基础设施的无线网络拓扑

表 6-3　物理层参数设置

参数	取值	参数	取值
场景（a）最大基站/终端 Tx 能量	46/23 dBm	传输范围	250 m
场景（b）中最大终端 Tx 能量	10 dBm	Mac 通道时延	250 ms
噪声系数	7 dB	操作电压	3 V
信道损失模型	弗里斯（Friis）传输损耗模型	能量检测阈值	−71.984 2 dBm

6.4.2　实验结果对比分析

1. 基础设施场景（场景（a））

图 6-4 所示为不同 V 值下 DADM 的 Gap 函数值随迭代次数的变化。如图 6-4 所示，不同 V 值下的 Gap 函数值随着迭代次数的增长，最终都收敛到 0，验证了 DADM 的最优收敛性。可以看出迭代 1 500 次之后，V=400 的 Gap 函数值趋势最稳定，并且逼近最优值，这也验证了定理 6.3 中 V 越大，最优解的 Gap 函数值越小这一规律。但是，也可以看出 V=400 时 Gap 函数值的收敛速度是最慢的。因此，增大 V 值在获得较好的收敛性能的同时也增大了收敛时延，在实际部署 DADM 时，如何选择 V 值还需进一步考虑。

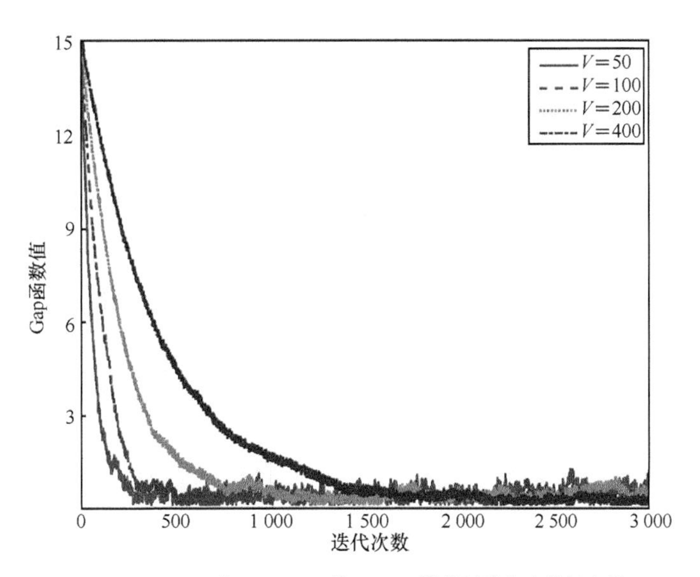

图 6-4　不同 V 值下 DADM 的 Gap 函数值随迭代次数的变化

图 6-5 和图 6-6 所示为在不同 V 值下队列长度 $Q_{ij}(t)$ 和虚拟队列长度 $H_l(t)$ 随算法迭代次数的变化。如图 6-5 所示，在所有情况下，$Q_{ij}(t)$ 都收敛到稳定水平。随着 V 值的增加，队列的稳定长度也呈线性增长，分别为 120、250、500 和 1 000 左右，证实了定理 6.1 中队列的稳定长度与 V 成正相关。如图 6-6 所示，不同 V 值所对应的虚拟队列长度最终都稳定在同一水平，但是它们的收敛速度不同：相比 V=400 的情况，V=50 时虚拟队列长度能更快地收敛到稳定状态。虚拟队列长度表示链路上等待交付数据的大小，由于较大的 V 值会导致传输速率的收敛变慢（如图 6-4 所示），也就导致了虚拟队列收敛速度变慢。同时，从图 6-6 中也可以看出，在迭代 1 500 次之前，较高的 V 值也会产生较短的虚拟队列。

本节的仿真还测试了场景（a）中的平均吞吐量（Average Throughput，AT），该参数是所有数据提供者传输速率的平均值。图 6-7 所示为场景（a）中 DADM（V=100）与其他 3 种解决方案的平均吞吐量。在整个仿真过程中，DADM 的平均吞吐量最高，这与定理 6.3 中 DADM 逼近最优解的事实是一致的。NDN w/o C 的吞吐量是 4 种策略中最低的，这是因为无序的数据传输很容易导致网络拥塞。基于窗口的传输控制在吞吐量上优于 NDN w/o C，并接近 MIRCC，这主要是因为在场景（a）中大多数链接是稳定的，发送窗口评估的准确性较高，保证了传输效率。为了适应网络的动态变化，MIRCC 方案支持中间节点自主调节传输速率，因此在一定程度上提高了传输性能。

然而，由于基于窗口的传输控制和 MIRCC 的次最优性，它们的吞吐量仍然低于 DADM。图 6-8 所示为场景（a）中 4 种方案数据传输平均时延的测试结果。与吞吐量测试结果相似，在 4 种方案中，DADM 性能最好，这是因为 DADM 不仅在理论上能达到最优传输控制，还保证了网络中的最大队列长度，限制了传输时延的增长。

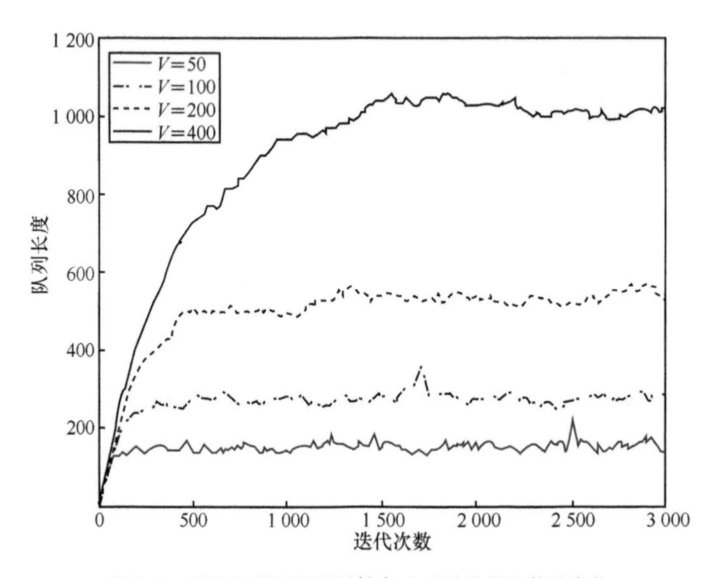

图 6-5　不同 V 值下的队列长度 $Q_{ij}(t)$随迭代次数的变化

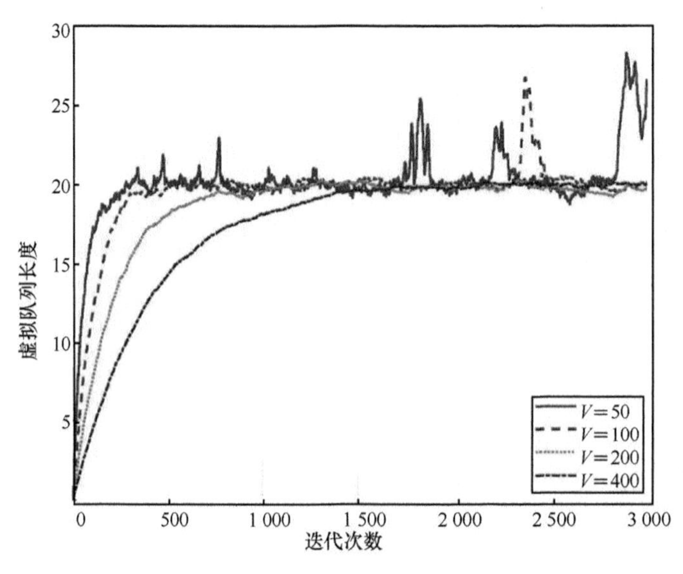

图 6-6　不同 V 值下的虚拟队列长度 $H_i(t)$随迭代次数的变化

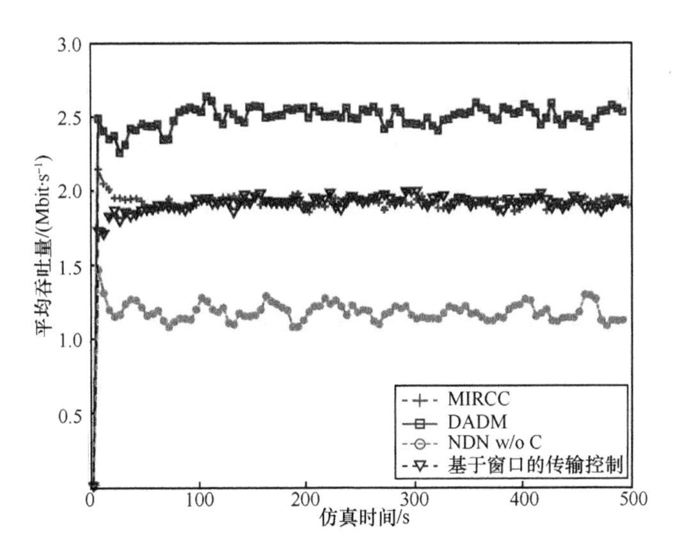

图 6-7　场景（a）中 DADM（V=100）、MIRCC、基于窗口的传输控制、NDN w/o C 这 4 种方案的平均吞吐量

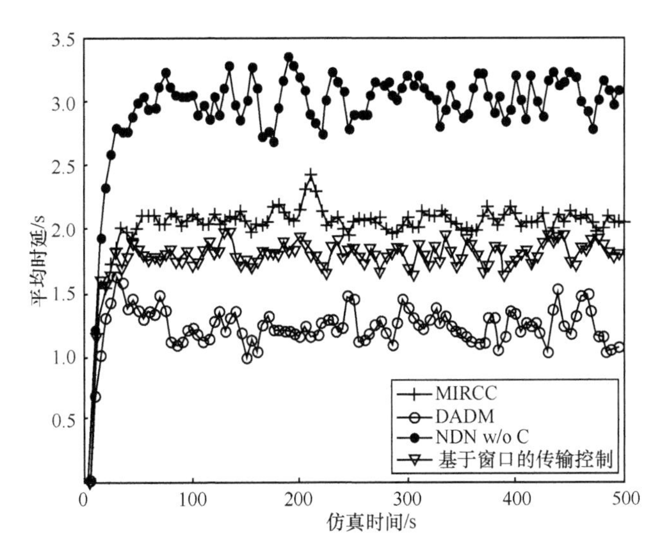

图 6-8　场景（a）中 DADM（V=100）、MIRCC、基于窗口的传输控制、NDN w/o C 这 4 种方案的数据传输平均时延

图 6-9 所示为场景（a）中 4 种方案在仿真过程中的平均能耗。可以看出 DADM 实现了最佳的能源效率，这是因为传输数据所消耗的能量主要取决于被激活通信电路的单位功耗和数据传输时间的乘积，假设 DAMM 总是具有最高的数据传输速率，

当请求到达模式相同时，它的传输时间最短。此外，执行 DADM 的计算复杂度较低，也在一定程度上减轻了设备的功耗。基于窗口的传输控制由于其控制设计简单、传输控制方便，在 200 s 以后性能与 DADM 类似，因此具有比 NDN w/o C 更低的能耗。由于在 MIRCC 中每个中间节点都要执行传输控制方案，大大增加了总能耗，因此 MIRCC 在大多数情况下能耗表现最差。

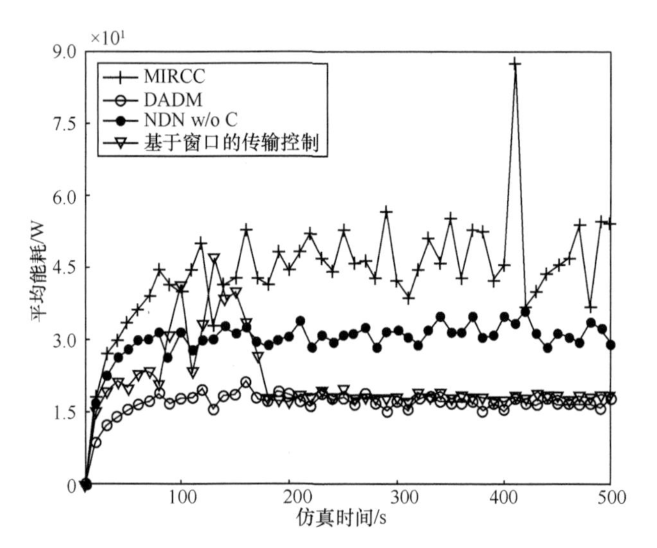

图 6-9　场景（a）中 DADM（V=100）、MIRCC、基于窗口的传输控制、NDN w/o C 这 4 种方案的平均能耗

2. Mesh 网络场景（场景（b））

图 6-10 所示为场景（b）中不同请求到达率λ下 4 种方案的平均吞吐量，其中用户请求到达率在[25,50,75,100,125,150,175,200]范围内变化。如图 6-10 所示，4 种方案对应的柱状图都随着请求到达率的增加而减小，这种下降趋势的原因主要是在链路容量不变的情况下，不断增长的请求率导致更多的用户来争用有限的带宽资源。此外，从图 6-10 中还可以看出，当请求到达率处于[150,200]中时，平均吞吐量的损失会缩小，这是因为同时使用链路的设备数量接近常数，从而共享带宽的比例也趋于恒定。在所有的请求到达率条件下，本章所提出的 DADM 都达到了最高的平均吞吐量，这一结果说明 DADM 能够实现长期的最优控制。尤其是当请求率较低时，DADM 的优势更加明显。

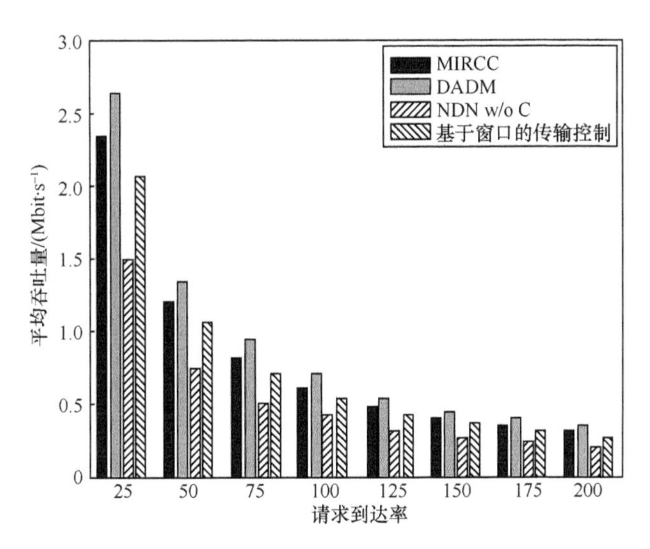

图 6-10　场景（b）中 4 种方案的平均吞吐量随请求到达率的变化

图 6-11 所示为场景（b）中 4 种方案平均数据传输时延随请求到达率的变化。如图 6-11 所示，NDN w/o C 性能最差，这是因为在没有传输控制的情况下，频繁发生网络拥塞，严重降低了网络性能。其他 3 种方案的时延都远远低于 NDN w/o C，这种明显的时延优势主要是由于传输控制有效地减轻了网络拥塞。从图 6-11 中可以看出，当λ=200 时 DADM 优于其他两种控制方案。

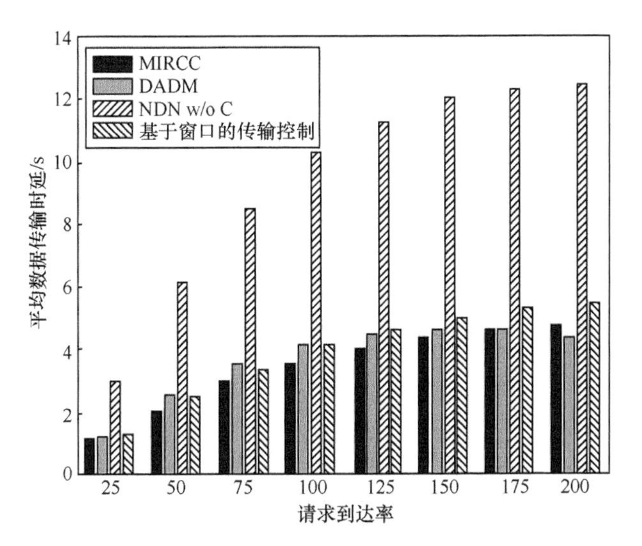

图 6-11　场景（b）中 4 种方案平均数据传输时延随请求到达率的变化

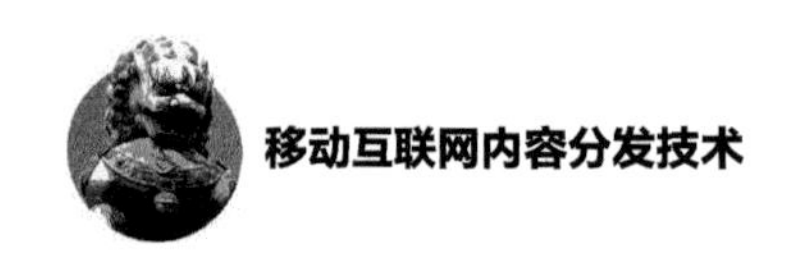

图 6-12 所示为场景（b）中 4 种方案在λ=25 时的平均能耗变化趋势，与基础设施场景下的仿真结果相似，DADM 的平均能耗最低，这主要是因为 DADM 传输效率高，处理复杂度低。另外，基于窗口的传输控制的性能仍然优于 NDN w/o C 和 MIRCC。NDN w/o C 与仿真时间 300 s 后的 MIRCC 能耗相似，主要是由于网络拥塞导致传输效率降低，增加了传输能耗。

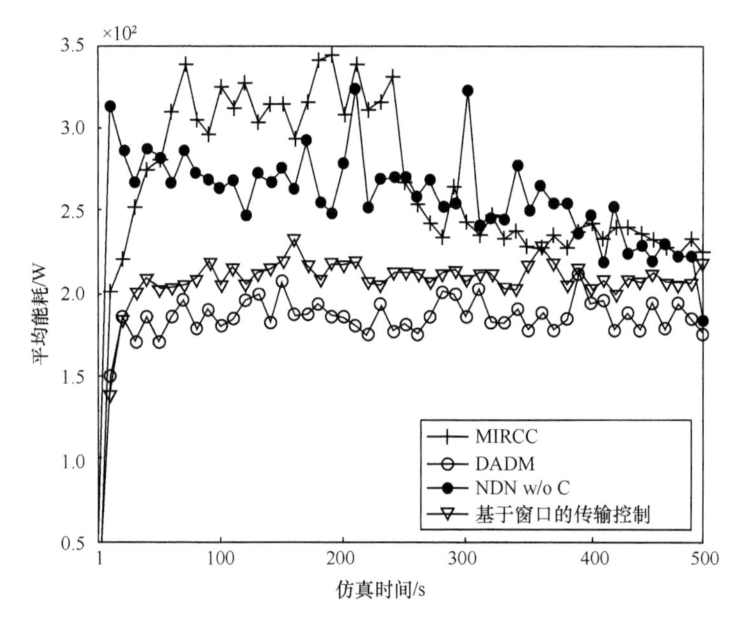

图 6-12　场景（b）中 4 种方案平均能耗随仿真时间的变化（λ=25）

为了进一步评估 DADM 的可扩展性，本节还测试了传输控制所带来的通信开销（Communication Consumption，CC）与用户规模之间的变化关系。设定用户数量分别为 20、40、60 个，实验结果如图 6-13 所示。结果表明，随着仿真时间的增长，CC 也随之增长，并在仿真时间 $t\geqslant300$ s 时开始趋于稳定。这是因为当 $t\geqslant300$ s 时，网络中数据流的数量趋于稳定，CC 增长减缓。此外，还观察到 CC 的增长与移动节点的数量呈次线性关系，即，在 600 s 时，60 个用户时的 CC 分别是 20、40 个客户时的 170%、145%左右。链路上的控制开销会随着使用该链路的用户数量的增长而增长，但由于每条链路用户数量的增长速度要小于整体网络用户数量增长的速度，因此 CC 呈现出次线性的增长趋势。这说明 DADM 具有良好的可扩展性。

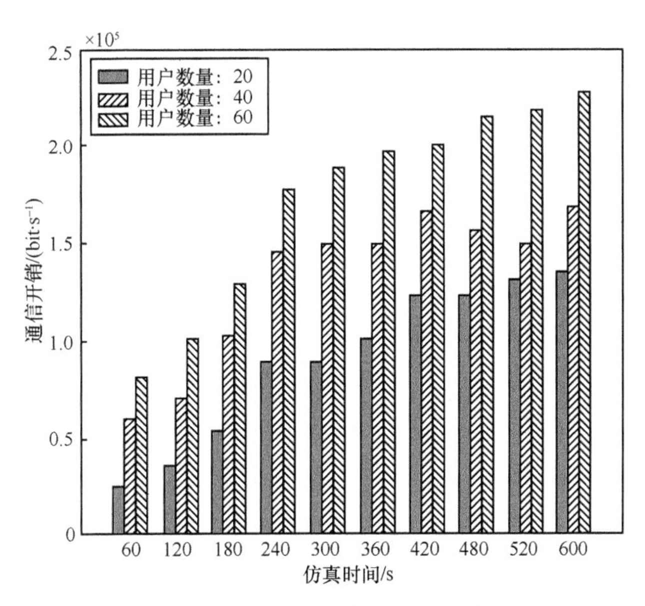

图 6-13　DADM 在不同用户规模下的通信开销

6.5　本章小结

本章侧重于解决移动信息中心网络下的内容转发和传输控制问题。提出了一种移动感知的内容交付机制，根据收集的视频信息确定最佳视频提供者，通过迭代搜索最优中继节点来找到一条最优的转发路径，并基于移动感知来维护回传路径的稳定性。本章还提出了一种分布式随机优化的传输控制方法。首先将传输控制表示为随机凸优化问题，并通过分析该问题的最小漂移减惩罚形式，将时间上耦合的随机优化问题转化为时间独立的确定性凸优化问题。进一步地，将该问题线性分解为请求调度和速率控制子问题。为求解该问题，本章设计了 DADM，该算法通过观察链路和提供者的队列动态,分布式地在用户端依次更新请求调度策略和请求速率规则。理论分析表明，DADM 不仅具有较低的计算复杂度，而且实现了队列长度-最优控制之间的$[O(V), O(1/V)]$均衡。此外，通过对不同网络场景的仿真，验证了 DADM 在现实中的最优性和队列稳定性，并且在吞吐量、交付时延和能效方面优于现有的多种解决方案。

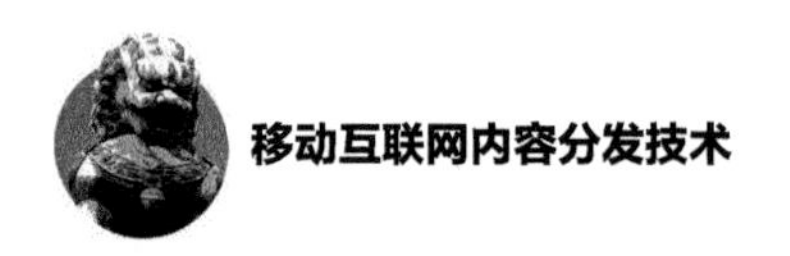

参考文献

[1] AHLGREN B, DANNEWITZ C, IMBRENDA C, et al. A survey of information-centric networking[J]. IEEE Communications Magazine, 2012, 50(7): 26-36.

[2] IOANNOU A, WEBER S. A survey of caching policies and forwarding mechanisms in information-centric networking[J]. IEEE Communications Surveys & Tutorials, 2016, 18(4): 2847-2886.

[3] ARSHAD S, AZAM M A, REHMANI M H, et al. Recent advances in information-centric networking-based Internet of Things (ICN-IoT)[J]. IEEE Internet of Things Journal, 2018, 6(2): 2128-2158.

[4] CHEN J, LI S, YU H, et al. Exploiting ICN for realizing service-oriented communication in IoT[J]. IEEE Communications Magazine, 2016, 54(12): 24-30.

[5] ZHANG L, AFANASYEV A, BURKE J, et al. Named data networking[J]. ACM SIGCOMM Computer Communication Review, 2014, 44(3): 66-73.

[6] SAINO L, COCORA C, PAVLOU G. CCTCP: A scalable receiver-driven congestion control protocol for content centric networking[C]//Proceedings of 2013 IEEE international conference on communications. Piscataway: IEEE Press, 2013: 3775-3780.

[7] MAHDIAN M, ARIANFAR S, GIBSON J, et al. MIRCC: Multipath-aware ICN rate-based congestion control[C]//Proceedings of the 3rd ACM Conference on Information-Centric Networking. New York: ACM, 2016: 1-10.

[8] REN Y, LI J, SHI S, et al. Congestion control in named data networking—A survey[J]. Computer Communications, 2016, 86: 1-11.

[9] OUESLATI S, ROBERTS J, SBIHI N. Flow-aware traffic control for a content-centric network[C]//Proceedings of 2012 IEEE INFOCOM. Piscataway: IEEE Press, 2012: 2417-2425.

[10] CAROFIGLIO G, GALLO M, MUSCARIELLO L. Joint hop-by-hop and receiver-driven interest control protocol for content-centric networks[J]. ACM SIGCOMM Computer Communication Review, 2012, 42(4): 491-496.

[11] HE X, WANG K, HUANG H, et al. Green resource allocation based on deep reinforcement learning in content-centric IoT[J]. IEEE Transactions on Emerging Topics in Computing, 2018: 1.

[12] KARAMI A. ACCPNDN: Adaptive congestion control protocol in named data networking by learning capacities using optimized time-lagged feedforward neural network[J]. Journal of Network and Computer Applications, 2015, 56: 1-18.

[13] YE Q, ZHUANG W. Distributed and adaptive medium access control for Internet-of-things-enabled mobile networks[J]. IEEE Internet of Things Journal, 2016, 4(2): 446-460.

[14] AHMED S H, BOUK S H, KIM D, et al. Named data networking for software defined vehi-

cular networks[J]. IEEE Communications Magazine, 2017, 55(8): 60-66.

[15] CAROFIGLIO G, GALLO M, MUSCARIELLO L, et al. Optimal multipath congestion control and request forwarding in information-centric networks[C]//Proceedings of 2013 21st IEEE International Conference on Network Protocols. Piscataway: IEEE Press, 2013: 1-10.

[16] NEELY M. Stochastic network optimization with application to communication and queueing systems[M]. San Rafael: Morgan & Claypool Publishers, 2010.

[17] KELLY F P, MAULLOO A K, TAN D K H. Rate control for communication networks: Shadow prices, proportional fairness and stability[J]. Journal of the Operational Research society, 1998, 49(3): 237-252.

[18] MARTELLO S, TOTH P. Algorithms for knapsack problems[J]. North Holland Mathematics Studies, 1995, 132: 213-257.

第7章 能效均衡的分布式协作缓存技术

设备到设备（D2D）通信作为5G网络关键技术，能够实现移动终端间的直连通信，从而为移动环境中的分布式内容分发服务提供内生支持。本章介绍一种基于D2D技术的内容分发缓存优化方法，能够有效解决传统网络内容与位置绑定的问题，更好地支持无缝移动分发服务。本章首先分析D2D需求和5G范式间的关系，提出了一种新颖的网络状态演化模型，并在此基础上，构建均衡服务质量和系统负载的缓存优化问题模型。此外，通过深入研究，设计一种面向时间阈值的最优缓存算法：ς^*-机会缓存算法，即ς^*-OCP（Opportunistic Caching Policy），并从理论上证明了该算法的最优性。最后设计一系列仿真实验，对比其他缓存方案，证明了本章所提方法的性能优越性。

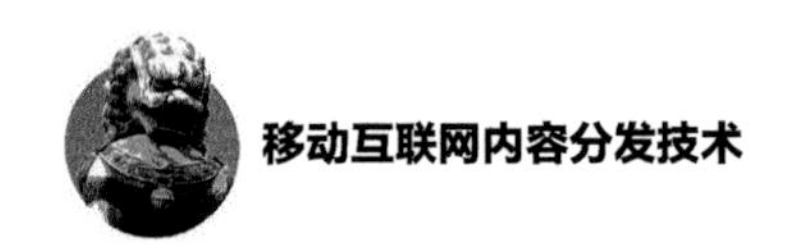

| 7.1 研究背景 |

7.1.1 现存问题

经过业界的共同努力，5G [1-2]愿景正逐渐变为现实。通过异构通信技术（如 LTE、Wi-Fi、Li-Fi 和毫米波[3]）的整合，5G 通信可实现近千倍容量增长并提供无缝移动切换服务。超密集 5G 基站部署与丰富多样的服务生态体系将彻底革新未来数据共享模式，实现将海量的业务流量卸载到网络边缘，从而提供高质量、低开销、低时延的移动网络服务[4]。

作为 5G 系统关键通信技术之一，D2D 通信[5]通过复用蜂窝频谱来完成移动设备上缓存内容的数据交换，实现用户间的直接通信与内容的近端共享，并将流量卸载到网络边缘，从而极大地降低了数据获取时延。在 D2D 网络中，数据传输不再需要基站中转，边缘移动节点或静态节点能够自主地支持信息服务[6]和物联网[1]应用。另外，在 5G D2D 场景中，移动设备可以同时利用多种通信技术（如 LTE-D2D、Wi-Fi-Direct 和毫米波等）[7]来增强 D2D 的数据传输性能。然而，网络的异构性和移动节点的动态性使得传统 IP 网络与 D2D 通信之间存在适配缺陷，需要再额外增加一层覆盖网络来优化 D2D 通信环境下的内容分发[8-9]。尤其是在具有内容缓存功

能的移动网络场景中，用户的目标是获取内容，而底层IP协议却只能提供端到端的寻址服务，因此，通过寻址方式获取内容的IP方案无法充分发挥5G中D2D通信的性能[10-11]。

针对上述问题，研究者提出了一系列创新性网络架构，信息中心网络（Information-Centric Networking，ICN）以内容命名为基础，是其中最具潜力的未来互联网架构之一。该架构为用户提供面向内容的网络服务[12-13]，能够有效解决IP网络在移动性方面的缺陷。本章将以移动ICN为例，研究5G D2D场景下的内容分发。如图7-1所示，5G D2D场景中的移动ICN具有以下3个关键特征：① 请求者通过发送一个包含内容名称的兴趣包来向网络请求该名称的内容；② 网络会定位一个或多个提供者（已经缓存了请求内容副本的移动设备）并设置D2D路由；③ 提供者通过路由路径将内容发送给请求者。由于请求内容的路由是通过名称而非主机IP来标识的，即使请求者的移动导致其在网络中的位置发生改变，也不会影响内容的请求和接收，因此ICN可以完美地支持移动服务。这种基于名称的路由设计可以在中继节点聚合来自不同接口的相同请求，并通过相同的接口进行请求和内容转发，从而同时为多个用户提供服务，因此，该方案能够适应5G多寻址的需求，提供多播的数据交付。此外，信息中继节点还可以通过主动缓存内容来满足未来可能出现的相同内容请求，从而减少内容获取时延并卸载核心网流量。由于ICN在移动性、多寻址、多播以及内容缓存等方面的优势，相比于IP网络，ICN可以更好地支持移动内容分发，满足D2D通信和内容交付服务的需求。同时，在很多文献[12,14-15]中，ICN体系结构也被认为是未来5G发展的关键网络架构基础。在基于ICN架构的5G D2D场景中，网络缓存是影响内容分发效率的关键，因此需要开展该场景下的网络缓存机制研究[13,16]。

7.1.2 研究现状

目前，已经有大量针对固网环境的传统缓存机制[17-20]，但这些方案主要是通过向节点预先分配内容缓存，并没有考虑到节点移动所导致的网络拓扑变化，因此无法适用于移动环境。另外，移动用户在能量、内存和计算容量等方面资源有限，每次内容缓存都会损耗设备的使用寿命，因此需要设计一种能够支持D2D需求和5G性能规范的多维度缓存优化方法。虽然有一些文献[21-24]考虑了移动节点间的协作缓存问题，但它们并没有针对5G场景进行研究。

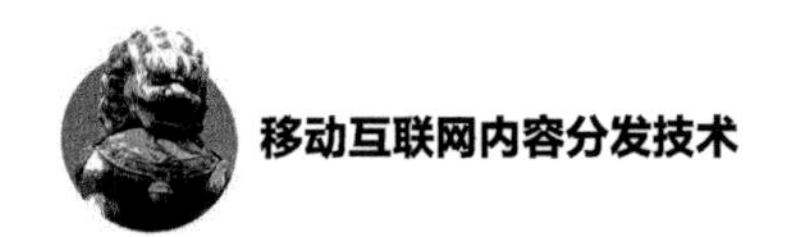

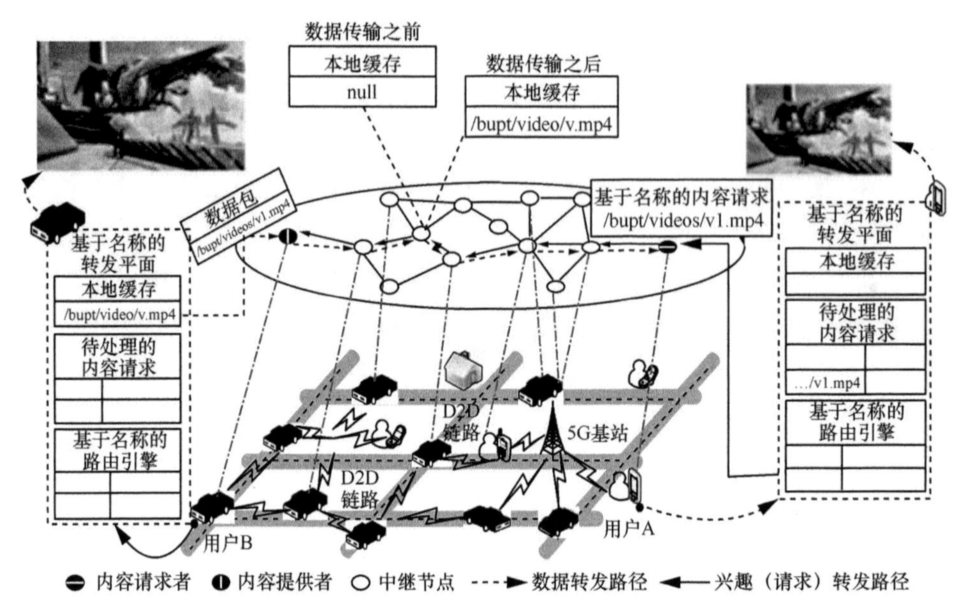

图 7-1 信息中心网络的 5G D2D 场景示意

文献[17-19]在建模缓存放置问题时考虑了不同的优化目标。文献[17]以最大化缓存命中率为目标来建模缓存放置问题，文献[18]以最大化整体缓存效用为目标来评估效用的主要参数，包括平均请求率、内容流行度和转发跳数，文献[19]则以最大化内容提供者的整体缓存收益为目标，该收益包括满足用户请求的收益、接入点选择过程中其存储和访问带宽的成本和接入点缓存未命中引发的基础设施成本。以上研究都将缓存放置问题建模为 NP 难的整数规划问题，无法得到最优解。此外，由 Kvaternik 等[20]提出的方案将缓存优化建模成凸优化问题，该问题联合考虑了交付/缓存能耗、缓存冗余和数据完整性，由于凸优化问题存在唯一最优解，作者提出了一种基于一致性的分布式缓存算法，该算法能够求解凸优化问题从而优化缓存部署。然而，以上解决方案仅适用于静态网络拓扑和固网场景的缓存优化问题，无法用于网络拓扑高度动态的 5G D2D 场景。

为了将 ICN 架构与 5G 结合，文献[14]提出了用于 5G 无线系统的 ICN 虚拟化结构，作者以最小化内容访问时延为目标，将资源分配问题和缓存部署问题建模成一个联合优化问题，并设计了一种基于内点法的求解算法。然而，这种方案只考虑在接入点（如基站）部署缓存的情况，并未考虑 5G 环境下的 D2D 通信。

实际上，在 5G D2D 场景中部署 ICN 能够将移动用户的存储和带宽等资源充分

利用起来，从而促进数据传输。因此，在 5G D2D 场景下，考虑 ICN 移动用户的缓存策略极具意义。目前，已经有一些基于 ICN D2D 的缓存机制研究，例如，文献[21]将 ICN 架构应用到了车联网中，并提出了一种无处不在的缓存（Caching Everything Everywhere，CEE）策略，在该策略下，车辆节点将缓存它接收到的所有内容。然而，不同于汽车有充足的存储空间和能量资源来部署 CEE 策略，大部分移动设备（如智能手机、笔记本电脑）的资源都是有限的，因此 CEE 策略具有一定的局限性。

文献[9]提出了一种随机概率的（Random-Probabilistic，RND(p)）缓存策略，该方案根据给定概率 p 来缓存接收到的内容，例如在 p=0.5 的条件下，移动节点有 50% 的概率去缓存它接收到的内容，相比 CEE 策略，该方法能够极大地降低缓存冗余。然而，RND(p)缓存策略具有随机性，其缓存性能得不到保障。

文献[22]提出了一种适用于车联网场景的分布式概率缓存策略，在这种方案中，每个移动节点根据用户需求、节点中心性以及相对移动速度的加权和来计算缓存内容的概率，然而，该概率缓存算法是启发式的，无法保证解决方案的最优性。我们在早期研究中曾提出一种适用于车联网的 ICN 架构 GrIMS[23]，该方案构建了一种云协作 ICN 架构来监控网络中视频内容的供需情况，如果相应内容需大于供，就会激活协作缓存策略来为指定的移动节点分配相应的内容副本。此外，我们早期的研究还提出了一种适用于车辆网络的 ICN 多媒体内容分发框架 EcoMD[24]，该方案以最小化总体平均等待时延为优化目标，通过构建一个基于内容的队列模型来预估带宽需求情况和内容获取的平均等待时延，此外，所有传输路径上的节点都会预估缓存开销，并基于此分配缓存空间以存储接收的内容。但是，上述方案缺乏对缓存使用和变化的理论分析，其解决方法仍是启发式的，无法提供算法性能的理论证明。

文献[12]介绍了一种虚拟的无线 ICN 架构，该架构考虑了 D2D 通信场景的资源分配问题。作者将该问题建模成虚拟供应商效用最大化问题，通过不断优化移动设备的缓存资源部署来改善回程网络负担。相比于文献[12]，本章构建了一个网络演化模型，该模型通过分析内容副本的数量、用户需求与缓存策略间的变化规则，为移动设备的缓存部署提供理论指导。另外，文献[12]在问题建模时只考虑了回程网络效率，而本章将 5G D2D 场景下的缓存优化问题建模成数据缓存开销与网络负载间的均衡问题。本章所提出的方案和现有工作之间的比较见表 7-1。

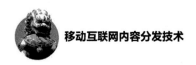

表 7-1 本章所提出的方案与现有工作的比较

方案	模型分析	5G	D2D	用户移动性	优化控制
CHPR[17] MBP[18-19]	×	×	×	×	×
RCO-CCS[20]	×	×	×	×	√
5G ICN[14]	×	√	×	×	√
VNDN[21] DPC[22] GrIMS[23]	×	×	√	√	×
EcoMD[24]	√	×	√	×	×
ICN D2D[12]	×	√	√	×	√
本章所提出的方案	√	√	√	√	√

7.2 基于流模型的缓存演化评估机制

本节提出一种基于流模型的网络动态演化模型来描述 5G D2D 场景下内容缓存的动态性。该模型使用的主要符号及含义见表 7-2。

表 7-2 本节模型使用的主要符号及含义

符号	含义
$A(t)$	t 时刻普通状态节点的占比
$D(t)$	t 时刻请求内容状态节点的占比
$B(t)$	t 时刻内容等待状态节点的占比
$X(t)$	t 时刻请求满意状态节点的占比
$D_f(t)$	t 时刻请求扩散状态节点的占比
$B_f(t)$	t 时刻请求携带状态节点的占比
$Y(t)$	t 时刻内容携带状态节点的占比
β_k	内容块 k 的平均请求速率
$\lvert\bar{E}\rvert$	通信范围内普通节点的平均数量
λ	信息（传染病）扩散速率
$\sigma(t)$	t 时刻缓存内容块的概率
v_k	内容块 k 的平均缓存被替换率

7.2.1　网络节点状态描述

在 ICN 中，当用户请求内容时，它会发送一个带内容名称的兴趣包，当中间路由器接收到该兴趣包后，首先会检查被请求内容是否存在于其内容存储表（CS）中，若没有，则该兴趣包的名称和接入接口将会被记录在待处理兴趣包表（PIT）中，并根据转发信息表（FIB）将该兴趣包转发到下一跳，重复上述过程直至找到所需内容为止。然后，内容提供者沿兴趣包转发路径的反方向将封装了请求内容的数据包发送给请求者，路径上的节点会将该内容主动缓存到它们的 CS 中。

在介绍模型之前，首先给出如下假设。

① ICN 中的每个移动设备节点都配备了 5G D2D 接口，每个节点都可以充当内容请求者、中继转发者和内容提供者。

② 内容被分成若干相等大小的小块，节点的请求或缓存均以块为单位[20]。

③ 节点的移动行为遵循 D2D 环境下的经典移动模型随机路径点（Random Way Point，RWP）模型[25-26]，在该模型中，移动节点可以在指定区域 A（比如正方形、圆形区域等）中随机选择目的地和移动速度。例如，根据 RWP 模型，节点 n 将会沿着一条直线以速度 v_1 从 A_1 移动到 A_2（A_1 和 A_2 是在 A 中任意选择的起始点和目的点），其中，速度 v_1 的选择服从概率分布函数 $F_V(v)$。一旦节点 n 到达目的点，则会在区域 A 中随机地选择一个新的目的点 A_3，并以新的速度 v_2 直线移动到 A_3。

设 $K=(1,\cdots,K')$为移动网络中所有内容块的集合，本节接下来将针对给定的内容块 k（$\forall k\in K$）对 5G D2D 场景下基于流的网络演化模型进行介绍。首先，本章定义移动节点的 4 种角色：① 消费者，发出针对内容块 k 的兴趣包的节点；② 中继者，接收到其他节点发送的兴趣包，但是由于它的本地缓存中没有被请求的内容块，该节点会将兴趣包转发给下一跳节点；③ 提供者，缓存有内容块 k 或者其副本的节点；④ 普通节点，在网络中未充当上述任何角色的节点。根据上述角色进一步定义移动节点的 7 种状态，包含以下 4 个比特位：R、F、S、H。

请求位（R）：节点对于内容是消费者角色，为 1；否则，为 0。

转发位（F）：节点对于内容是中继者角色，为 1；否则，为 0。

扩散位（S）：节点将兴趣包传播给其邻居节点时，为 1；否则，为 0。

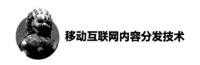

拥有位（H）：节点对于内容是提供者角色，为 1；否则，为 0。

以下是对每种状态的具体介绍。

普通状态 A（R=0, F=0, S=0, H=0）：处于该状态的节点称为普通节点，设 $A(t)$ 为在 t 时刻处于状态 A 的节点数量占比。

请求内容状态 D（R=1, F=0, S=1, H=0）：该状态表示请求者已经准备好通过发送兴趣包来请求内容，用 $D(t)$表示在 t 时刻处于状态 D 的节点数量占比。

内容等待状态 B（R=1, F=0, S=0, H=0）：处于该状态的请求者已经将兴趣包转发出去，等待请求内容的返回，定义 $B(t)$表示 t 时刻处于状态 B 的节点数量占比。

请求满意状态 X（R=1, F=0, S=0, H=1）：该状态的请求者已经得到了请求内容块，由于该状态的请求者会缓存内容块，因此可以看成是请求内容块的提供者，用 $X(t)$表示 t 时刻处于状态 X 的节点数量占比。

请求扩散状态 D_f（R=0, F=1, S=1, H=0）：当中继节点收到一个请求并将其转发出去的时候会进入该状态，定义 $D_f(t)$为 t 时刻处于状态 D_f的节点数量占比。

请求携带状态 B_f（R=0, F=1, S=0, H=0）：该状态的中继节点已经发出了对于内容块 k 的请求，并等待内容块的返回，定义 $B_f(t)$为 t 时刻处于状态 B_f的节点数量占比。

内容携带状态 Y（R=0, F=1, S=0, H=1）：在 Y 状态的节点已经接收到了内容块 k 并决定在本地缓存中保存其副本，用 $Y(t)$表示在 t 时刻处于该状态的节点数量占比。

网络中所有节点都会处于上述状态之一，因此所有状态的节点数量总和等于网络节点总数，可以得到

$$A(t) + D(t) + B(t) + X(t) + D_f(t) + B_f(t) + Y(t) = 1$$

7.2.2 移动节点状态转移模型

本节构建了移动节点状态转移模型来描述 $A(t)$, $D(t)$, $B(t)$, $X(t)$, $D_f(t)$, $B_f(t)$, $Y(t)$ 在网络中的动态变化。由于不同状态之间存在转换，要分析每个状态的变化趋势，需要知道不同状态之间的转换率，因此如何分析这些状态之间的转换尤为重要。根据 5G D2D 场景下的请求和内容分发特点，将上述 7 个状态的转换表示成

图 7-2 所示的过程。

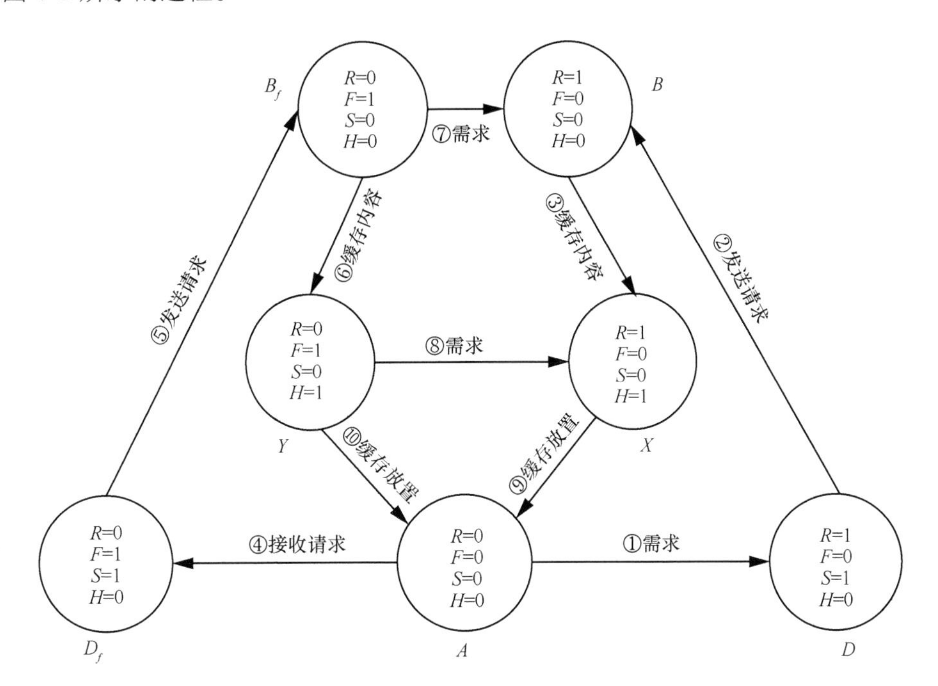

图 7-2　5G D2D 网络中节点状态转换

这些状态之间存在 10 个可能的状态转换（由箭头表示），现在给出所有状态间转换的详细介绍。

- 状态转换 1（A→D）。如果处于状态 A 的节点对内容块 k 产生请求，那么它将会从状态 A 转换到状态 D，假设节点在时隙 Δt 产生对内容块 k 请求的概率为 $\beta_k\Delta t$，其中 β_k 是泊松分布参数并且只与内容块 k 的流行度相关。当 Δt 足够小时，$\beta_k\Delta t \approx \beta_k \mathrm{d}t$，所以从普通状态 A 转换为请求内容状态 D 的转换率为 β_k。因此，当普通节点的数量占比等于 $A(t)$时，可以得到状态转换 1 的转换率为 $\beta_k A(t)$。
- 状态转换 2（D→B）。当中继节点发出兴趣包后，处于状态 D 的节点将会自动转换为内容等待状态 B。因为所有中继节点都会将接收到的兴趣包转发出去，所以转换率等于 t 时刻处于状态 D 的节点占比 $D(t)$。
- 状态转换 3（B→X）。当请求者接收到自己请求的内容块后，处于内容等待状态 B 的节点将转换为请求满意状态 X。在本章的模型中，请求者可以从处

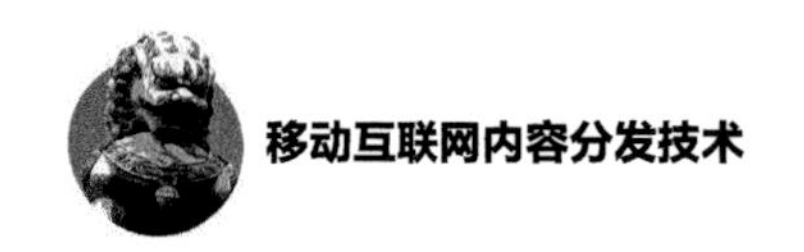

于请求满意状态 X 或者内容携带状态 Y 的节点上获取内容，在该情况下，从状态 B 转换为状态 X 的转换率近似等于处于状态 B 的节点与缓存有内容块 k 节点相遇的概率，也就是说，状态转换 3 的转换率等于提供者 $X(t)+Y(t)$ 在网络中的密集程度与 $B(t)$ 的密集程度的乘积，本章定义 $P(t)=X(t)+Y(t)$，那么状态转换率可以表示为 $P(t)B(t)$。

- 状态转换 4（$A\rightarrow D_f$）。该转换表示节点从普通状态转换为请求扩散状态，在 5G D2D 场景下，处于请求扩散状态的节点会将兴趣包转发给它附近的节点，因此这些节点将从普通状态转换为请求扩散状态，这里兴趣包的转发可以看成是传染病的传染过程（Epidemic Process，EP）[27]，请求扩散状态和请求内容状态的节点为网络中的感染源，普通节点为易感染者。另外，在 ICN 中，节点不会重复转发已接收到的请求[11]（即：PIT 上已记录的兴趣包），所以处于内容等待状态或请求携带状态的节点不会参与传染病的扩散过程。因此，根据文献[27]，可以得到状态转换 4 的转换率表达式

$$\lambda\left|\bar{E}\right|A(t)\left(D(t)+D_f(t)\right) \tag{7-1}$$

其中，λ 是传染病的扩散速率，$\left|\bar{E}\right|$ 表示网络中每个节点通信范围内普通节点的平均数量。本章考虑了两种兴趣包转发策略：基于广播的兴趣包转发策略；基于单播的兴趣包转发策略。针对基于广播的策略，兴趣扩散节点将会向它通信范围内所有普通节点发送兴趣包，接收到兴趣包的节点将在 Δt 内转换为请求扩散状态，因此，式（7-1）中的 λ 可以设置为 1。对于基于单播的策略，扩散节点仅将兴趣包转发给通信范围内的某个节点，所以扩散速率 λ 为 $1/\left|\bar{E}\right|$。接下来，将讨论在 RWP 模型中 $\left|\bar{E}\right|$ 的值，根据先前的假设，所有移动节点在一个凸区域 A 中按照 RWP 模型的规则移动，根据文献[25]，节点 n 位于位置 $\boldsymbol{r}$（$\boldsymbol{r}$ 是一个二维向量，表示节点在区域 A 中的坐标）的概率可以写成

$$f(\boldsymbol{r})=\frac{1}{\bar{l}\,s_A^2}\int_0^{\pi}a_1a_2(a_1+a_2)\,\mathrm{d}\varphi \tag{7-2}$$

其中，$\bar{l}$ 为常数，在 RWP 模型中设置为 0.521，s_A 表示区域 A 的面积，a_1 和 a_2 为 $a_1(\boldsymbol{r},\varphi)$ 和 $a_2(\boldsymbol{r},\pi-\varphi)$ 的简化形式，表示从点 $\boldsymbol{r}$ 到 A 区域边界的直线距离，其中直线方向分别为 φ 和 $\pi-\varphi$。假设节点的通信范围为一个半径为 R 的圆形，对于处于位置 $\boldsymbol{r}$ 的节点

n，其他节点处于该节点通信范围的概率可以写成以下曲线积分形式

$$p_r = \oint_{A_r} f(\boldsymbol{r})\mathrm{d}s \tag{7-3}$$

其中，A_r是一个以 $\boldsymbol{r}$ 为中心，以 R 为半径的圆的函数，设 N 是节点总数，那么与节点 n 连接的平均节点数量为 Np_r（这是因为 RWP 模型中的节点具有等价性）。因此，基于式（7-2）和式（7-3），$|\bar{E}|$ 可以写成如下形式

$$|\bar{E}| = \oint_{f(A)} Np_r f(\boldsymbol{r})\mathrm{d}s \tag{7-4}$$

其中，$f(A)$ 表示区域 A 的曲线函数。

- 状态转换 5（$D_f \to B_f$）：中继节点在转发兴趣包后会从请求扩散状态转换到请求携带状态，与状态转换 2 类似，所有处于状态 D_f的中继节点将会转发兴趣包，因此转换率为 $D_f(t)$。
- 状态转换 6（$B_f \to Y$）：当中继节点接收到所需内容块并决定缓存该内容时，它将转换成状态 Y，与状态转换 3 类似，中继节点可以从内容块缓存的邻居节点获取内容块，因此，状态转换 6 的转换率可以写成 $\sigma(t)P(t)B_f(t)$，其中 $\sigma(t)$为缓存决策，表示在 t 时刻是否缓存内容块，例如，当采用 CEE 策略时，$\sigma(t)\equiv 1$。
- 状态转换 7（$B_f \to B$）和状态转换 8（$Y \to X$）：中继节点可能是网络中的普通节点，因此也可能请求内容块 k。与状态转换 1 类似，状态转换 7 和状态转换 8 的转换率分别为 $\beta_k B_f(t)$和 $\beta_k Y(t)$。
- 状态转换 9（$X \to A$）和状态转移 10（$Y \to A$）：这两个状态转换代表缓存内容块的节点将内容块 k 从本地缓存中替换出去。假设内容块 k 在节点的缓存空间中被替换出去的概率为 v_k，那么状态转换 9 和状态转换 10 的转换率分别为 $v_k X(t)$和 $v_k Y(t)$。接下来计算 v_k，由于 v_k是平均缓存生存期 $E(T_k)$的倒数，有 $v_k=E(T_k)^{-1}$，因此可以通过求 $E(T_k)$间接获得 v_k。这里缓存生存期 T_k为缓存未命中间隔 t [28]和 t_0 的时间差，其中 t_0 表示缓存替换和缓存未命中之间的时间间隔，缓存替换策略采用最近最少使用（Least Recently Used，LRU）策略，该策略将会把最近最少使用的内容块从缓存中替换掉，可以理解为，当两个连续请求之间的时间间隔大于给定值 τ_k，内容块 k 会被替换掉，之后该节点将无法为内容块 k 的请求提供服务，节点针对内容块 k 的请求将会导致缓存未命中。此外，根据文献[28]，LRU 缓存未命中间隔 t 由一系列独立随机变量$\{t_1, t_2, \cdots, t_m\}$组成，并有

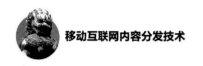

$$t=\sum_{i=1}^{n-1}t_i+t_m \tag{7-5}$$

其中，t_i（$i\leqslant m-1$）表示两次缓存命中之间的时间间隔，t_m 表示最近一次缓存命中和缓存未命中之间的时间间隔。显然，对于$\forall i\leqslant m-1$，有 $t_i\leqslant\tau_k$ 并且 $t_m>\tau_k$。从状态转换 1 的分析中可知，请求到达的概率服从参数为 β_k 的泊松分布，t 的平均值 $E[t]=\beta_k^{-1}e^{\beta_k}e^{\tau_k}$ [28]。根据 t_o 的定义有 $t_o=t_m-\tau_k$，故对于任意的 k，τ_k 都是常数。因为 $t_m>\tau_k$，故通过如下条件期望可得 t_m 的期望。

$$E\left[t_m\right]=E\left[t_m\mid t_m>\tau_k\right]=\int_0^{\infty}t_m f\left(t_m\mid t_m\geqslant\tau_k\right)\mathrm{d}t_m=\frac{e^{-\beta_k\tau_k}\left(\tau_k+\dfrac{1}{\beta_k}\right)}{e^{\beta_k\tau_k}} \tag{7-6}$$

因此可得

$$E\left[T_k\right]=E\left[t\right]-E\left[t_o\right]=\beta_k^{-1}e^{\beta_k\tau_k}-\frac{e^{-\beta_k\tau_k}\left(\tau_k+\dfrac{1}{\beta_k}\right)}{e^{\beta_k\tau_k}}+\tau_k \tag{7-7}$$

上述 10 种状态转换的转换率总结见表 7-3。

表 7-3　状态转换的转换率

转换	状态更新	转换率
1	(0,0,0,0)→(1,0,1,0)	$\beta_k A(t)$
2	(1,0,1,0)→(1,0,0,0)	$D(t)$
3	(1,0,0,0)→(1,0,0,1)	$P(t)B(t)$
4	(0,0,0,0)→(0,1,1,0)	$\lambda\left\|\overline{E}\right\|A(t)(D(t)+D_f(t))$
5	(0,1,1,0)→(0,1,0,0)	$D_f(t)$
6	(0,1,0,0)→(0,1,0,1)	$\sigma(t)P(t)B_f(t)$
7	(0,1,0,0)→(1,0,0,0)	$\beta_k B_f(t)$
8	(0,1,0,1)→(1,0,0,1)	$\beta_k Y(t)$
9	(1,0,0,1)→(0,0,0,0)	$v_k X(t)$
10	(0,1,0,1)→(0,0,0,0)	$v_k Y(t)$

7.2.3　基于流模型的移动缓存演化评估

根据图 7-2 和表 7-3，基于流的网络状态演化模型可以表示成如下常微分方程组。

$$\dot{A} = -\beta_k A(t) - \lambda\left|\bar{E}\right| A(t)\left(D(t) + D_f(t)\right) + v_k P(t) \quad (7\text{-}8)$$

$$\dot{D} = \beta_k A(t) - D(t) \quad (7\text{-}9)$$

$$\dot{B} = D(t) - P(t)B(t) + \beta_k B_f(t) \quad (7\text{-}10)$$

$$\dot{X} = P(t)B(t) + \beta_k Y(t) - v_k X(t) \quad (7\text{-}11)$$

$$\dot{D}_f = \lambda\left|\bar{E}\right| A(t)\left(D(t) + D_f(t)\right) - D_f(t) \quad (7\text{-}12)$$

$$\dot{B}_f = D_f(t) - \sigma(t)P(t)B_f(t) - \beta_k B_f(t) \quad (7\text{-}13)$$

$$\dot{Y} = \sigma(t)P(t)B_f(t) - (\beta_k + v_k)Y(t) \quad (7\text{-}14)$$

$$U\big|_{t=t_0} = U_{t_0} \quad (7\text{-}15)$$

其中 t_0 时刻初始值为 $U_{t_0} = (A(t_0), D(t_0), B(t_0), X(t_0), D_f(t_0), B_f(t_0), Y(t_0))$。

注意，虽然本章的网络演化模型是针对 5G D2D 场景构建的，但是该模型具有很强的可拓展性，通过对模型的一些参数进行修改，可以将其应用到其他移动场景的分析中。例如，对模型中 λ 和 $\left|\bar{E}\right|$ 的值进行修改，可以用于分析不同的路由策略和移动行为。若考虑无线网络[29]或者无线传感器网络[30]，只需研究相应场景下的路由策略和移动模型，并重新设置 λ 和 $\left|\bar{E}\right|$，就可以应用该网络演化模型。另外，如果要分析其他缓存替换策略（比如先进先出（First Input First Output，FIFO）或者最少频繁使用（Least Frequently Used，LFU）），可以根据相应的策略来改变模型中的缓存替换率 v_k。

为了验证基于流的网络状态演化模型的正确性，本节利用网络仿真软件 NS-3 以及其中的 ndnSIM 模块设计了一系列的仿真实验，其中的关键仿真参数设置如下。

设置移动网络场景为 6 000 m×6 000 m 的正方形区域，在该区域内部署 2 000 个移动用户，并设置用户的移动行为服从 RWP 模型，其中速度范围为[10,40] m/s。

为了在 NS-3 上实现 5G D2D 场景的仿真，该实验根据 5G 工业标准化的要求[31]重新设置物理层参数、MAC 层参数与调制方案，其中关键参数设置见表 7-4。仿真中的请求内容为流媒体视频，每个视频播放时长为 120 s，视频流比特率为 2 000 kbit/s，将每个视频分为 60 个播放时长相同的内容块，即每个内容块 2 s，大小约为 500 KB。此外，设置节点的缓存空间为 20 000 MTU，其中 1 MTU 约为 1 500 B。在这种情况下，单个移动节点最多可以存储 60 个内容块，节点缓存操作的基本单元为内容块，内容缓存或内容替换都是针对整个内容块。本实验采用 LRU 缓存替换策略。

表 7-4　5G D2D 实验关键参数设置

参数	值
蜂窝网络中最大基站/用户设备传输功率	46/23 dBm
D2D 网络中最大用户设备传输功率	10 dBm
噪声系数	7 dB
MAC 信道时延	250 ms
通信范围	150 m
数据下载速率	300 Mbit/s
数据上传速率	50 Mbit/s
工作频率	3.5 GHz
传输损失模型	弗里斯（Friis）传输损失模型
能量检测阈值	−71.984 2 dBm

由此，进行实验得到如图 7-3～图 7-6 所示的实验结果数据，其中图 7-3 和图 7-4 所示的是在兴趣包广播转发策略下，不同初始状态的网络中各状态节点数量占比的变化，图 7-5 和图 7-6 所示的则是在兴趣包随机单播转发策略下，不同初始状态的网络中各状态节点数量占比变化。图题中 N 表示节点总数，$y(0)$表示初始缓存节点数量占比。针对每个场景，实验重复运行 20 次并且每次设置不同的随机种子，最后取结果的平均值。如图 7-3～图 7-6 所示，网络演化模型在这两种转发策略下，都能很好地收敛到理论值。此外，在给定内容请求率的条件下，$B(t)$的变化与网络中缓存内容块的节点数量 $Y(t_0)$有很强的相关性，根据式（7-8）～式（7-14），如果增大 $Y(t)$的值，从 B 到 X 的状态转换率会增大，也就能有效减轻网络对于内容请求

的负载（该负载状态等价于网络中处于内容等待状态的节点数量占比，即 $B(t)$）。反之，$Y(t_0)$越小，$B(t)$越高，该现象也进一步说明缓存内容可以加快数据分发速度、减少用户等待时延。

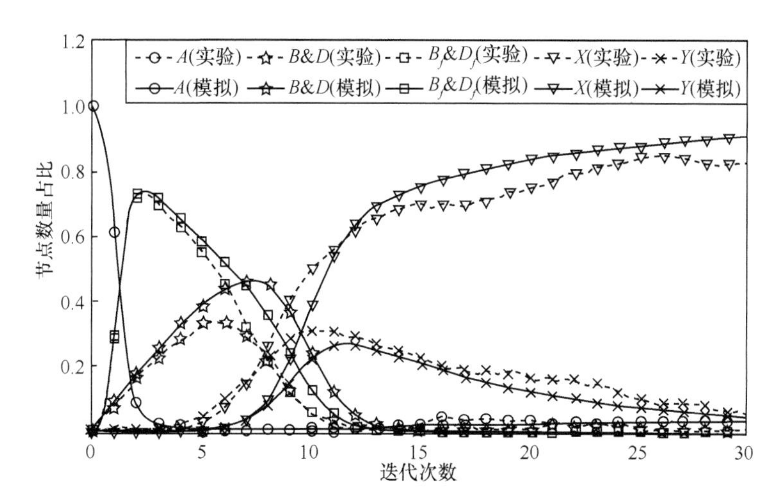

图 7-3　广播转发策略下，网络中各状态节点数量占比的变化

（初始状态：N=2 000，β_k=0.1，$y(0)$=0.001）

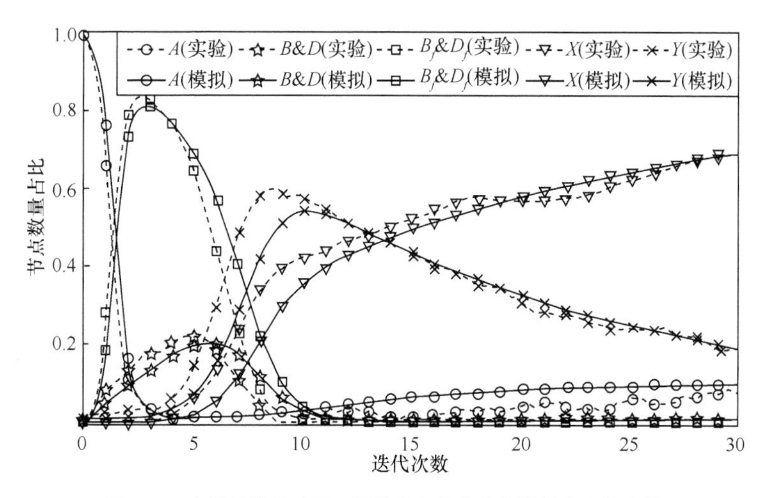

图 7-4　广播转发策略下，网络中各状态节点数量占比的变化

（初始状态：N=2 000，β_k=0.05，$y(0)$=0.01）

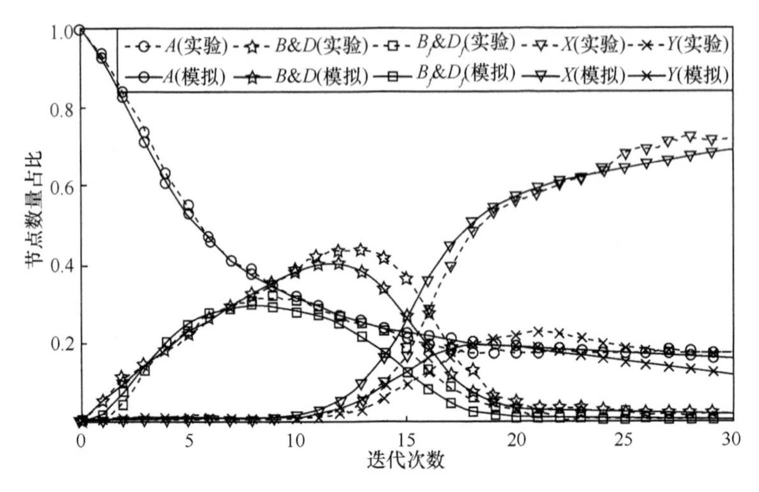

图 7-5 随机单播转发策略下，网络中各状态节点数量占比的变化

（初始状态：N=2 000，β_k=0.05，$y(0)$=0.001）

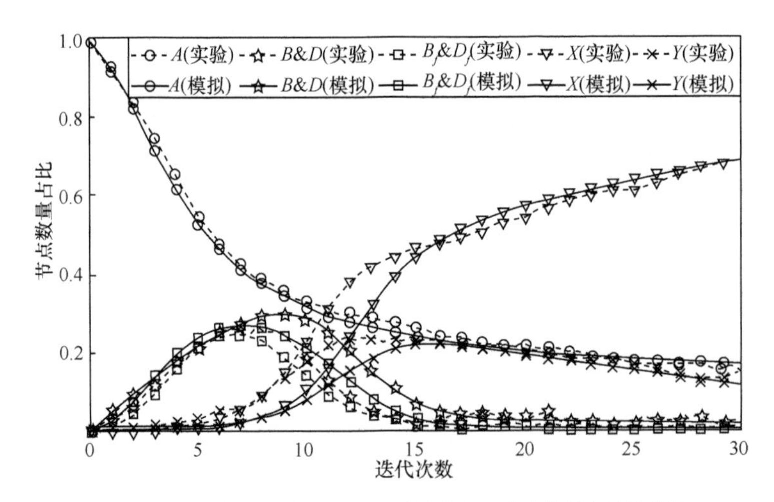

图 7-6 随机单播转发策略下，网络中各状态节点数量占比的变化

（初始状态：N=2 000，β_k=0.05，$y(0)$=0.01）

7.3 面向时间阈值的缓存策略

本节将介绍如何利用基于流的网络演化模型对 5G D2D 场景的缓存策略进行优化。

7.3.1　能效均衡的缓存优化问题建模

5G D2D 场景是通过在移动节点中缓存内容副本来实现核心网流量的卸载，原则上，为了能够更好地降低核心网流量负担，应该让节点尽可能多地缓存内容，但是由于 5G D2D 环境中的移动节点存储资源有限，需要考虑缓存与缓存替换带来的开销问题。此外，考虑到 5G D2D 场景中网络拓扑结构和节点状态具有极高的动态性，因此需要移动节点灵活地调整缓存策略来实现对动态环境的自主适应。这里将 5G D2D 的缓存优化问题总结为下列 3 个准则。

① 具有较少缓存的高流行度内容在网络中应具有更高缓存优先级。

② 为均衡网络对请求的响应速度和设备寿命，应适当调整节点缓存的内容。

③ 在 5G D2D 场景中，缓存过程 $T(T\to\infty)$将按照文献[20]分成多个时隙，即 $T:=(T_1,T_2,\cdots,T_n,\cdots)$，其中每个时隙为 $\Delta T_i=T_{i+1}-T_i,(i=1,2,3,\cdots)$。为了适应网络的动态性，移动节点会在时隙 ΔT_i 的开始阶段重新配置缓存策略。

据此，均衡性能与开销的缓存优化问题的目标函数可以表示为

$$J_{\Delta T_i,\sigma}=\psi B_{T_i,\sigma}(T_\sigma)+(1-\psi)Y_{T_i,\sigma}(T_\sigma) \tag{7-16}$$

$B_{T_i,\sigma}(\cdot)$ 和 $Y_{T_i,\sigma}(\cdot)$ 分别表示在缓存策略 $\sigma(t)$和初始状态 $U|_{t=T_i}$ 下的 $B(t)$和 $Y(t)$，定义 T_σ 为 $B_{T_i,\sigma}(t)$ 在时间段 ΔT_i 内到达峰值的时间，可重写为：$\left\{T_\sigma \middle| B_{T_i,\sigma}(T_\sigma)=\max_{\Delta T_i} B_\sigma\right\}$。同理，$Y_{T_i,\sigma}(T_\sigma)$ 表示当 $B_{T_i,\sigma}(t)$ 达到峰值时处于状态 Y 的节点数量占比。$\psi\in(0,1)$为权重参数。可以看到，式（7-16）等号右边第 1 项为系统最大等待节点数量占比，可以表示系统负载的峰值，第 2 项为网络中缓存该内容的节点数量占比，可以表示系统的缓存开销。至此，每个时隙 ΔT_i 中的缓存优化问题可表示为

$$\min \ J_{\Delta T_i,\sigma} \tag{7-17}$$

$$\text{s.t. } 0\leqslant\sigma(t)\leqslant 1,\ t\in[T_i,T_{i+1}] \tag{7-18}$$

7.3.2　面向时间阈值的分布式缓存优化算法

本节将介绍如何选择最优策略 $\sigma(t)$来优化网络缓存配置，从而使 $J_{\Delta T_i,\sigma}$ 最小。当前针对 D2D 环境中缓存策略的研究[23-24]大多数采用随机概率的缓存方案，该方案根据给定的概率值来缓存内容，其中的缓存决策参数 $\sigma(t)$在任意时隙 ΔT_i 中都是常数，

例如 $\sigma(t) \equiv p,\ p \in (0,1)$。本节没有采用概率缓存策略，而是考虑在时隙 ΔT_i 中引入阈值时间的概念 $\sigma_{T_i,\varsigma}(t)$，并按照该阈值进行缓存决策。

$$\sigma_{T_i,\varsigma}(t)=\begin{cases}1, & T_i \leqslant t < T_i+\varsigma \\ 0, & T_i+\varsigma \leqslant t < T_{i+1}\end{cases} \tag{7-19}$$

式（7-19）表明，如果在时间 ς 内接收到内容块，移动节点将会缓存该内容块，否则，接收到的内容块只会被转发给请求者而不会被缓存。

接下来，将对网络演化模型的数值结果和理论结果进行分析，解释时间阈值缓存策略优于概率缓存策略的原因。图 7-7 所示为时间阈值缓存策略 ($\varsigma = 3.6$ s) 与概率缓存策略（$\sigma(t) \equiv 0.315$）的性能对比。当 $T_{\sigma_\varsigma} = T_\sigma$（$t = 6.245$ s）时，$Y(T_{\sigma_\varsigma}) = Y(T_\sigma)$，$B(T_{\sigma_\varsigma}) \leqslant B(T_\sigma)$，采用时间阈值缓存策略 $\sigma_{T_i,\varsigma}(t)$ 相比于概率缓存策略 $\sigma(t)$具有更好的性能，即式（7-16）的值更小。此外，时间阈值缓存策略相比于概率缓存策略优势的理论证明可以在电子资源[32]中找到。

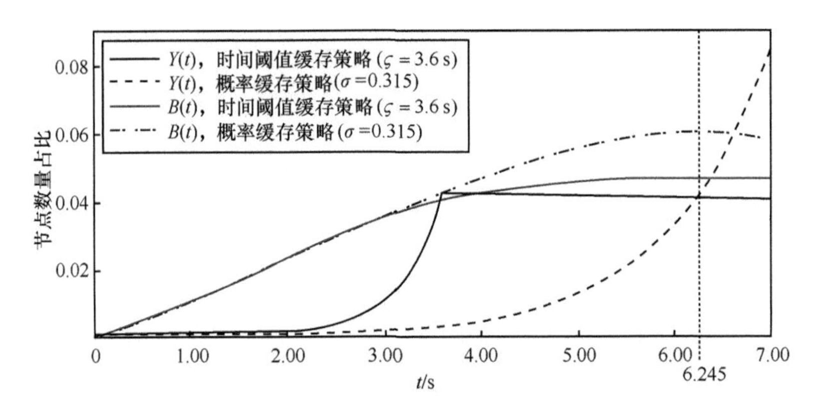

图 7-7　时间阈值缓存策略和概率缓存策略性能对比

定理 7.1：根据常微分方程系统的式（7-8）～式（7-14）给出成本函数，见式（7-16），对于任意具有 $\sigma(0<\sigma \leqslant 1)$的概率缓存策略或者其他缓存策略 $\sigma(t)$，总存在一个具有以下形式的时间阈值缓存策略。

$$\sigma_{T_i,\varsigma}(t)=\begin{cases}1, & T_i \leqslant t < T_i+\varsigma \\ 0, & T_i+\varsigma \leqslant t < T_{i+1}\end{cases} \tag{7-20}$$

该策略具有更小的 $J_{\Delta T_i,\sigma}$ 值。

现在讨论式（7-17）～式（7-18）解的存在性。设 $B_{T_i,\sigma}(T_\sigma)$ 表示在时间阈值缓存策略 $\sigma_{T_i,\varsigma}(t)$ 下 $B(t)$的峰值，$Y_{T_i,\sigma}(T_{\sigma_\varsigma})$ 和 $J_{\Delta T_i,\sigma_\varsigma}$ 分别对应时间阈值缓存策略下的

$Y_{T_i,\sigma}(T_\sigma)$ 和 $J_{\Delta T_i,\sigma}$。时间阈值缓存策略的优化问题，即式（7-17）～式（7-18），可以重写为

$$\min J_{\Delta T_i,\sigma_\varsigma} \tag{7-21}$$

$$\text{s.t.}\quad T_i \leqslant \varsigma \leqslant T_{i+1} \tag{7-22}$$

图 7-8 所示为 $B_{T_i,\sigma}(T_{\sigma_\varsigma})$，$Y_{T_i,\sigma}(T_{\sigma_\varsigma})$ 及 $J_{\Delta T_i,\sigma_\varsigma}$ 随 ς 而变化的曲线，这里 ψ 设置为 0.5。我们可以观察到，随着 ς 增加，$Y_{T_i,\sigma}(T_{\sigma_\varsigma})$ 呈单调增长的趋势，因为随着时间阈值的增加，网络中的节点将缓存更多的内容块。此外 $B_{T_i,\sigma}(T_\sigma)$ 呈下降的趋势，根据式（7-10），随着 $Y(t)$ 的增长，处于状态 B 的节点数量增长率 $\dot{B}(t)$ 逐渐减小。对于成本函数 $J_{\Delta T_i,\sigma_\varsigma}$，可以看到它对应的曲线随 ς 的增长先下降后上升，并且 $J_{\Delta T_i,\sigma_\varsigma}$ 存在最小值。以下的定理 7.2 保证了时间阈值缓存必然存在最优解。

定理 7.2：根据常微分方程系统的式（7-8）～式（7-14）可以给出优化问题，即式（7-21）～式（7-22），该优化问题存在最优时间阈值缓存策略 $\sigma^*_{T_i,\varsigma}(t)$，其中缓存时间阈值为 ς^*。

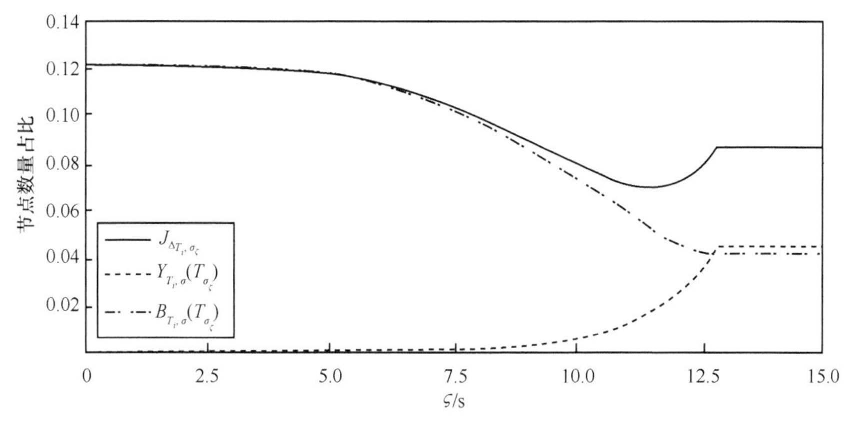

图 7-8　$B_{T_i,\sigma}(T_{\sigma_\varsigma})$，$Y_{T_i,\sigma}(T_{\sigma_\varsigma})$ 及 $J_{\Delta T_i,\sigma_\varsigma}$ 随 ς 的变化

为了验证时间阈值缓存策略在实际环境中的有效性，下面提出一种实用的缓存算法：ς^*-机会缓存算法（ς^*-OCP）。我们假设该场景中的所有移动节点都使用 5G D2D 接口来进行通信，并配有 GPS 记录地理位置和移动速度。此外，5G 基站作为协调器来收集网络信息。

为适应网络状态的动态性，如请求率的变化和请求用户数量的变化等，本节将 ς^*-OCP 设计为在线算法，在每个时隙 ΔT_i 内该算法都会执行一次。为了获得每个时

隙中所有内容块的最佳缓存时间阈值 ς^*，需要构建常微分方程组，即式（7-8）～式（7-14），并计算其数值解。在 ς^*-OCP 中，移动节点为每个内容块 k 创建一个四位的映射数组（R, F, S, H），其中 R, F, S, H 为 7.2.1 节中的请求位、转发位、扩散位、拥有位。所有移动节点都会维护一个状态表来记录针对每个内容块 k 的四位映射数组。为进一步降低存储负担，普通状态 A 的内容块映射数组（R=0, F=0, S=0, H=0）不会被记录在状态表中。每个节点在时隙 ΔT_i 都会将自身的状态表和移动速度信息交付给协调器，为减少该过程所带来的带宽消耗，将该信息存储在 MAC 层的控制帧中。每个状态的节点数量占比可通过所有节点提交的状态列表来估计，此外，根据移动场景和节点的平均速度，$\left|\bar{E}\right|$ 可用式（7-4）计算得到。为计算请求产生速率 β_k，设 $\left(t_{n_i}^k\right)_{n_i=1}^{\infty}$ 表示节点状态变为 B 的时间序列，可以得到 $\beta_k(t)$在时隙 ΔT_i 内的近似值

$$\beta_k(t)=\frac{1}{N_A(t)\Delta T_i}\int_{\Delta T_i}\sum_{n_i=1}^{\infty}\delta\left(t-t_{n_i}^k\right)\mathrm{d}t \tag{7-23}$$

其中，$\delta(t)$为单位脉冲函数，具体形式如下。

$$\delta(t)=\begin{cases}1, & t=0\\ 0, & 其他\end{cases}$$

$N_A(t)$表示时间 t 时处于状态 A 的节点数量。

在初始状态、$\beta_k(t)$、$\left|\bar{E}\right|$ 和 v_k 均给定的条件下，可以构建常微分方程组，即式（7-8）～式（7-14）。有很多方法都可以求解该常微分方程组，例如，欧拉法（Euler Method）、龙格–库塔法（Runge-Kutta Method）以及休恩法（Heun Method）[33]，本节选用休恩法来求解式（7-8）～式（7-14），原因如下：欧拉法虽然简单，但是该方法的准确性不稳定，龙格–库塔法比欧拉法精确，但是求解需要花费更多的时间和内存，休恩法在精确性和执行开销两者之间进行折中，是在资源受限的移动环境中的首选方法。为确定权重参数 ψ 的值，本节分析了算法对 ψ 的敏感度，具体如图 7-9 所示，$B_{T_i,\sigma}^*(T_\sigma)$ 和 $Y_{T_i,\sigma}^*(T_\sigma)$ 分别表示 $J_{\Delta T_i,\sigma}$ 取最小值时所对应的 $B_{T_i,\sigma}(T_\sigma)$ 和 $Y_{T_i,\sigma}(T_\sigma)$，即为最优值。可以看出，$B_{T_i,\sigma}^*(T_\sigma)$ 随权重参数 ψ 的增加而减小，$Y_{T_i,\sigma}^*(T_\sigma)$ 则随权重参数 ψ 的增加而增大。此外，$B_{T_i,\sigma}^*(T_\sigma)$ 的变化率逐渐减小，而 $Y_{T_i,\sigma}^*(T_\sigma)$ 的增长率随 ψ 的增加而增大，这表明，如果 ψ 太大（太小），则会因导致缓存冗余（系统负载过大），而进一步影响算法的性能。所以，为了平衡这两部分，本节将算法

ψ 设置为 0.5。根据定理 7.2，式（7-21）～式（7-22）有最优解，即存在一个面向时间阈值的缓存策略能够联合优化系统负载和缓存消耗。为了找到最优的缓存策略，本文通过数值遍历闭区间$[T_i,T_i+\Delta T]$得到最优的缓存时间阈值 ς^*。由于式（7-21）～式（7-22）的最优缓存时间阈值唯一，因此ς^*对应的缓存策略 ς^*-OCP 是最优的。

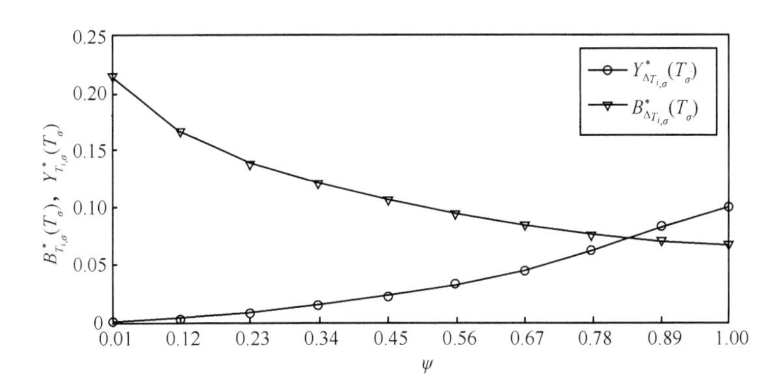

图 7-9　$B^*_{T_i,\sigma}(T_\sigma)$ 和 $Y^*_{T_i,\sigma}(T_\sigma)$ 随 ψ 的变化

获得最佳时间阈值 ς^*后，协调器通过 MAC 层的信标帧向通信范围内的所有节点广播每个内容块 k 的 ς^*，接收到内容块 k 的节点将根据其时间阈值 ς^*决定是否缓存该内容。如果接收时间已经超过 ς^*，则节点只将内容转发到上游节点，反之，节点会将该内容块缓存到本地并转发出去。算法 7-1 为上述过程的伪代码。针对该算法的算法复杂度，给出如下命题。

命题 7.1：在协调器中执行该算法的总复杂度具有如下限制。

$$O\left(|K|\cdot\left(\max\left\{\frac{\Delta T}{\varepsilon},H\right\}\right)\right)$$

其中，$|K|$为内容块的数量，ε 是数值扫描的精度，H 是休恩法的复杂度。

证明：

针对每次算法运行，该算法的复杂度由内容块数量、搜索算法和休恩法的计算复杂度决定，其中，内容块数量设置为$|K|$，数值扫描以精度 ε 进行搜索，则最多需要 $\Delta T_i/\varepsilon$ 次迭代，休恩法的复杂度由迭代次数 H 决定。由于数值扫描法和休恩法是并行执行的，所以该命题得到了证明。

证毕。

算法 7-1 ς^*-机会缓存策略（ς^*-OCP）

协调器端：

/*协调器端执行的算法*/

for（每个时隙 ΔT_i）

  采集所有移动节点的（R, F, S, H）和速度；

  for（所有内容块 $k \in K$）

    设置当前时间 t_0 的状态作为初始状态；

    通过休恩法建立针对内容块 k 的网络演化模型；

    通过数值扫描法搜索闭区间$[T_i, T_i+\Delta T]$得到最优阈值时间 ς^*；

    将 ς^*广播给通信范围内的所有移动节点；

  end for

end for

用户端：

/*用户端执行的算法*/

更新（$C_n(t), R_n(t), S_n(t), V_n(t)$）

等待内容块 k 的返回；

if（n 为中间的中继节点）

  if（接收到内容块 k 的时间≤ς^*）

    将内容块 k 的副本缓存在本地 CS 中；

  end if

  将内容块 k 发送到 PIT 记录的上游接口；

else if（i 为针对 k 的请求者）

  将内容块 k 的副本缓存在本地 CS 中；

end if

针对确定的精度要求，休恩法和数值扫描法的时间复杂度是确定的，因此，随着内容块数量的增加，本节所提出算法的杂复度仅为多项式复杂度。用户端部署的算法要求用户在每个时隙 ΔT_i 的开始阶段向协调器提交状态表和移动速度，并接收最佳缓存时间阈值 ς^*，因此该部分算法复杂度为 $O(1)$。

7.4　实验验证和性能分析

7.4.1　实验环境设置

为对比 ς^*-OCP 与其他 3 种 D2D 缓存策略：GrIMS[23]、DPC[22]和 RND(0.5)，本节设计了一系列仿真实验。网络参数设置和移动模型与 7.2.3 节的设置相同，仿真场景为 2 000 m×2 000 m 正方形区域，其中包括 200 个移动节点。仿真时间设置为 1 000 s。此外，为模拟真实环境，仿真中的内容为 40 个不同的视频，每个视频的播放时长为 120～240 s 不等，每个视频所包含 60～120 个内容块。假设用户请求视频内容的分布服从齐夫（Zipf）分布[34]，那么对于一个具有 n 个视频的视频集合，流行度排名第 r 的视频被请求的概率为

$$P(r)=\frac{\left(\sum\limits_{k=1}^{N}\frac{1}{k^{\rho}}\right)^{-1}}{r^{\rho}} \tag{7-24}$$

其中，ρ 是 Zipf 分布的参数，在实验中设置为 0.8。当用户请求视频后，将按顺序请求视频块，并在完成当前视频的播放后选择另外一个视频继续请求。该实验场景共部署 25 个基站来收集移动用户的状态表和速度信息，并根据算法 7.1 每隔 30 s 周期性地将最优缓存时间阈值广播给移动节点。

7.4.2　实验结果对比分析

针对上述 4 种缓存策略，实验从平均缓存命中率（Average Cache Hit Ratio，ACHR）、缓存成本（Caching Cost，CC）、平均下载时间（Average Download Time，ADT）与控制开销（Control Overhead, CO）4 个方面进行了仿真实验对比，详细分析如下。

1. 平均缓存命中率

如果节点接收到请求，并且该请求对应的内容块已被节点缓存，此时节点缓存命中，反之，则缓存未命中。ACHR 表示缓存命中数与已接收请求总数之间的比率，通过式（7-25）预估时间 t 时的 ACHR。

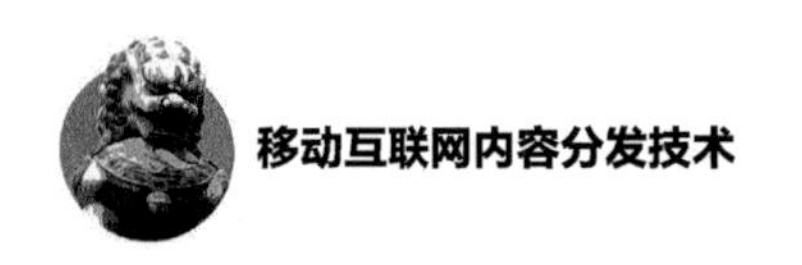

$$\mathrm{ACHR}=\frac{1}{|N(t)|}\sum_{i\in N(t)}\frac{H_i^h(t)}{H_i(t)} \qquad (7\text{-}25)$$

其中，$N(t)$表示到 t 时接收到请求的节点集，$|N(t)|$为其基数，$H_i^h(t)$和 $H_i(t)$分别表示节点 i 到 t 时刻为止的命中事件数和接收到的请求总数。

不同大小视频集下 ACHR 随仿真时间的变化如图 7-10 所示。在 4 种缓存策略中，ς^*-OCP 的性能是最优的，例如，当视频集的大小$|V|$分别为 10、20、30、40 时，ς^*-OCP 的性能比其他 3 种缓存策略中最优的方法分别高 10%、20%、16%、5%左右。此外，在某些情况下 GrIMS 比 DPC 性能好，比如，图 7-10（a）中，GrIMS 性能优于 DPC。如图 7-10（b）所示，RND(0.5)在所有方案中性能基本上最差。根据定理 7.1 和定理 7.2，ς^*-OCP 的优势在于具有比概率缓存策略更低的系统负载，这意味着它可以更快地发现内容块，并具有较高的缓存命中率。DPC 通过每个移动节点接收到的请求情况来确定缓存的概率，而 GrIMS 根据整个系统来预测请求情况，从而配置全局缓存资源。因此，DPC 的内容块需求预测可能比 GrIMS 更不准确，从而导致缓存命中率更低。RND(0.5)性能最差的原因是它总是以恒定概率缓存接收到的内容，不仅忽略了不同内容块的流行度差异，而且忽略了内容需求情况的时变特性。

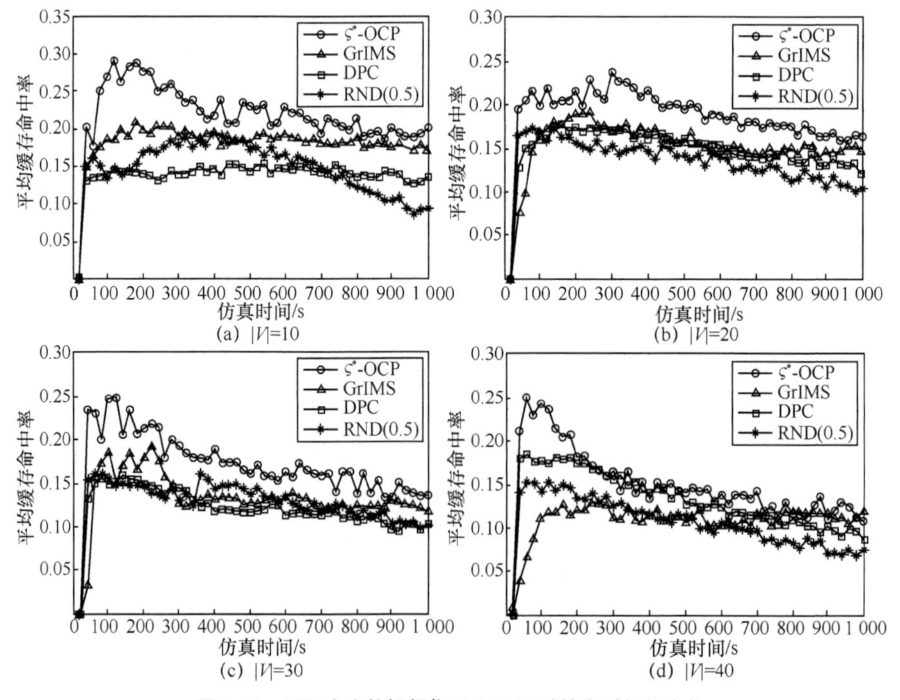

图 7-10　不同大小的视频集下 ACHR 随仿真时间的变化

2. 缓存成本

将 CC 定义为系统总的缓存开销，通过式（7-26）计算 t 时刻的 CC。

$$\mathrm{CC}(t)=\sum_{s=0}^{t}\sum_{i\in N}\sum_{j\in V}C_{i,j}(s)\times M \tag{7-26}$$

其中，$C_{i,j}(s)$为脉冲函数，当移动节点 i 在 s 时刻缓存内容块 j 时，$C_{i,j}(s)=1$，否则为 0。V 表示内容块集合，M 表示每个内容块包含数据包的总数量，N 是仿真实验中移动节点的集合。

图 7-11（a）～图 7-11（d）显示了视频集大小分别为 10、20、30、40 时 CC 随仿真时间的变化。如图 7-11 所示，在实验达到稳定后，ς^*-OCP 的性能在 4 种缓存策略中是最优的，尤其是当视频集合增大时，ς^*-OCP 和其他缓存策略间的差异越来越明显，比如，在图 7-11（a）中，ς^*-OCP 在 1 000 s 时相比于 GrIMS、DPC 和 RND(0.5) 分别具有 5%、22%和 25%左右的性能提升，当视频集大小达到 40 时，性能提升进一步扩大到 20%、42%和 45%左右。实验结果符合定理 7.1，定理 7.1 表明面向时间阈值的缓存策略的 CC 性能优于基于概率的缓存策略。当仿真时间超过 800 s 时，相比于 DPC 和 RND(0.5)，GrIMS 具有更低的缓存开销，这是因为 GrIMS 通过全局预测内容块的需求和移动节点的剩余缓存空间来分配缓存资源，该方案可以减少缓存冗余，从而降低缓存成本。DPC 和 RND(0.5)在缓存开销方面性能相差不大，因为这两种方法仅依据本地信息决策缓存，并且 DPC 中所有内容块的平均缓存概率也在 0.5 左右。

3. 平均下载时间

ADT 表示请求者从发送兴趣包到接收到相应内容块之间的平均时间间隔，是时延敏感应用（如视频流应用）的一个重要指标。不同大小视频集下的 ADT 随仿真时间的变化如图 7-12（a）～图 7-12（d）所示，所有缓存略策对应的曲线在 0～200 s 经历快速下降，然后呈现上升的趋势，这是因为在实验的开始阶段，移动节点具有足够的缓存空间，能够有效地将内容缓存在 CS 中并提供给附近的用户，因此 ADT 呈减小趋势。但是，随着节点缓存空间被占满，部分缓存被替换，导致缓存未命中率增加，进而使得内容获取时延增加。如图 7-12 所示，ς^*-OCP 具有最优的 ADT 性能，此外，大多数情况下 GrIMS 比其他两种概率缓存策略性能更优，这是因为，相比于其他 3 种缓存策略，ς^*-OCP 的 ACHR 更高（如图 7-10 所示），即附近缓存的命中率更高，使得 ADT 性能更好。然而，GrIMS 使用的是启发式算法，性能无法保证，故相比于 ς^*-OCP 较差。RND(0.5)为固定概率缓存策略，忽略了不同内容块需求的动态性，缓存未命中的概率较高，从而导致 ADT 较大。

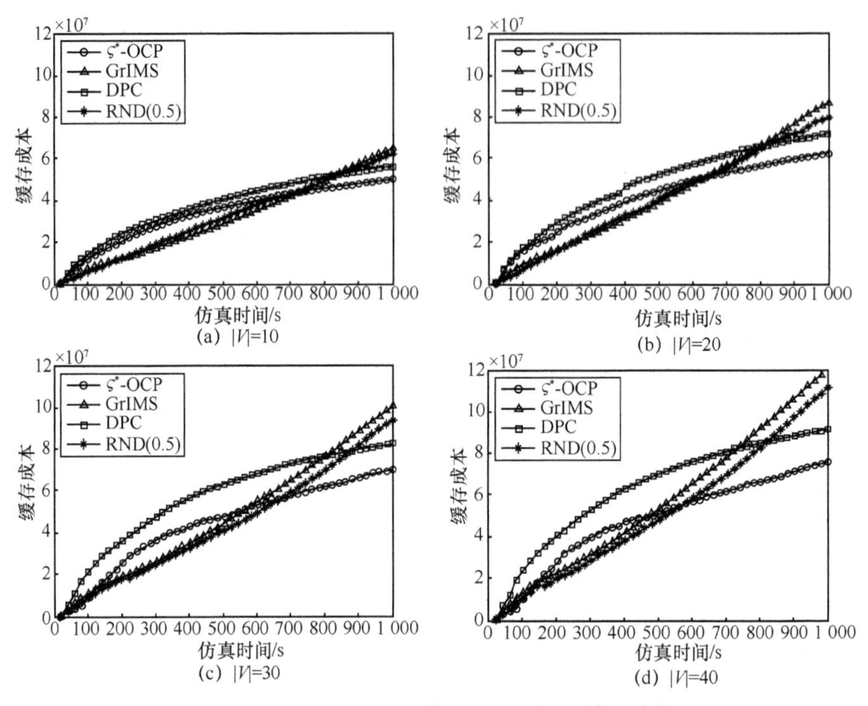

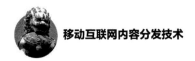

图 7-11　不同大小的视频集下 CC 随仿真时间的变化

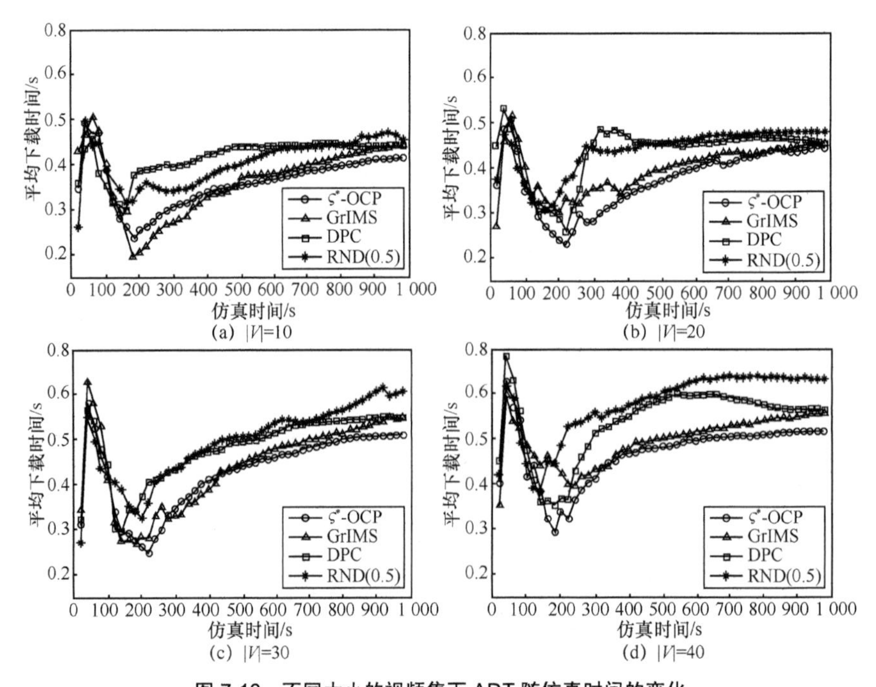

图 7-12　不同大小的视频集下 ADT 随仿真时间的变化

4. 控制开销

控制开销是指在系统运行中，每秒用于优化全局缓存部署的控制信息所占用的平均带宽。在 ς^*-OCP 中，CO 主要由用户和协调器间通信产生，包括状态表和缓存配置信息的数据交换。针对 GrIMS，所有移动节点都需要向云服务器上传请求和节点容量信息，此外云服务器还需要决策每个节点的缓存内容，定义该信息所产生的流量为 GrIMS 的 CO。DPC 和 RND(0.5)不需要额外的信息交换来决策缓存部署，因此控制开销为 0。CO 随仿真时间的变化如图 7-13 所示。ς^*-OCP 和 GrIMS 的 CO 呈现增长的趋势，这是因为随仿真时间的增加，移动节点逐渐加入到系统中并开始请求内容，节点数量的增加导致 CO 相应增长。当仿真时间为 1 000 s 时，GrIMS 的性能比 ς^*-OCP 差，控制开销比 ς^*-OCP 高 60%左右，这是因为 GrIMS 的云控制器需要单独给每个节点发送控制信息来控制节点缓存，而 ς^*-OCP 的缓存策略可通过广播的方法分发给所有节点，因此极大地节约了控制信息的流量开销。虽然 DPC 和 RND(0.5)都只需要本地信息来决策缓存，其控制开销为 0，但是，这两个方案在缓存命中率、下载时延和缓存成本这 3 方面性能较差。

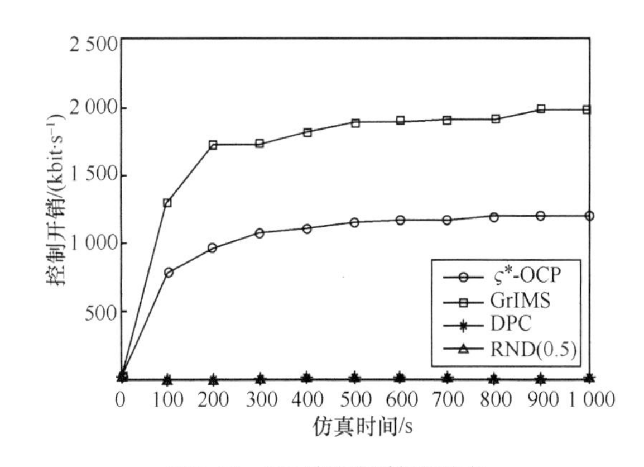

图 7-13　CO 随仿真时间的变化

7.5　本章小结

本章研究了 5G D2D 场景下的缓存最优问题。首先，提出了基于流的网络演化模型，并对移动网络的内容分发过程进行建模，进而，根据该模型揭示了可控缓存

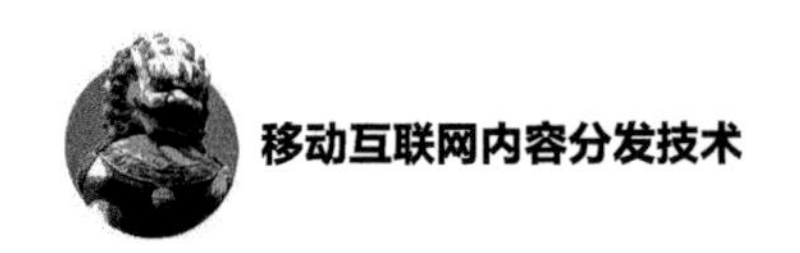

内容分发与用户行为之间的动态关联关系。此外，本章还构建了以均衡缓存成本和系统负载为目标的缓存优化问题，并证明了时间阈值缓存策略总是优于基于概率的缓存策略这一客观规律，同时证明了该优化问题存在最优解。最后，与面向时间阈值的最优缓存策略相结合，设计了用于实际场景部署的面向时间阈值的缓存算法 ς^*-OCP。仿真结果表明，与现有解决方案相比，ς^*-OCP 具有更高的缓存命中率、更低的控制开销和内容获取时延。

本章工作为移动网络缓存开辟了新道路。首先，虽然 RWP 是一种通用的移动模型，但该模型无法适用于车联网环境，而本章提出的网络演化模型为车联网场景下的内容分发过程分析提供了新思路。除此之外，该网络演化模型还能适用于其他转发策略的性能分析，如基于地理位置的转发策略[22]，所以未来工作可以考虑设计更有效的转发机制，从而实现移动网络低时延、低开销数据传输与内容分发。

参考文献

[1] PALATTELLA M R, DOHLER M, GRIECO A, et al. Internet of things in the 5G era: Enablers, architecture, and business models[J]. IEEE Journal on Selected Areas in Communications, 2016, 34(3): 510-527.

[2] ANDREWS J G, BUZZI S, CHOI W, et al. What will 5G be?[J]. IEEE Journal on Selected Areas in Communications, 2014, 32(6): 1065-1082.

[3] HONG W, BAEK K H, LEE Y, et al. Study and prototyping of practically large-scale mmWave antenna systems for 5G cellular devices[J]. IEEE Communications Magazine, 2014, 52(9): 63-69.

[4] ZHOU Y, YU W. Optimized backhaul compression for uplink cloud radio access network[J]. IEEE Journal on Selected Areas in Communications, 2014, 32(6): 1295-1307.

[5] ASADI A, MANCUSO V. Network-assisted outband D2D-clustering in 5G cellular networks: Theory and practice[J]. IEEE Transactions on Mobile Computing, 2016, 16(8): 2246-2259.

[6] PARK G S, KIM W, JEONG S H, et al. Smart base station-assisted partial-flow device-to-device offloading system for video streaming services[J]. IEEE Transactions on Mobile Computing, 2016, 16(9): 2639-2655.

[7] ORSINO A, SAMUYLOV A, MOLTCHANOV D, et al. Time-dependent energy and resource management in mobility-aware D2D-empowered 5G systems[J]. IEEE Wireless Communications, 2017, 24(4): 14-22.

[8] WU Y, WANG S, LIU W, et al. Iunius: A cross-layer peer-to-peer system with device-to-device communications[J]. IEEE Transactions on Wireless Communications, 2016,

15(10): 7005-7017.

[9] XU C, JIA S, ZHONG L, et al. Socially aware mobile peer-to-peer communications for community multimedia streaming services[J]. IEEE Communications Magazine, 2015, 53(10): 150-156.

[10] IOANNOU A, WEBER S. A survey of caching policies and forwarding mechanisms in information-centric networking[J]. IEEE Communications Surveys & Tutorials, 2016, 18(4): 2847-2886.

[11] LIU H, CHEN Z, TIAN X, et al. On content-centric wireless delivery networks[J]. IEEE Wireless Communications, 2014, 21(6): 118-125.

[12] WANG K, YU F R, LI H, et al. Information-centric wireless networks with virtualization and D2D communications[J]. IEEE Wireless Communications, 2017, 24(3): 104-111.

[13] XU C, ZHANG P, JIA S, et al. Video streaming in content-centric mobile networks: Challenges and solutions[J]. IEEE Wireless Communications, 2017, 24(5): 157-165.

[14] LIANG C, YU F R, ZHANG X. Information-centric network function virtualization over 5G mobile wireless networks[J]. IEEE Network, 2015, 29(3): 68-74.

[15] MORELLI A, TORTONESI M, STEFANELLI C, et al. Information-centric networking in next-generation communications scenarios[J]. Journal of Network and Computer Applications, 2017, 80: 232-250.

[16] ANDREEV S, GALININA O, PYATTAEV A, et al. Exploring synergy between communications, caching, and computing in 5G-grade deployments[J]. IEEE Communications Magazine, 2016, 54(8): 60-69.

[17] WANG S, BI J, WU J, et al. CPHR: In-network caching for information-centric networking with partitioning and hash-routing[J]. IEEE/ACM Transactions on Networking, 2015, 24(5): 2742-2755.

[18] WU H, LI J, ZHI J. MBP: A max-benefit probability-based caching strategy in information-centric networking[C]//Proceedings of 2015 IEEE International Conference on Communications. Piscataway: IEEE Press, 2015: 5646-5651.

[19] MANGILI M, MARTIGNON F, PARIS S, et al. Bandwidth and cache leasing in wireless information-centric networks: A game-theoretic study[J]. IEEE Transactions on Vehicular Technology, 2016, 66(1): 679-695.

[20] KVATERNIK K, LLORCA J, KILPER D, et al. A methodology for the design of self-optimizing, decentralized content-caching strategies[J]. IEEE/ACM Transactions on Networking, 2015, 24(5): 2634-2647.

[21] GRASSI G, PESAVENTO D, PAU G, et al. VANET via named data networking[C]//Proceedings of 2014 IEEE Conference on Computer Communications Workshops. Piscataway: IEEE Press, 2014: 410-415.

[22] DENG G, WANG L, LI F, et al. Distributed probabilistic caching strategy in VANETs through named data networking[C]//Proceedings of 2016 IEEE Conference on Computer Communi-

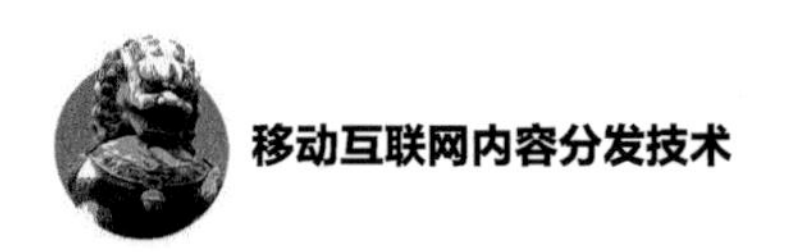

cations Workshops. Piscataway: IEEE Press, 2016: 314-319.

[23] XU C, QUAN W, ZHANG H, et al. GrIMS: Green information-centric multimedia streaming framework in vehicular Ad Hoc networks[J]. IEEE Transactions on Circuits and Systems for Video Technology, 2016, 28(2): 483-498.

[24] XU C, QUAN W, VASILAKOS A V, et al. Information-centric cost-efficient optimization for multimedia content delivery in mobile vehicular networks[J]. Computer Communications, 2017, 99: 93-106.

[25] GROENEVELT R, NAIN P, KOOLE G. The message delay in mobile Ad Hoc networks[J]. Performance Evaluation, 2005, 62(1-4): 210-228.

[26] CAMP T, BOLENG J, WILLIAMS B, et al. Performance comparison of two location based routing protocols for Ad Hoc networks[C]//Proceedings of 21st Annual Joint Conference of the IEEE Computer and Communications Societies. Piscataway: IEEE Press, 2002, 3: 1678-1687.

[27] BARRAT A, BARTHELEMY M, VESPIGNANI A. Dynamical processes on complex networks[M]. Cambridge: Cambridge University Press, 2008.

[28] CHE H, TUNG Y, WANG Z. Hierarchical web caching systems: Modeling, design and experimental results[J]. IEEE Journal on Selected Areas in Communications, 2002, 20(7): 1305-1314.

[29] FU X, XU Z, PENG Q, et al. ConMap: A novel framework for optimizing multicast energy in delay-constrained mobile wireless networks[C]//Proceedings of the 18th ACM International Symposium on Mobile Ad Hoc Networking and Computing. New York: ACM Press, 2017: 1-10.

[30] GONG H, FU L, FU X, et al. Distributed multicast tree construction in wireless sensor networks[J]. IEEE Transactions on Information Theory, 2016, 63(1): 280-296.

[31] NGMN. 5G white paper[R]. [S.l.:s.n.], 2018.

[32] 计算机社会数字库(Computer Society Digital Library)[EB].

[33] BURDEN R L, DOUGLAS F J, ANNETTE B M. Numerical analysis[M]. Boston: Cengage Learning Press, 2015.

[34] ULLAH I, DOYEN G, BONNET G, et al. A survey and synthesis of user behavior measurements in P2P streaming systems[J].IEEE Communications Surveys and Tutorials, 2012, 14(3): 734-749.

第 8 章 面向隐私保护的移动内容预取机制

作为流量卸载的代表性技术之一，移动内容预取技术预先将可能被请求的内容缓存在网络边缘，以此来缓解回程网络流量负担并降低传输时延。然而，高度动态的用户请求行为和不断更新的媒体内容给移动网络的内容预取带来了巨大的挑战。另外，内容预取需要分析用户的历史浏览行为，因此如何保护用户隐私也非常重要。本章将针对移动社交内容预取和用户隐私保护两方面，提出一种面向差分隐私的分布式内容预取方案，将移动内容预取构建成一个基于兴趣偏好、内容流行度以及社交关系的在线凸优化问题模型。为了解决上述问题，本章设计了一个面向差分隐私的分布式移动社交内容预取（Differential Privacy Online Distributed Learning-Based Prefetching for Mobile Social Video Prefetching，DPDL-SVP）算法，并给出了该算法与最优算法差值的上界。实验结果表明，DPDL-SVP 算法在预测精度、时延和通信能耗方面均表现优异。

|8.1 研究背景|

8.1.1 现存问题

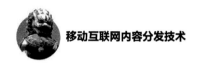

无线通信技术的飞速发展和在线社交网络（Online Social Network，OSN）的普及为移动社交内容服务的发展创造了前所未有的机遇[1-2]，移动社交内容服务不仅为用户提供了丰富的媒体内容，还创造了多元的社交互动平台[3-4]，这也使得 OSN 成为最受欢迎的应用类型之一[5]。然而，伴随着 OSN 规模的增长和高质量流媒体服务的普及，海量的移动流量给骨干网带来了巨大的压力。

近年来，移动内容预取逐渐成为缓解骨干网压力和提高用户体验质量的关键技术[6-8]。内容预取技术通过在空闲时段利用剩余网络带宽和边缘缓存资源将内容预先下载下来并缓存在边缘服务器，有效降低了峰值时段骨干网的流量压力和内容获取时延[9]。然而，移动内容预取的性能很大程度上依赖于对用户未来请求预测的准确性，不准确的用户请求预测不仅浪费了宝贵的带宽和缓存资源而且增加了内容获取时延。然而，如何提供准确的预取存在如下两个挑战：① 动态的用户浏览行为和不断更新的内容使得提供持续准确的预取变得十分困难；② 不稳定的无线网络环境和有限的边缘缓存资源限制了预取策略的可行性，并且对预测精度提

出了更高的要求。

为了解决上述挑战，研究者提出了大量的方案，大致可以分为离线方案[6-7,10]和在线方案[11-13]两类。离线方案一般是按照预先设计好的策略进行内容预取，然而，此类方案决策的固定性与用户浏览行为的动态性不匹配，导致该类方案无法适应变化的 OSN 环境；同时，不断扩增的移动内容也增加了计算资源的消耗，提高了决策的获取成本。另一方面，目前在线机器学习方案主要通过集中式的学习框架来实时决策需要预取的内容，然而，中心式的在线学习方案要求从边缘用户持续收集高维度的特征信息来完成用户行为的预测，这种方式不仅占用了大量的网络通信和计算资源，影响了实际应用的部署和系统的可扩展性[14]，而且加剧了用户信息泄露的可能，导致用户隐私安全问题[15-17]。因此，除了要考虑内容预取方案的性能外，用户隐私保护也是设计移动社交内容服务的关键问题。为提供高性能、高隐私安全的移动社交内容服务预取方案，本章提出了 DPDL-SVP 算法。通过分析用户需求、流行度和社交网络之间的相互作用关系，将社交内容预取问题形式化为一个可分离的在线凸优化问题。进一步，本章分析了用户隐私问题，并提出了一个分布式的差分隐私在线学习算法，该算法可以在不影响用户隐私的情况下，准确预测该用户未来可能请求的内容。本章还设计了一系列仿真实验来验证所提出算法的性能。具体来说，可以分为如下几点。

- 本章分析了新浪微博中真实用户社交关系和播放行为，并研究了用户播放行为和用户需求、内容流行度以及社交关系间的联系。基于真实数据分析结果，把预取问题形式化为在线凸优化问题。进一步，将原问题分解为两个子问题，并且证明了原问题的全局最优解可以通过用户间小规模的本地消息交换获得。
- 针对现有内容预取方案，本章分析并提出了一种用户隐私攻击模型。进而，提出了一个基于差分隐私的分布式在线学习算法，该算法通过对用户间的共享信息添加噪声变量来扰乱攻击者。同时，从理论上证明了该方法满足隐私保护需求，并且给出该算法与接近最优算法差值的上界。
- 本章还设计了一系列真实数据驱动的仿真实验，来验证所提出预取方案的性能。与几种最新的解决方案进行了比较，结果表明，相较于其他解决方案，本章提出的方案在准确度、内容获取时延和通信开销上都具有一定优势。

8.1.2 研究现状

1. 内容预取方案

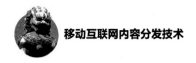

为了提供高性能的内容预取方案，研究者已经进行了大量的研究，当前的解决方案可以分为两类：离线方案和在线方案。

（1）离线方案

离线方案根据先验知识和预先制定好的策略来预取内容。例如，在本书第 3 章提出的 QUVoD 方案[10]中，综合考虑了内容“块（Chunk）”之间与内容“子链（Substring）”之间的相关性。其中基于块的关联表示用户浏览内容时，每个内容块之间的关联，而基于子链的关联则表示连续块之间的关联。预取什么内容是由这两种关联的加权相乘结果进一步确定的。然而，由于计算关联性矩阵需要全局的日志信息，导致在动态的社交内容环境下，该算法需要消耗大量的计算资源。Shen 等[18]提出了一种基于社会关系的预取方案，该方案是通过考虑用户兴趣相似性和社交关系来进行决策的。Wang 等[6]也设计了一种社交感知的 HTTP 动态自适应流预取策略。该策略定义了 3 个层次的社交动作，根据不同的用户级别决定预取的视频，然而作者忽略了网络带宽的限制，导致在峰值流量时段，预取的性能得不到保证。Kilanioti 等[7]研究了最大化预取缓存命中率的问题，并提出了一种预取方案，通过所有代理服务器来获取全局信息，但该方案是启发式的，无法保证预取的性能，而且频繁的全局缓存也会产生大量冗余，加剧存储资源的消耗。Mauri 等[19]提出了一种最大化内容可复用性的车载命名数据网络的最优化预取方案。然而，由于移动网络用户移动性和访问行为的动态性，需要大量的计算资源来维持预取方案的准确性。

（2）在线方案

在线方案通过实时地观测和学习社交内容系统的变化情况来调整预取内容。Ma 等[11]提出了一种 APRANK 预取方案，该方案把网络看成离散时隙系统，针对每个时隙，将预取问题形式化为背包问题形式，并基于用户偏好和人群移动性的流行度估计方法，优化流行内容在缓存中的占比来提高预取效率。相似地，Liu 等[20]综合考虑内容推荐和预取问题，并将该问题形式化为背包问题形式。然而，背包问题是 NP 难问题，因此预取的性能可能无法保证。在文献[13]中，Hu 等提出了一种基于

张量学习的接入节点（Access Point，AP）辅助的内容预取方法。该方法将用户偏好特征形式化为矩阵分解问题，然后通过关联矩阵求得内容流行度，并进一步提出基于流行度的预取方法。但是，由于 AP 和内容的关联是随着时间变化的，所以每个时隙都需要处理矩阵分解，因此计算开销非常大。Wu 等在文献[12]中提出了基于学习的社交驱动预取方案，通过分析并研究大量真实数据，发现了社会关系对用户浏览行为的影响，利用 K-means 方法，根据社交关系将用户划分为不同的群体，在此基础上，通过一种基于聚类的潜在偏差模型来获得内容的点击分数，并提出了一种自适应的预取算法。

一般来说，预取方法都是通过将内容预先缓存在 AP 上实现的，但是网络规模不断扩大会导致实现和维护成本高以及可扩展性差等问题，突然增加的内容服务需求和路由缓存内容替换更可能加剧 AP 资源的消耗从而严重影响缓存方案的性能。将内容预取在用户端是一种更灵活的解决办法，因为系统的整体能力会随着用户数量的增加而增强，然而，用户个体动态的浏览行为和有限的存储、带宽和计算资源给该类方案的实施带了巨大的挑战，这要求更加准确的用户行为预测。另外，由于移动环境下用户设备规模巨大，分布式的预取方案需要保证低通信和计算开销。然而，由于缺乏中心的全局控制器，与不可信的邻居节点共享信息会不可避免地带来用户隐私问题。因此，一种面向隐私保护的分布式高准确率预取方案对于移动社交内容服务尤为重要。

2. *内容数据分析中的差分隐私保护*

近年来，个人隐私泄露问题的频繁发生引起了人们对隐私保护的广泛研究。差分隐私作为一种新型的隐私保护机制，通过对传输数据添加干扰项来影响攻击者对输出结果推断的精确度，同时又不影响整体数据的特性，已经成为解决隐私保护问题最有前途的解决方案之一[21]。特别是，根据 Dwork[22]所提出的概念，在差分隐私算法下，任何两个相似的输入，其对应的输出应该也具有相似的结果。因此，对于满足条件的差分隐私算法，个体的信息很难通过对比输出结果来推断。此外，差分隐私提供了一个理论上衡量隐私保护性能的指标，这个独立于数据的指标进一步拓展了差分隐私的发展和应用。最近，一些研究者将差分隐私引入到内容数据的分析中，例如 Mcsherry 等在文献[16]中介绍分析了几种面向差分隐私保护的内容推荐方法，并且重点考虑差分隐私推荐方法在准确性和隐私性之间的权衡问题。在文献[23]中，作者提出了一种面向差分隐私的在线学习内容推荐方法，可以使多个内容供应商能够在不向对方泄露内容信息的情况下进行合作学习和推荐。Acs 等[24]考虑了信息中心网络下的缓存攻击问题，在该场景下，攻击者可以通过持续观测路由节点的缓存状态来推断用户的访问行为，基于此，作者提出了一种差分隐私缓存机制，这种机制在保护用户浏览信息的同时也防止了缓存内容被攻击者检测。

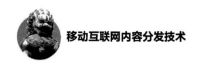

基于上述讨论，差分隐私已经在内容推荐领域得到了广泛的应用。然而，目前面向差分隐私的内容预取的研究相对较少。内容预取策略需要用户间进行信息分享，这一定会存在隐私泄露隐患，因此，在内容预取过程中保护用户隐私是非常有必要的。

8.2 移动网络的内容预取优化模型

8.2.1 用户偏好因素分析

内容预取的性能主要取决于对未来内容流行度估计的准确度，因此研究用户内容请求模式非常重要。本节将对新浪微博上用户的真实数据进行分析，并研究用户浏览行为与内容偏好、流行度和社交影响之间的关系。

1. **数据集**

数据集采用微博用户的浏览日志。微博是中国最受欢迎的移动在线社交网络之一，它让移动端用户可以上传看过的内容（文字、图片或者视频等）并和朋友们分享。一般情况下，用户是通过移动端使用微博，因此大多数视频内容的长度只有 1～10 min，在这种条件下，在本地预取视频可以大幅度减少视频启动时间和播放的流畅程度。数据集包含了来自 45 307 位用户 4 个月间的 10 335 758 条内容访问记录，其中总共包含 21 230 个不同的视频内容，微博将这些视频内容划分为 18 个类别。经过对上述数据的分析，得到了用户浏览模式与用户偏好、内容流行度以及社交关系 3 个因素之间的关系。

2. **用户偏好**

本小节研究内容访问特征和用户偏好之间的关系。我们从数据集中提取了用户所浏览内容的种类，随机选择了两个星期的浏览记录并通过杰卡德相似系数计算每

个用户第 1 周和第 2 周浏览类别之间的平均相似度，杰卡德相似系数的值越高，表明这 2 周的浏览历史就越相似。浏览记录的杰卡德相似系数分布如图 8-1 所示，图 8-1 中虚线表示杰卡德相似系数的累积分布函数（Cumulative Distribution Function，CDF），实线表示其概率密度函数（Probabilistic Density Function，PDF）。从图 8-1 中可以看出，用户的杰卡德相似系数大概率落在区间[0.7,1]中，这表明用户更喜欢访问相似类别的内容，这种偏好在时间变化的情况下是相对稳定的。

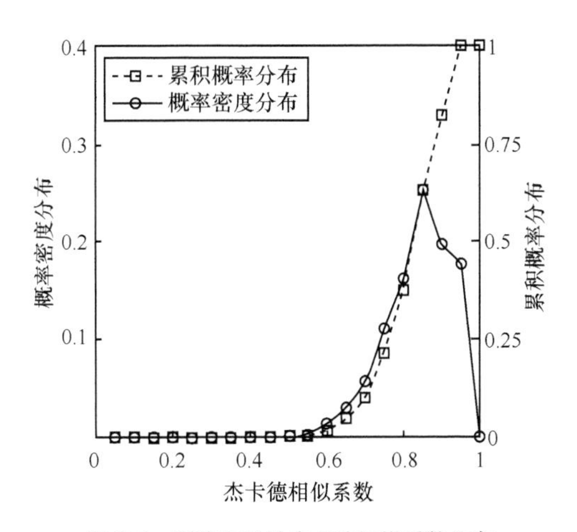

图 8-1　浏览记录的杰卡德相似系数分布

3. 内容流行度

本小节研究内容流行度对观看行为的影响。根据内容的访问频率对给定时间内的所有内容进行排名。首先选择流行度前 500 的内容，并定义前 1～100 个为高流行度，第 101～200 个为较高流行度，第 201～300 个为中等流行度，第 301～400 个为较低流行度，第 401～500 个为低流行度。对于每个流行度，计算在不同时间点击观看的用户比例。不同内容流行度下的用户数量占比随时间的变化如图 8-2 所示。高流行度的内容在 1 h 内会被 80%的用户观看，在 2 h 以后也有 60%的用户观看。对于较低流行度和低流行度的内容，观看比例在前 5 h 一直很低。这个结果表明用户更愿意观看当前流行的内容，对这一现象的解释是直观的，因为更受欢迎的内容在社交网络上的传播速度更快。此外，包括微博在内的大多数内容网站都会把流行内容推到网站的醒目位置，这也进一步提高了流行内容的点击率。

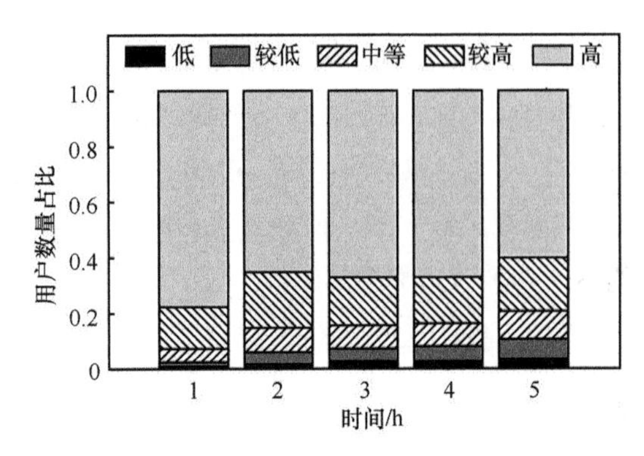

图 8-2　不同内容流行度下的用户数量占比随时间的变化

4. 社交关系

最近的研究表明，社交关系会影响观看访问行为。为了量化社交影响，我们首先提取用户的社交关系，并比较他们的浏览日志。图 8-3 所示为用户观看内容的概率随社交伙伴观看同一内容的比例变化而变化的情况。如图 8-3 所示，用户观看内容的概率随着看过该内容的社交伙伴比例上涨呈上升趋势。特别是，当超过 50%的社交伙伴观看一个内容时，用户观看同一内容的概率就会很高（大于 0.4）。因此，根据图 8-3 中显示的结果，可以很容易地得出结论：用户的观看行为受到其社交伙伴的影响。

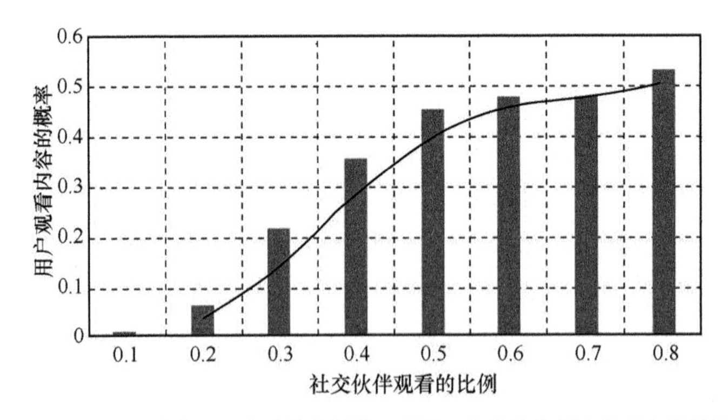

图 8-3　用户观看内容的概率随社交伙伴观看同一内容的比例变化而变化的情况

8.2.2　基于用户偏好、内容流行度和社交关系的预取优化问题建模

受到 8.2.1 节数据分析的启发，本节通过考虑用户偏好、内容流行度和社交关系

3 方面，将预取问题构建为一个在线凸优化的数学模型，为预取决策提供理论指导，此外，本节还提出了预取过程中可能存在的攻击模型，说明了在没有隐私保护的情况下进行预取决策时，用户信息是如何泄露的。本章使用的主要变量名称与定义见表 8-1。

表 8-1　本章使用的主要变量名称与定义

变量	定义
$\mathcal{N}$	移动社交视频服务用户集合
$V(t)$	t 时刻移动视频内容范围
$\boldsymbol{X}_i(t)$	t 时刻视频分类矩阵
$\boldsymbol{y}_i(t)$	t 时刻移动用户 i 的预取机制
$\boldsymbol{w}_i(t)$	t 时刻移动用户 i 的内容访问向量
$\boldsymbol{\kappa}(t)/\hat{\boldsymbol{\kappa}}(t)$	t 时刻内容的真实/估计流行度
$f_{i,t}(\boldsymbol{y}_i(t))$	t 时刻移动用户 i 的预取成本函数
$\bar{\boldsymbol{w}}_i(t)/\tilde{\boldsymbol{w}}_i^*(t)$	t 时刻移动用户 i 的视频真实/估计流行度
$\boldsymbol{\lambda}_i(t)$	t 时刻移动用户 i 的社交偏移参数
$N_i(t)$	移动用户 i 的邻居节点集合
$b_i(t)$	t 时刻移动用户 i 的可用带宽
S	视频内容的大小
$L_{t,2,i}(\bar{\boldsymbol{w}}_i,\gamma_i(t))$	t 时刻 P1 的拉格朗日算子
$L_{t,1}(\boldsymbol{y}_i(t),\mu(t))$	t 时刻 P2 的拉格朗日算子
ς,η	P1 和 P2 的迭代速度
$\boldsymbol{\tau}(t),\varrho(t)$	P1 和 P2 迭代过程中的扰动因子

1. **网络模型**

给定一个网络场景，其中移动终端配备了设备到设备（D2D）的通信模块[25-26]，这些模块允许移动端用户之间直接进行通信。在这种情况下，假设移动用户通过接入基站访问互联网内容，通过 D2D 与邻居节点交换信息并通过分布式学习技术获取网络中的内容流行度。$\mathcal{N}=\{1,2,\cdots,N\}$为用户的集合，$V=\{v_1,v_2,v_3,\cdots\}$代表所有内容对象的集合。由于社交内容服务允许用户不断上传自己生成的新内容，本节进一步假设 V 随时间变化，即 $V(t)$。定义内容类别集合为 C，t 时刻视频分类矩阵为 $\boldsymbol{X}_i(t)$，维数为$(|C|,V(t))$，其中$|\cdot|$表示集合的基数。例如，假设对于 t 时刻的 v_1、v_2 和 v_3，其类别向量分别为 $\boldsymbol{c}_1$、$\boldsymbol{c}_2$ 和 $\boldsymbol{c}_3$，因此，$\boldsymbol{X}_i(t)=[\boldsymbol{c}_1,\boldsymbol{c}_2,\boldsymbol{c}_3,\boldsymbol{0},\cdots,\boldsymbol{0}]$，$\boldsymbol{X}_i(t)$中的 $\boldsymbol{0}$ 是一个$|C|$维的列向量并且所有分量为 0，$\boldsymbol{c}_i$ 是$|C|$维列向量，如果相应的 v_i 属于 j 类，则其第 j 个分量等于 1，否则等于 0。考虑到用户观看过的内容不应该被重复预取，所以对于以前观

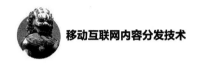

看的任何内容，$X_i(t)$中相应的列为零。为了简化后续的分析，本节假设内容预取在离散时隙 $t\in\mathcal{T}$上进行，其中$\mathcal{T}=\{1,2,\cdots,T\}$。本章分别采用$|V(t)|$维向量 $\boldsymbol{y}_i(t)$和 $\boldsymbol{w}_i(t)$表示用户 $i\in\mathcal{N}$在时刻 t 的预取决策和请求内容，当内容被预取时，$\boldsymbol{y}_i(t)$的对应分量为 1，否则为 0；同理，当内容被浏览时，$\boldsymbol{w}_i(t)$的对应分量为 1，否则为 0。

基于上述网络模型，每个 $t\in\mathcal{T}$ 的预取过程可以描述为：① 在时隙 t 开始时，用户通过学习时隙 t 之前的观看日志来决定预取的内容；② 在时隙 t 之内，用户通过基站访问内容，记录 t 处的观看历史，以便在下一个时隙 $t+1$ 进行预取学习。

2. **预提取最优化问题**

根据 8.2.1 节的数据分析，由于用户偏好、内容流行度和社交关系对用户请求行为有显著影响，本节总结了在进行预取决策时应遵循的规则。

① 移动用户行为感知与需求预测：移动用户作为服务的需求方，其行为方式对移动内容分发优化具有极大影响。感知、分析用户偏好、移动轨迹等能够帮助内容分发系统预测用户的未来行为，从而指导内容或资源的部署，提升移动网络资源利用率。

② 预取内容的类别应该接近历史观看的内容，因为数据分析表明，一个用户访问的内容往往集中在一组特定的类别。

③ 每个时隙的预取策略 $\boldsymbol{y}_i(t)$应该选择高访问频率的内容，因为用户更愿意观看流行度更高的内容。

④ 每个时隙的预取策略 $\boldsymbol{y}_i(t)$应该偏向于用户 i 的社交伙伴经常访问的内容。这是因为用户有很高的概率观看在他们的社交伙伴中很受欢迎的内容。

规则①和②下的预提取方案如下。

假设 $\boldsymbol{\kappa}(t)=1/N\sum_{i\in\mathcal{N}}\boldsymbol{w}_i(t)$ 为 t 时刻内容的真实流行度，$\hat{\boldsymbol{\kappa}}(t)$ 为 t 时刻内容的估计流行度。由于访问过的内容不应该被再次预提取，对于每一个用户 i，通过式（8-1）定义未观看内容的估计流行度。

$$\hat{\boldsymbol{\kappa}}(i,t)=\frac{\tilde{\boldsymbol{w}}_i(t)\otimes\hat{\boldsymbol{\kappa}}_i(t)}{\tilde{\boldsymbol{w}}_i(t)^{\mathrm{T}}\hat{\boldsymbol{\kappa}}_i(t)} \tag{8-1}$$

其中，$\tilde{\boldsymbol{w}}_i(t)=1-\sum_{k\leqslant t}\boldsymbol{w}_i(k)$，从 1 到 i 每组元素进行一次 $\boldsymbol{a}\otimes\boldsymbol{b}$ 的操作得到一个与 $\boldsymbol{a}_i\boldsymbol{b}_i$ 相等的向量。然后，考虑预取规则①和②，构造 i 的预取目标函数如下。

$$D_{t,i}\left(\boldsymbol{y}_i(t)\right)=\left\|\boldsymbol{X}_i(t)\boldsymbol{y}_i(t)-\frac{1}{t-1}\sum_{l\leqslant t}\boldsymbol{X}_i(l)\boldsymbol{w}_i(l)\right\|^2+\left\|\boldsymbol{y}_i(t)-\hat{\boldsymbol{\kappa}}(i,t)\right\|^2 \tag{8-2}$$

其中$\|\cdot\|$是 L2 范数，在下文中将阐述构建如式（8-2）所示的目标函数的合理性。式（8-2）右侧第 1 项鼓励预取与已观看内容相似的内容，第 2 项则试图避免做出在时隙 t 中那些违反流行规则的策略。因此，内容系统在所有时隙$\mathcal{T}$中的总成本函数可以用 $D_{t,i}(\boldsymbol{y}_i(t))$的总和来表示

$$\sum_{i\in\mathcal{N}}\sum_{t\in\mathcal{T}}D_{t,i}\left(\boldsymbol{y}_i(t)\right) \tag{8-3}$$

规则③下的预提取方案如下。

除了用户需求和内容流行度外，社交关系也会影响用户的浏览行为。由于社交特征高度复杂，所以很难对观看行为与社交影响之间的关系进行量化描述。为了代替需要大量内容信息的机器学习方法[12]，本节在目标函数式（8-2）中引入了一个社会偏差项

$$\sum_{i\in\mathcal{N}}\sum_{t\in\mathcal{T}}f_{i,t}\left(\boldsymbol{y}_i(t)\right)=\sum_{i\in\mathcal{N}}\sum_{t\in\mathcal{T}}\left(D_{i,t}\left(\boldsymbol{y}_i(t)\right)-\boldsymbol{\lambda}_i(t)\otimes\boldsymbol{y}_i(t)^{\mathrm{T}}\boldsymbol{y}_i(t)\right) \tag{8-4}$$

其中，$\boldsymbol{\lambda}_i(t)=1/M_i\sum_{j\in N_{s(i)}}\boldsymbol{w}_j(t-1)$，$M_i$指的是用户 i 的社交伙伴数。将第 2 项与式（8-3）结合，考虑到优化条件 $\nabla f_{t,i}\left(\boldsymbol{y}_i^*(t)\right)=0$ 和式（8-3）～式（8-4）中的约束条件 $\nabla D_{i,t}\left(\boldsymbol{s}_i^*(t)\right)=0$，分别得到了对应的最优解 $\boldsymbol{y}_i^*(t)$和 $\boldsymbol{s}_i^*(t)$如下。

$$\boldsymbol{y}_i^*(t)=\left(\boldsymbol{X}_i(t)^{\mathrm{T}}\boldsymbol{X}_i(t)+\boldsymbol{I}\right)^{-1}\boldsymbol{\theta}(t) \tag{8-5}$$

$$\boldsymbol{s}_i^*(t)=\left(\boldsymbol{X}_i(t)^{\mathrm{T}}\boldsymbol{X}_i(t)+\boldsymbol{I}-0.5\boldsymbol{\lambda}_i(t)\right)^{-1}\boldsymbol{\theta}(t) \tag{8-6}$$

其中，$\boldsymbol{\theta}(t)=1/(t-1)\,\boldsymbol{X}_i^{\mathrm{T}}(t)\sum_{l\leqslant t}\boldsymbol{X}_i(l)\boldsymbol{w}_i(l)+\hat{\boldsymbol{\kappa}}(i,t)$，$\boldsymbol{I}$ 为单位矩阵。对比 $\boldsymbol{y}_i^*(t)$和 $\boldsymbol{s}_i^*(t)$，$\boldsymbol{s}_i^*(t)$是 $\boldsymbol{y}_i^*(t)$的 $0.5\boldsymbol{\lambda}_i(t)/\left(\boldsymbol{X}_i(t)^{\mathrm{T}}\boldsymbol{X}_i(t)+\boldsymbol{I}-0.5\boldsymbol{\lambda}_i(t)\right)$倍。由此可知，当应用 $\boldsymbol{s}_i^*(t)$作为任意第 l 个内容的指标时，社交伙伴访问得越频繁，越偏向通过 $\boldsymbol{s}_i^*(t)$提取而不是通过 $\boldsymbol{y}_i^*(t)$。因此，引入的社交偏差 $\boldsymbol{\lambda}_i(t)$ 的实际效果与现实中移动用户有更高的概率观看被社交伙伴推荐的内容这一事实是一致的。

根据以上的分析，此预取优化问题可以被表示为

$$\min\ \sum_{i\in\mathcal{N}}\sum_{t\in\mathcal{T}}f_{i,t}\left(\boldsymbol{y}_i(t)\right) \tag{8-7}$$

$$\text{s.t.}\ \left|\boldsymbol{y}_i(t)\right|\leqslant\frac{b_i(t)\Delta t}{S},\ \forall i\in\mathcal{N} \tag{8-8}$$

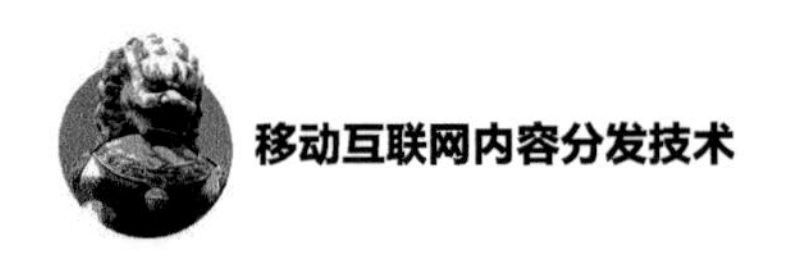

$$\boldsymbol{y}_i \in \{0,1\}^N,\ \forall i \in \mathcal{N} \tag{8-9}$$

其中，$\Delta t = t_{i+1} - t_i$，S 定义了内容的大小，$b_i(t)$定义了当前时间用户 i 可利用的带宽。式（8-8）表明，任意时刻的预取内容的数量受传输能力的限制，式（8-9）表明 $\boldsymbol{y}_i$ 的策略空间为$\{0,1\}^N$，表示预取策略是一个确定的策略。$f_{i,t}(\boldsymbol{y}_i(t))$和$|\boldsymbol{y}_i(t)| - b_i(t)\Delta t/S$ 都是凸函数。因此，与使用确定的预取方案不同，本节方案中的预取工具能够以一定概率预取内容，也就是说，对约束条件式（8-9）可以替换为其线性松弛形式

$$\boldsymbol{y}_i \in [0,1]^N,\ \forall i \in \mathcal{N} \tag{8-10}$$

式（8-10）代表连续空间。由此可见，考虑到全部时间中所有的参数都是动态的，优化问题式（8-7）、式（8-8）和式（8-10）为在线凸优化问题。

由式（8-7）、式（8-8）和式（8-10）可知，所构建的问题分散到了每个用户 i 上，然而，想要得到关键的$\hat{\boldsymbol{\kappa}}_i(t)$需要用户 i 具有所有用户的浏览日志，这显然是不现实的。因此，可以将式（8-7）、式（8-8）和式（8-10）分成 2 个子问题，其中第 1 个子问题是流行度估计，第 2 个子问题是预取学习。

（1）流行度估计子问题

内容流行度$\boldsymbol{\kappa}(t)$的定义为所有$\boldsymbol{w}_i(t)$，$\forall i \in \mathcal{N}$ 的均值，也可以表示为欧几里得距离之和的最小值。

$$\boldsymbol{\kappa}(t) = \arg\min_{\boldsymbol{x}} \sum_{i \in \mathcal{N}} \|\boldsymbol{x} - \boldsymbol{w}_i(t)\|^2,\ \forall i \in \mathcal{N}$$

定义$\hat{\boldsymbol{\kappa}}_i(t)$为移动端用户 i 的估计流行度，它以$\hat{\boldsymbol{\kappa}}_i(t) = \boldsymbol{\kappa}(t)$为目标，也就是说，$\hat{\boldsymbol{\kappa}}_i(t) = \arg\min_{\boldsymbol{x}} \sum_{i \in \mathcal{N}} \|\boldsymbol{x} - \boldsymbol{w}_i(t)\|^2$。因此，通过给用户 i 引入辅助变量$\bar{\boldsymbol{w}}_i(t)$，流行度$\bar{\boldsymbol{\kappa}}_i(t)$的估计可以等效成解决以下凸优化问题 P1。

P1：对于时隙 t

$$\min \sum_{i \in \mathcal{N}} \|\bar{\boldsymbol{w}}_i(t) - \boldsymbol{w}_i(t)\|^2 \tag{8-11}$$

$$\text{s.t.}\quad \bar{\boldsymbol{w}}_i(t) = \bar{\boldsymbol{w}}_j(t),\ \forall j \in N_i(t),\ \forall i \in \mathcal{N} \tag{8-12}$$

$$\bar{\boldsymbol{w}}_i(t) \in [0,1]^N,\ \forall i \in \mathcal{N} \tag{8-13}$$

其中，$N_i(t)$代表 i 在 t 时刻的邻居集合。目标函数式（8-11）旨在对每个$\boldsymbol{w}_i(t)$实现最小距离，约束式（8-12）让所有移动用户在获取$\bar{\boldsymbol{w}}_i(t)$时达成共识。因此，P1 的可行解近似等于 t 时刻的内容流行度。以上问题对于每个移动用户来说是分离互不

影响的，因此，解决 P1 等于对每个 i 单独解决以下问题。

$$\min \ \left\|\bar{\boldsymbol{w}}_i(t)-\boldsymbol{w}_i(t)\right\|^2 \tag{8-14}$$

$$\text{s.t.} \ \ \bar{\boldsymbol{w}}_i(t)=\bar{\boldsymbol{w}}_j(t), \ \ \forall j \in N_i(t) \tag{8-15}$$

$$\bar{\boldsymbol{w}}_i(t) \in [0,1]^N \tag{8-16}$$

对于每个用户 i，只有在求解上述问题时才需要它的相邻用户的 $\bar{\boldsymbol{w}}_j$，这意味着可以实现一种分布式的流行度估计法，该方法仅需移动用户通过 D2D 链路得到他们的单跳相邻用户的信息（详见 8.3 节的算法设计）。

（2）预取学习子问题

与前文类似，设 $\bar{\boldsymbol{w}}_i^*(t)$ 为 t 时隙 $\bar{\boldsymbol{w}}_i(t)$ 的预测值，通过将 $\hat{\boldsymbol{\kappa}}(t)$ 替换为 $\bar{\boldsymbol{w}}_i^*(t)$，式（8-7）～式（8-9）可以被重述为以下问题。

P2：$\forall i \in \mathcal{N}$

$$\min \sum_{t \in \mathcal{T}} f_{i,t}\left(\boldsymbol{y}_i(t), \bar{\boldsymbol{w}}_i^*(t)\right) \tag{8-17}$$

$$\text{s.t. 式（8-8），式（8-10）} \tag{8-18}$$

其中，$f_{i,t}\left(\boldsymbol{y}_i(t), \tilde{\boldsymbol{w}}_i^*(t)\right)$ 可以写成如下形式。

$$f_{i,t}\left(\boldsymbol{y}_i(t), \tilde{\boldsymbol{w}}_i^*(t)\right)=\left\|\boldsymbol{X}_i(t)\boldsymbol{y}_i(t)-\frac{1}{t-1}\sum_{l \leqslant t}\boldsymbol{X}_i(l)\boldsymbol{w}_i(l)\right\|^2+$$
$$\left\|\boldsymbol{y}_i(t)-\hat{\boldsymbol{\kappa}}'(i,t)\right\|^2-\boldsymbol{\lambda}(t)\otimes\boldsymbol{y}_i(t)^{\mathrm{T}}\boldsymbol{y}_i(t) \tag{8-19}$$

其中，$\hat{\boldsymbol{\kappa}}_i'(i,t)$ 等于使用 $\bar{\boldsymbol{w}}_i^*(t)$ 替换 $\hat{\boldsymbol{\kappa}}_i(t)$ 之后的式（8-1）。因此原问题式（8-7）～式（8-9）被转变为 2 个阶段：第 1 个阶段，通过解决 P1 得到流行度；第 2 个阶段，通过解决 P2 来决定优化预取方案。

根据 P1 和 P2 的定义，解决这些问题需要用户共享包含敏感信息的浏览日志。一旦恶意的第三方获取了这些数据，就很可能根据用户的某些显著偏好推断出个人特征，甚至来确定某个特定的人。因此，在解决 P1 和 P2 时，保护浏览日志的隐私格外重要。本节将分别求解 P1 和 P2 并以此讨论预取内容存在的隐私风险。

（1）P1 中的攻击模型

把问题分离到每个用户处解决，并单独定义每个用户 i 的目标函数 $U_{i,t}(x) \triangleq \left\|\boldsymbol{x}-\boldsymbol{w}_i(t)\right\|^2$。然后，对应的拉格朗日表达式[27]如下。

$$L_{t,2,i}\left(\bar{\boldsymbol{w}}_i, \boldsymbol{\gamma}_j(t)\right)=U_{i,t}\left(\bar{\boldsymbol{w}}_i(t)\right)+\sum_{j \in N_i(t)}\boldsymbol{\gamma}_j(t)\times\left(\bar{\boldsymbol{w}}_i(t)-\bar{\boldsymbol{w}}_j(t)\right)$$

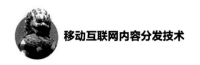

在 KKT 条件[27]下，可以得到

$$\bar{\boldsymbol{w}}_i\left(\gamma(t)\right)=\gamma(t)0.5\boldsymbol{I}+\boldsymbol{w}_i(t) \tag{8-20}$$

其中，$\gamma(t)=\sum_{j\in N_i(t)}\gamma_j(t)$，每一个用户 i 求解 P1 的迭代算法都可以被写成

$$\bar{\boldsymbol{w}}_i(t)=\bar{\boldsymbol{w}}_i\left(\gamma(t)\right) \tag{8-21}$$

$$\gamma_j(t+1)=\gamma_j(t)+\varsigma\left(\bar{\boldsymbol{w}}_i(t)-\bar{\boldsymbol{w}}_j(t)\right),\ \forall j\in N_i(t) \tag{8-22}$$

其中，ς 代表的是迭代速率。式（8-21）～式（8-22）说明解决 P1 需要用户与邻近节点（即 D2D 通信范围内的单跳节点）共享他们的 $\bar{\boldsymbol{w}}_i(t)$。由于交换的信息是平均值而不是 $\boldsymbol{w}_i(t)$，因此迭代过程会隐藏部分浏览日志。然而，与其他相邻用户分享准确的 $\bar{\boldsymbol{w}}_i(t)$，仍然可能会威胁到他们的隐私。在这里，本节提出了一个攻击模型构想，使攻击者能够从式（8-21）～式（8-22）的步骤里推断其相邻用户的真实身份。

首先对攻击者提出以下假设：① 攻击者不能直接威胁目标节点，但可以收集目标节点的 $\boldsymbol{w}_i(t)$；② 攻击者已知初始状态 $\gamma(0)$、ς 和与目标节点相邻的用户数量（通过检测网络拓扑节点得到）。由式（8-21）可知，$\boldsymbol{w}_i(t)$的值可以通过 $\bar{\boldsymbol{w}}_i(\gamma)-\gamma N_i(t)/2$ 得到，它的第一项可从相邻用户 i 和 $N_i(t)$中得知，因此，只需要知道 $\gamma(t)$ 的值就可推测出 $\boldsymbol{w}_i(t)$。

$$\begin{aligned}\Delta\gamma(t)=&\sum_{i\in N_i(t)}\left(\gamma_j(t+1)-\gamma_i(t)\right)=\\&\varsigma\sum_{j\in N_i(t)\cap N_a(t)\cup\{a\}}\left(\bar{\boldsymbol{w}}_i(t)-\bar{\boldsymbol{w}}_j(t)\right)+\varsigma\sum_{j\in N_i(t)/N_a(t)-\{a\}}\left(\bar{\boldsymbol{w}}_i(t)-\bar{\boldsymbol{w}}_j(t)\right)\end{aligned} \tag{8-23}$$

其中，a、$N_a(t)$分别表示攻击者节点和相邻用户节点。因为 $\gamma_i(0)$ 已经被攻击者知道了，并且有

$$\sum_{j\in N_{i(t)}}\gamma_j(t)=\sum_{j\in N_{i(t)}}\gamma_i(0)+\sum_{\omega=1}\Delta\gamma(\omega)$$

因此，攻击者只需估计 $\Delta\gamma(t)$。令 $\boldsymbol{H}(t)\triangleq\varsigma\sum_{j\in N_i(t)/N_a(t)}\left(\bar{\boldsymbol{w}}_i(t)-\bar{\boldsymbol{w}}_j(t)\right)$，当 $\boldsymbol{H}(t)$和式（8-23）的第 1 项足够小时，它对 $\Delta\gamma_i(t)$ 的影响可以被忽略。有几种方法可以降低 $\boldsymbol{H}(t)$对 $\Delta\gamma_i(t)$ 的影响。一个简单的方法是让攻击者连接到用户 i 的所有相邻用户，并使 $H_i(t)$ 成为 0；或者攻击者也可以自身产生一个巨大的 $\bar{\boldsymbol{w}}_a(t)$ 来欺骗用户 i，使得攻击者在估计 $\Delta\gamma_i(t)$ 时抵消 $H_i(t)$的影响。

基于上述讨论，可以得出以下结论：即使移动用户不直接分享他们的 $\boldsymbol{w}_i(t)$，攻

击者仍然可以通过上述方法估计并重构出 $w_i(k)$。

（2）P2 的攻击模型

与 P1 相似，给出 P2 的拉格朗日函数如下

$$L_{t,1}\left(\boldsymbol{y}_i(t), \mu(t)\right) = f_{i,t}\left(\boldsymbol{y}_i(t), \overline{\boldsymbol{w}}_i^*(t)\right) + \mu(t)\left(\left|\boldsymbol{y}_i(t)\right| - b_i(t)\Delta t / S\right) \tag{8-24}$$

根据文献[28]，对于每一个用户 i，解决 P2 的迭代过程都可以被写成

$$\mu(t+1) = \mu(t) + \eta\left(\left|\boldsymbol{y}_i(t)\right| - B_i(t)\right) \tag{8-25}$$

$$\boldsymbol{y}_i(t+1) = \arg\min_{y} L_{t,1}\left(\boldsymbol{y}_i(t), \mu(t+1)\right) \tag{8-26}$$

其中，$B_i(t) = b_i(t)\Delta t / S$，$\eta$ 是 P2 的迭代速率。由 $f_{i,t}\left(\boldsymbol{y}_i(t), \tilde{\boldsymbol{w}}_i^*(t)\right)$（见式（8-19））的构成可知，移动用户应该在每个时隙和他们的社交伙伴分享浏览日志 $w_i(t)$。一般来说，这些用户在现实/虚拟世界中也可能互相认识，所以分享给他们信息这种行为被认为是安全的。然而，在许多其他情况中，用户可能不愿意向他们的社交伙伴泄露真实的浏览行为，举例来说，包括新浪微博在内的很多社交网站允许用户关注任何人而不需得到被关注者的允许，这个特征使得算法在执行式（8-25）和式（8-26）时，攻击者能轻易地观察目标用户的 $w_i(t-1)$。因此，对社交网站的用户来说，保护已经被分享的浏览日志仍然是很必要的。

8.3　面向差分隐私的预取优化算法

首先，本节介绍针对移动社交内容预取提出的面向差分隐私的分布式学习系统的体系结构：DPDL-SVP。图 8-4 所示为以分布式学习为基础的移动社交内容预提取概览。本节假设每个移动终端都配备了 D2D 通信模块，使相邻节点之间能够直接进行信息交换。DPDL-SVP 在用户端实现所需的所有组件。具体来说，DPDL-SVP 的逻辑工作流由以下几个过程组成：收集浏览日志、流行度估计和内容预取。这些进程的主要目标是准确决策哪些内容应该被预取，并使用差分隐私技术保护用户隐私，为了达到这一目的，DPDL-SVP 的运作方式如下。

① 收集浏览日志阶段。为了提供准确的预取服务，需要收集内容浏览日志。在 DPDL-SVP 中使用了一个浏览日志收集组件来连续记录浏览历史。内容被用户点击时，这个组件将会生成一个（v, x, t）形式的浏览日志，其中 v、x 和 t 分别表示对应

内容的名称、种类和浏览时间，这个浏览日志存储在用户本地，不需上传到服务器，因此，确保了用户在数据收集阶段的隐私。

② 流行度估计阶段。收集到的浏览日志将被传递给流行度估计组件，该组件以D2D为基础进行相邻用户之间的通信，并分布式估计全局内容流行度，这里的估计基于P1。为了在与相邻用户分享本地浏览信息时进一步保护隐私，设计了一个基于隐私的二重差分分布式算法来解决P1。

③ 内容预取阶段。浏览日志和估计的流行度将传递给预取学习组件。由于本章提出的预取问题被构建成P2，所以每个用户只需要获取社交伙伴的浏览行为就可以独立决定各自的预取内容。本节设计了一种面向差分隐私的分布式在线算法来解决P2，并且在$w_i(t)$分享过程添加扰乱来保护用户隐私。

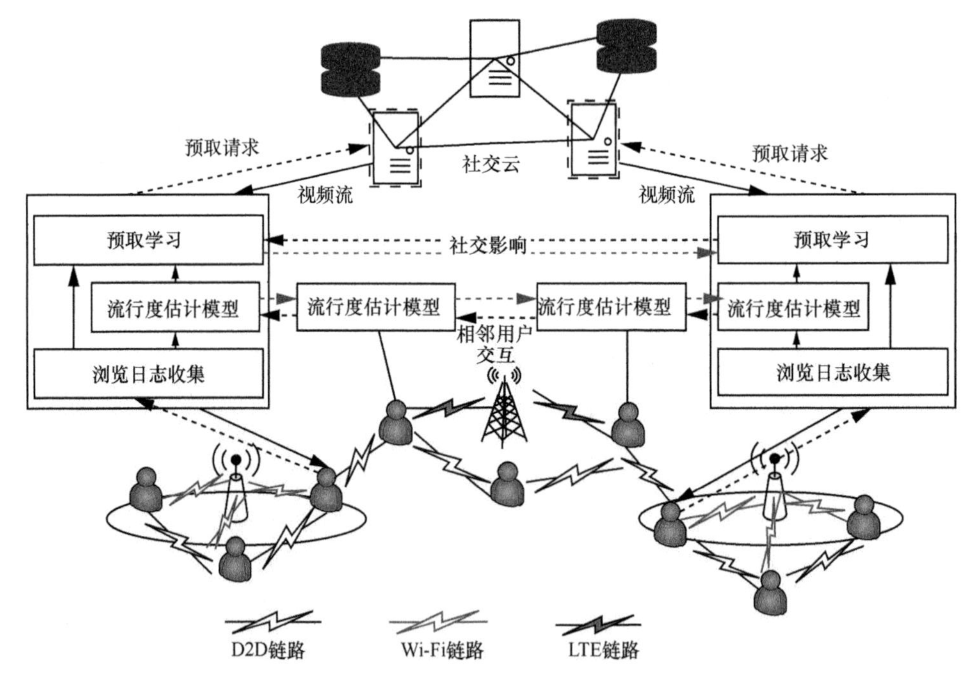

图 8-4 以分布式学习为基础的移动社交内容预提取概览

1. 在线学习的差分隐私

差分隐私（Differential Privacy，DP）最初被Dwork[21]提出，其主要思想是通过添加随机噪声（即拉普拉斯噪声）使任何两个相似的输出不可区分。不同于k-anonymity[29]等经典方法，差分隐私技术不需要对内容信息进行假设，为量化评估

隐私性能提供了机会。这些显著的特性使得 DP 能够更好地与基于机器学习的算法相结合，同时有助于隐私和算法性能均衡的量化分析。本章受到 DP 思想的启发，提出下文中基于差分隐私的在线学习算法。

定义 8.1：在线 ε-差分隐私（ODP）：给定数据空间 $D \subset \mathbf{R}^d$，对于一个随机分布式算法 F：$\mathbf{R}^d \to \mathbf{R}$，设 F_k 为算法的第 k 次迭代过程，$\varepsilon(k)$ 为第 k 次的隐私变量。如果对于任意的迭代 k，数据集 D_1 和 D_2 最多只能有一个元素不同，且满足不等式（8-27），那么该算法是在线 ε-差分隐私的。

$$\frac{\Pr\left|F_k(D_1)=r\right|}{\Pr\left|F_K(D_2)=r\right|} \leqslant \mathrm{e}^{\varepsilon(k)} \tag{8-27}$$

其中，$r \in \mathbf{R}$。

上述定义为在线算法提供了充足的差分隐私安全。在迭代过程 k 中，通过观察输出，识别任意两个相似集合的概率与 $\mathrm{e}^{\varepsilon(k)}$ 成正比，根据定义 8.1，$\mathrm{e}^{\varepsilon(k)}$ 值可以很小。由于输出对于给定的输入是确定的，根据式（8-21）、式（8-22）和式（8-25）、式（8-26），直接求解 P1 和 P2 的算法过程并不满足差分隐私。为了给移动预取提供差分隐私保护，分别针对 P1 和 P2 提出了两种面向差分隐私的算法。

2. 针对 P1 的在线差分隐私算法

本小节提出了一种基于对偶差分隐私的算法来求解 P1，该算法在迭代过程中通过在对偶变量 $\boldsymbol{\gamma}_i(t)$ 上加入拉普拉斯噪声来扰乱攻击者。在 P1 中定义拉普拉斯噪声的灵敏度为 $\Delta\bar{\boldsymbol{w}}_i$ [21]。

$$\Delta\bar{\boldsymbol{w}}_i = \arg\max_{S_1,S_2,t}\left|\boldsymbol{w}_i(t)-\boldsymbol{w}'_i(t)\right| = \arg\max_{S_1,S_2,k,i}\sum_{j\in V(t)}\left|\boldsymbol{w}_{i,j}(k)-\boldsymbol{w}'_{i,j}(t)\right| \tag{8-28}$$

对于 $\boldsymbol{\gamma}(t)$ 中的任意第 n 个算法组件，都加上一个拉普拉斯噪声 $\tau_n(t)$，它的密度函数是 $\psi\left(\tau_n(t)\right) \propto \mathrm{e}^{-|x|\frac{\varepsilon(t)}{\Delta\bar{w}_i}}$，$\varepsilon(t)$ 是时隙 t 的差分变量，设向量 $\boldsymbol{\tau}(t) \triangleq \{\tau_n(t)\}_{n=1}^{|V(t)|}$，使用在线差分隐私解决 P1 的迭代的步骤如下。

$$\bar{\boldsymbol{w}}_i(t) = \bar{\boldsymbol{w}}_i\left(\boldsymbol{\gamma}(t)\right) \tag{8-29}$$

$$\bar{\boldsymbol{w}}'_i(t) = \bar{\boldsymbol{w}}_i\left(\boldsymbol{\gamma}(t)+\boldsymbol{\tau}(t)\right) \tag{8-30}$$

$$\boldsymbol{\gamma}_j(t+1) = \boldsymbol{\gamma}_j(t)+\varsigma\left(\bar{\boldsymbol{w}}_i(t)-\bar{\boldsymbol{w}}'_j(t)\right),\ \forall j \in N_i(t) \tag{8-31}$$

与式（8-29）相似，式（8-30）可以通过计算得出。

$$\bar{\boldsymbol{w}}_i'(t)=\frac{1}{2}\left(\boldsymbol{\gamma}(t)\boldsymbol{I}+\boldsymbol{\tau}(t)\right)+\boldsymbol{w}_i(t) \tag{8-32}$$

根据上述的迭代步骤，每个时隙的移动用户都会保存 $\bar{\boldsymbol{w}}_i(t)$，并与相邻用户分享受干扰的 $\bar{\boldsymbol{w}}_i'(t)$，这有效防止了 $\bar{\boldsymbol{w}}_i(t)$ 的泄露。

在每个时隙 t 中，上述迭代都能够计算出当前时刻的内容流行度。为了进一步解决问题 P2，需要对未来流行度进行估计，接下来将介绍一种流行度估计方法。假设观看内容的用户数量依赖于一个传播变量 ς 和未观看内容的用户占比。设观看内容的比例为 $A(t)$，有

$$A(t+\Delta t)=A(t)+\varsigma\left(1-A(t)\right)\Delta t \tag{8-33}$$

使 $\Delta t\approx \mathrm{d}t$，可以得出

$$\frac{\mathrm{d}A(t)}{\mathrm{d}t}=\varsigma\left(1-A(t)\right),\ A(0)=0$$

求解上述微分方程，有 $A(t)=1-\mathrm{e}^{-\varsigma t}$。这表明观看比例的变化遵循一个参数为 ς 的指数分布。由于 t 时的流行度等于 t 时观察到的概率密度，即

$$\kappa(t)=\frac{\mathrm{d}A(t)}{\mathrm{d}\varsigma}=\varsigma\mathrm{e}^{-\varsigma t}$$

接下来，采用最小二乘估计来确定 ς 的最优值 ς^*。

$$\varsigma^*=\arg\min_{\varsigma}\sum_{k=0}^{k=t-1}\left(\ln\boldsymbol{\kappa}(k)-\ln\varsigma\mathrm{e}^{-\varsigma k}\right)^2 \tag{8-34}$$

因此，下一时隙的浏览日志可通过式（8-35）估算

$$\tilde{\boldsymbol{w}}_i^*(t+1)=\varsigma^*\mathrm{e}^{-\varsigma^* t+1} \tag{8-35}$$

根据迭代公式（8-29）～式（8-31）和流行度估计公式（8-35），求解 P1 的算法可以被归纳为算法 8-1。在该算法中，每个移动用户更新 $\bar{\boldsymbol{w}}_i(t)$ 并和他的社交伙伴交流 $\bar{\boldsymbol{w}}_i'(t)$。通过式（8-35），移动用户利用 $\{\boldsymbol{w}_i(k)\,|\,k<t\}$ 的序列去估计下一时隙的 $\bar{\boldsymbol{w}}_i^*(t+1)$，输出的 $\bar{\boldsymbol{w}}_i^*(t+1)$ 将会被传递给预取学习组件。此外，根据伪代码规则，算法 8-1 的时间复杂度取决于迭代次数，即 $O(T)$。

算法 8-1 针对 P1 的分布式在线差分隐私算法

输入：步长 ς，$\boldsymbol{\gamma}(0)$，迭代时间 $\mathcal{T}$，$\boldsymbol{\kappa}(\mathcal{T})$

输出：预测的流行度序列 $\left\{\tilde{\boldsymbol{w}}_i^*(t)\right\}_{t\in\mathcal{T}},\forall i\in\mathcal{N}$

while $t \in \mathcal{T}$ do

　　通过式（8-29）计算 $\bar{\boldsymbol{w}}_i(t)$；

　　$\boldsymbol{\kappa}[t] \leftarrow \bar{\boldsymbol{w}}_i(t)$；

　　for each $j \in N_i(t)$ do

　　　　通过式（8-31）更新 $\boldsymbol{\gamma}_j(t)$；

　　end for

　　通过式（8-30）计算 $\bar{\boldsymbol{w}}_i'(t)$；

　　将 $\bar{\boldsymbol{w}}_i'(t)$ 广播给所有 $j \in N_i(t)$；

　　通过式（8-34）计算 ς^*；

　　通过式（8-35）预估 $\tilde{\boldsymbol{w}}_i^*(t)$；

end

3. 针对 P2 的在线差分隐私算法

与求解 P1 不同，求解 P2 需要直接和社交伙伴分享浏览日志。因此，本小节提出了一个在每个用户 i 处执行的算法，通过添加噪声 $\boldsymbol{\varrho}(t)$ 扰乱被分享的 $\boldsymbol{w}_i(t)$ 来实现算法的差分隐私，其中 $\boldsymbol{\varrho}(t) \triangleq \left[\varrho_1(t), \cdots, \varrho_{|V(t)|}(t)\right]$。具体来说，对于 $\boldsymbol{w}_i(t)$ 的第 1 个组件，加入随机噪声 $\varrho_l(t)$，它遵循以下指数分布。

$$\psi\left(\varrho_l(t)\right) \propto \mathrm{e}^{-|x|\frac{\varepsilon(t)}{\Omega_i(t)\Delta w}} \tag{8-36}$$

其中，$\Omega_i(t) \triangleq \arg\max_{j \in M_i} M_j$，$\Delta \boldsymbol{w}$ 是回放行为的敏感度。

$$\Delta \boldsymbol{w} = \max_{D_1, D_2} \left|\boldsymbol{w}(D_1) - \boldsymbol{w}(D_2)\right|_i = \max_{D_1, D_2} \sum_{l \in V(t)} \left|\boldsymbol{w}_{d,l}(t) - \boldsymbol{w}_{d',l}(t)\right| \tag{8-37}$$

对于给定的 D_1 和 D_2 两个数据集，它们只有 1 个元素（d 和 d'）不同。$\boldsymbol{w}_{d,l}(t)$ 定义了 $\boldsymbol{w}_d(t)$ 的第 l 个组件。基于最初的迭代式（8-25）、式（8-26），把面向差分隐私的迭代分为两个部分：① 预取学习子迭代；② 扰动子迭代。在子迭代①中，移动用户通过式（8-25）、式（8-26）来解决 P2，与此同时，带有噪声 $\boldsymbol{\varrho}(t)$ 的 $\boldsymbol{w}_i(t)$ 被分享给下一个用户。因此，解决 P2 的差分隐私迭代步骤如下。

$$\mu(t+1) = \mu(t) + \eta(\boldsymbol{y}_i(t) - b_i(t)) \tag{8-38}$$

$$\boldsymbol{v}_i(t) = \boldsymbol{w}_i(t) + \boldsymbol{\varrho}(t) \tag{8-39}$$

$$\boldsymbol{\lambda}_i(t+1) = \frac{1}{M_i(t)} \sum_{l \in M_{i(t)}} \boldsymbol{v}_l(t) \tag{8-40}$$

$$\boldsymbol{y}_i(t+1) = \arg\min_{\boldsymbol{y}} L_{t,1}(\boldsymbol{y}_i(t), \mu(t+1)) \tag{8-41}$$

面向差分隐私的 P2 求解过程可以被总结为算法 8-2。在时隙 t，i 的预取学习组件分别从流行度估计组件和社交伙伴处收集 $\tilde{\boldsymbol{w}}_i^*(t+1)$ 和 $\boldsymbol{v}_j(t)$，然后，通过式（8-40）～式（8-41）分别计算 $\boldsymbol{\lambda}_i(t+1)$ 和 $\boldsymbol{y}_i(t+1)$。根据式（8-41），$\boldsymbol{y}_i(t+1)$ 是 $L_{t,l}\left(\boldsymbol{y}_i(t), \mu\left(t+1\right)\right)$ 的最小值。因为 $\nabla L_{t,l}\left(\boldsymbol{y}_i(t), \mu(t+1)\right)=0$ 是凸函数并且是二次微分函数，根据最小化的必要条件，$\boldsymbol{y}_i\left(t+1\right)$ 可以通过求解 $\nabla L_{t,l}\left(\boldsymbol{y}_i(t), \mu\left(t+1\right)\right)=0$ 得到，即 $\boldsymbol{y} = L_{t,l}^{-1'}\left(\mu\left(t+1\right)\right)$，其中

$$L_{t,l}^{-1'}\left(\mu\left(t+1\right)\right) \triangleq \left(\boldsymbol{X}_i(t)^{\mathrm{T}}\boldsymbol{X}_i(t) + \boldsymbol{I} - 0.5\boldsymbol{\lambda}_i(t)\right)^{-1}\left(\boldsymbol{\theta}(t) + \mu(t)\right) \tag{8-42}$$

最后，用户 i 将被扰乱的 $\boldsymbol{v}_i(t)$ 广播给社交伙伴。根据算法 8-2 中描述的伪代码，算法 8-2 的时间复杂度主要由迭代次数和预取次数决定，假设 B 是一个与可用带宽有关的参数，预取次数与 B 有关，因此，算法 8-2 的时间复杂度上界为 $O(TB)$。

算法 8-2 针对 P2 的分布式在线差分隐私算法

输入：步长 η，$\mu(0)$，迭代时间 $\mathcal{T}$;

输出：预取策略 $\boldsymbol{y}_i(t)$;

while $t \in \mathcal{T}$ do

　　/*预取策略*/

　　输入 $\bar{\boldsymbol{w}}_i^*(t)$；

　　从 $\forall j \in M_i(t)$ 中收集 $\boldsymbol{v}_l(t)$;

　　通过式（8-40）计算 $\boldsymbol{\lambda}_i(t+1)$；

　　通过式（8-38）更新 $\mu(t+1)$；

　　通过式（8-41）得到 $\boldsymbol{y}_i(t+1)$；

　　/*添加干扰*/

　　生成拉普拉斯噪声 $\boldsymbol{\varrho}(t)$；

　　通过式（8-39）计算 $\boldsymbol{v}_i(t)$;

　　将 $\boldsymbol{v}_i(t)$ 广播给社交伙伴，$\forall j \in N_i(t)$;

　　/*内容预取*/

　　根据 $\boldsymbol{y}_i(t+1)$ 来预期内容 l;

　　$b_i(t+1) \leftarrow b_i(t+1) - \mathrm{size}(l)$;

end

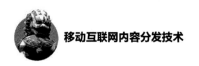

接下来讨论算法 8-1 和算法 8-2 的性能优劣，分别证明这些算法是遵循差分隐私性能的，并给出算法 8-1 和算法 8-2 与最优算法差值的上界，从理论上证明它们的性能。

1. **差分隐私保护**

给出以下定理来描述算法 8-1 的在线差分隐私。

定理 8.1： 给定概率遵循 $\mathrm{e}^{-|x|\frac{\varepsilon(t)}{\Delta\bar{w}}}$ 指数分布的噪声，在每个时隙 t，由式（8-29）～式（8-31）分步给出的算法满足在线 ε-差分隐私。

证明：

受噪声影响的 $\boldsymbol{w}_i(t-1)$ 表示为式（8-43）。

$$\boldsymbol{w}_i(t-1)=\bar{\boldsymbol{w}}_i(t)-\frac{1}{2}\boldsymbol{\gamma}(t)\boldsymbol{I}-\frac{1}{2}\boldsymbol{\tau}(t) \tag{8-43}$$

因此，有 $\boldsymbol{\tau}(t)=2\left(\bar{\boldsymbol{w}}_i(t)-\boldsymbol{w}_i(t)\right)-\boldsymbol{\gamma}(t)\boldsymbol{I}$ 。

对于给定的两个集合 S_1 与 S_2，并且这两个集合间只存在一个不同的元素，令 $\bar{\boldsymbol{w}}_i'(t)\in S_1$， $\bar{\boldsymbol{w}}_i(t)\in S_2$。可以得到

$$\frac{\Pr\left(\bar{\boldsymbol{w}}_i(t)=\boldsymbol{w}\right)}{\Pr\left(\bar{\boldsymbol{w}}_i'(t)=\boldsymbol{w}\right)}\overset{\text{a}}{=}\frac{\prod\limits_{j\in V(t)}\Pr\left(2\left(\bar{\boldsymbol{w}}_{i,j}-\boldsymbol{w}_{i,j}(t)\right)-\boldsymbol{\gamma}_i(t)\right)}{\prod\limits_{j\in V(t)}\Pr\left(2\left(\bar{\boldsymbol{w}}_{i,j}-\boldsymbol{w}_{i,j}'(t)\right)-\boldsymbol{\gamma}_i(t)\right)}\overset{\text{b}}{\leqslant}$$

$$\prod_{j\in V(t)}\mathrm{e}^{|\boldsymbol{w}_{i,j}-\boldsymbol{w}_{i,j}'|\frac{\epsilon(t)}{\Delta\boldsymbol{w}_i}}=\mathrm{e}^{\sum\limits_{j\in V(t)}|\boldsymbol{w}_{i,j}-\boldsymbol{w}'i,j|\frac{\epsilon(t)}{\Delta\boldsymbol{w}_i}}\overset{\text{c}}{\leqslant}\mathrm{e}^{\epsilon(t)} \tag{8-44}$$

其中，$\boldsymbol{w}_j$ 是 $\boldsymbol{w}$ 的第 j 个组件。因为任意 $\left(\tau_m(t),\tau_n(t)\right)$ 都是独立同分布的，所以式（8-44）中等式 a 成立。另外由于 $\tau_{i,j}$ 是连续的随机变量，式（8-44）中不等式 b 也成立。那么有

$$\Pr\{\tau_{i,j}=r_j\}=\lim_{o\to 0}\Pr\{r_j-o\leqslant\tau_{i,j}\leqslant r_j+o\}=\lim_{o\to 0}\mathcal{F}(r_j+o)-\mathcal{F}(r_j-o) \tag{8-45}$$

其中，$\mathcal{F}(\cdot)$ 是随机变量 τ_i 的质量分布函数。那么可以得到

$$\frac{\Pr\{\tau_{i,j}=r_j\}}{\Pr\{\tau_{i,j}=r_j'\}}=\lim_{o\to 0}\frac{\left(\mathcal{F}(r_j+o)-\mathcal{F}(r_j-o)\right)2o}{\left(\mathcal{F}(r_j'+o)-\mathcal{F}(r_j'-o)\right)2o}=\frac{\psi(r_j)}{\psi(r_j')}=\mathrm{e}^{|r_j'|-|r_j|}\leqslant\mathrm{e}^{|r_j'-r_j|} \tag{8-46}$$

因为 $\Delta\boldsymbol{w}_i$ 是定义的敏感度，因此，式（8-44）中不等式 c 成立。

式（8-27）成立，因此式（8-44）也就是 ODP 被满足，可以推导出定理 8.1。

证毕。

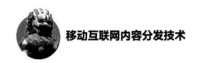

相似地，以下定理描述了算法 8-2 的差分隐私。

定理 8.2：给定概率为 $\mathrm{e}^{-|x|\frac{N_i(t)\varepsilon}{\Delta\lambda}}$ 的指数分布的噪声，在每个时隙 t，迭代公式（8-38）～式（8-41）满足在线 ε-差分隐私。

证明：

根据式（8-38）～式（8-41），移动用户与其社交伙伴共享 $\boldsymbol{w}_i(t)+\varrho(t)$，因此，接收到的 $\boldsymbol{\lambda}_i(t+1)$ 为

$$\boldsymbol{\lambda}_i(t+1)=\frac{1}{M_i}\sum_{l\in N_i(t)}(\boldsymbol{w}_i(t)+\varrho(t)) \tag{8-47}$$

因此，给定的两个集合 D_1 和 D_2 仅有一个元素不同，那么对于 $\boldsymbol{\lambda}_i(t)\in D_1$ 和 $\boldsymbol{\lambda}_i'(t)\in D_2$ 有

$$\begin{aligned}\frac{\Pr(\boldsymbol{\lambda}_i(t)=\boldsymbol{\lambda})}{\Pr(\boldsymbol{\lambda}_i'(t)=\boldsymbol{\lambda})}&\overset{\mathrm{d}}{=}\frac{\prod\limits_{l=V(t)}\Pr(M_i\boldsymbol{\lambda}-\sum\limits_{j\in M_i}\boldsymbol{w}_{j,l}(t))}{\prod\limits_{l\in V(t)}\Pr(M_i(t)\boldsymbol{\lambda}-\sum\limits_{j\in M_i(t)}\boldsymbol{w}_{j,l}'(t))}\overset{\mathrm{e}}{\leqslant}\\ &\prod_{l\in V(t),j\in M_i}\mathrm{e}^{\left|\boldsymbol{w}_{j,l}'(t)-\boldsymbol{w}_{j,l}(t)\right|\frac{\epsilon(t)}{\Omega_j(t)\Delta\boldsymbol{w}}}=\mathrm{e}^{\sum\limits_{l\in V(t)}\sum\limits_{j\in M_i}\left|\boldsymbol{w}_{j,l}'(t)-\boldsymbol{w}_{j,l}(t)\right|\frac{\epsilon(t)}{\Omega_j(t)\Delta\boldsymbol{w}}}\overset{\mathrm{f}}{\leqslant}\mathrm{e}^{\epsilon}\end{aligned} \tag{8-48}$$

其中，对于任意服从独立同分布的$\left(\varrho_m(t),\varrho_n(t)\right)$，根据式（8-47）可得式（8-48）中等式 d 是成立的。式（8-48）中不等式 e 与式（8-48）中不等式 b 类似。根据敏感度 $\Delta\boldsymbol{w}$ 的定义和 $\Omega_j(t)\geqslant M_i$ 两个条件，式（8-48）中不等式 f 成立。再根据定义 8.1，定理 8.2 得证。

证毕。

2. 与最优算法差值的上界分析

（1）算法 8-1 与最优算法差值的上界分析

算法 8-1 的目标是得到估计流行度 $\overline{\boldsymbol{w}}_i(t)$ 的序列，它可以被近似认为是时隙 t 的内容流行度。为了测量估计值的性能，本小节定义了差值指数 r_i 作为时间累积的估计值与理论优化值的距离，它被表示为

$$r_i=\sum_{t\in\mathcal{T}}\left(U_{i,t}(\overline{\boldsymbol{w}}_i(t))-U_{i,t}(\overline{\boldsymbol{w}}_i^*(t))\right)$$

其中，$U_{i,t}(x)=\sum\limits_{i\in\mathcal{N}}\left\|\boldsymbol{x}-\boldsymbol{w}_i(t)\right\|^2$，$\overline{\boldsymbol{w}}_i^*(t)$ 是 t 时隙 P1 的最优解（实际流行度）。根据定义，r_i 描述了流行度估计的累积损失。r_i 越小表明估计的流行度越接近实际的流

行度。引入以下定理以确保算法 8-1 服从 r_i 所表示的上限。

定理 8.3：给定用于解决 P1 的算法式（8-29）～式（8-31），初始状态 $r_i(0)=0$ 和 $\boldsymbol{p}_{j,t}(\boldsymbol{x})=\boldsymbol{x}-\overline{\boldsymbol{w}}_j(t)$。差值指数 r_i 是以下函数的下边界。

$$r_i \leqslant \frac{\left\|\varsigma\left(M+\frac{1}{2}\boldsymbol{\tau}\right)\right\|^2}{2\varsigma}+2|\varsigma\boldsymbol{\tau}r|\sum_{t\in\mathcal{T}}N_i(t)$$

其中，M、$\boldsymbol{\tau}$、r 分别是 $\boldsymbol{p}_{j,t}(\overline{\boldsymbol{w}})$、差分噪声 $\boldsymbol{\tau}(j,t)$ 和 $\boldsymbol{\gamma}_j(t), j\in N_i(t)$ 的边界。

证明：

令 $\boldsymbol{h}_t(\boldsymbol{x})=U_{i,t}(\boldsymbol{x})+\boldsymbol{\gamma}_i(t)\sum_{j\in N_i(t)}\boldsymbol{p}_{j,t}(\boldsymbol{x})$。

因为 $\boldsymbol{h}_t(\boldsymbol{x})$ 是凸的，可以得到

$$\boldsymbol{h}_t(\boldsymbol{y})\geqslant\boldsymbol{h}_t(\boldsymbol{x})+\nabla\boldsymbol{h}_t(\boldsymbol{x})^{\mathrm{T}}(\boldsymbol{y}-\boldsymbol{x}) \tag{8-49}$$

以及最优化条件

$$\nabla\boldsymbol{h}_t\left(\boldsymbol{y}_i(t)\right)^{\mathrm{T}}\left(\boldsymbol{y}-\boldsymbol{y}_i(t)\right)\geqslant 0 \tag{8-50}$$

将 $\boldsymbol{y}$ 和 $\boldsymbol{x}$ 分别替换为 $\overline{\boldsymbol{w}}_i^*(t)$ 与 $\overline{\boldsymbol{w}}_i(t)$，可以得到

$$U_{i,t}\left(\overline{\boldsymbol{w}}_i^*(t)\right)+\sum_{j\in N_i(t)}\boldsymbol{\gamma}_j(t)\boldsymbol{p}_{j,t}\left(\overline{\boldsymbol{w}}_i^*(t)\right)\geqslant U_{i,t}\left(\overline{\boldsymbol{w}}_i(t)\right)+\sum_{j\in N_i(t)}\boldsymbol{\gamma}_j(t)\boldsymbol{p}_{j,t}\left(\overline{\boldsymbol{w}}_i(t)\right) \tag{8-51}$$

令 $\boldsymbol{\gamma}(t)$ 与 $\boldsymbol{p}_t(\overline{\boldsymbol{w}})$ 分别表示向量 $\{\boldsymbol{\gamma}_j(t)\}_{j\in N_i(t)}$ 与 $\{\boldsymbol{p}_{j,t}(\overline{\boldsymbol{w}}_i(t))\}_{j\in N_i(t)}$，那么可以进一步将式（8-51）简化为

$$U_{i,t}(\overline{\boldsymbol{w}}_i^*(t))+\boldsymbol{\gamma}(t)\boldsymbol{p}_t(\overline{\boldsymbol{w}}^*)\geqslant U_{i,t}(\overline{\boldsymbol{w}}_i(t))+\boldsymbol{\gamma}(t)\boldsymbol{p}_t(\overline{\boldsymbol{w}}) \tag{8-52}$$

令 $\boldsymbol{\tau}(j,t)$ 表示添加到用户 j 的噪声 $\boldsymbol{\tau}(t)$，根据式（8-32），可以得到

$$\begin{aligned}\|\boldsymbol{\gamma}(t+1)\|^2&=\left\|\boldsymbol{\gamma}(t)+\zeta\left(\boldsymbol{p}_t(\overline{\boldsymbol{w}})-\frac{1}{2}\boldsymbol{\tau}(t)\right)\right\|^2=\\&\|\boldsymbol{\gamma}(t)\|^2+2\zeta\boldsymbol{\gamma}(t)\left(\boldsymbol{p}_t(\overline{\boldsymbol{w}})-\frac{1}{2}\boldsymbol{\tau}(t)\right)+\left\|\zeta\left(\boldsymbol{p}_t(\overline{\boldsymbol{w}})-\frac{1}{2}\boldsymbol{\tau}(t)\right)\right\|^2\end{aligned} \tag{8-53}$$

其中，$\boldsymbol{\tau}(t)$ 表示向量 $\{\boldsymbol{\tau}(j,t)\}_{j\in N_i(t)}$。因此，

$$\sum_{j\in N_i(t)}\boldsymbol{\gamma}(t)\boldsymbol{p}_{j,t}\left(\overline{\boldsymbol{w}}_i(t)\right)=\frac{\|\boldsymbol{\gamma}(t+1)\|^2-\|\boldsymbol{\gamma}(t)\|^2}{2\zeta}-\frac{\left\|\zeta\left(\boldsymbol{p}_t(\overline{\boldsymbol{w}})-\frac{1}{2}\boldsymbol{\tau}(t)\right)\right\|^2}{2\zeta}+2\zeta\sum_{j\in N_i(t)}\boldsymbol{\gamma}_j(t)\boldsymbol{\tau}(j,t) \tag{8-54}$$

将式（8-54）代入式（8-51），可以推导出如下不等式。

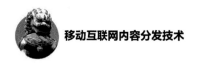

$$U_{i,t}\left(\overline{\boldsymbol{w}}_i^*(t)\right)+\sum_{j\in N_i(t)}\gamma_j(t)\boldsymbol{p}_{j,t}\left(\overline{\boldsymbol{w}}_i^*(t)\right)+\frac{\left\|\zeta\left(\boldsymbol{p}_t(\overline{\boldsymbol{w}})-\frac{1}{2}\boldsymbol{\tau}(t)\right)\right\|^2}{2\zeta}+$$
$$2\zeta\sum_{j\in N_i(t)}\gamma_j(t)\boldsymbol{\tau}(j,t)\geqslant U_{i,t}\left(\overline{\boldsymbol{w}}_i(t)\right)+\frac{\|\boldsymbol{\gamma}(t+1)\|^2-\|\boldsymbol{\gamma}(t)\|^2}{2\zeta} \tag{8-55}$$

因此，$\overline{\boldsymbol{w}}_i^*(t)$ 满足限制条件式（8-12），式（8-55）可以被改写为

$$U_{i,t}\left(\overline{\boldsymbol{w}}_i(t)\right)+\frac{\|\boldsymbol{\gamma}_i(t+1)\|^2-\|\boldsymbol{\gamma}_i(t)\|^2}{2\zeta}\leqslant U_{i,t}\left(\overline{\boldsymbol{w}}_i^*(t)\right)+\frac{\left\|\zeta\left(\boldsymbol{p}_t(\overline{\boldsymbol{w}})-\frac{1}{2}\boldsymbol{\tau}(t)\right)\right\|^2}{2\zeta}+2\zeta\sum_{j\in N_i(t)}\gamma_j(t)\boldsymbol{\tau}(j,t) \tag{8-56}$$

因为 $\boldsymbol{p}_t(\boldsymbol{x})$ 是有界的，即存在一个常数 M 使得 $\boldsymbol{p}_t(\boldsymbol{x})\leqslant M$，而 $\boldsymbol{\tau}(j,t)$ 的第 l 个组件以及 $\boldsymbol{\gamma}_j(t)$ 边界分别为 $|\boldsymbol{\tau}|$ 与 $|\boldsymbol{\gamma}|$。累加 t 时刻所有的不等式

$$\sum_{t\in T}U_{i,t}\left(\overline{\boldsymbol{w}}_i(t)\right)+\frac{\|\boldsymbol{\gamma}(T)\|^2-\|\boldsymbol{\gamma}(0)\|^2}{2\zeta}\leqslant\sum_{t\in T}U_{i,t}\left(\overline{\boldsymbol{w}}_i^*(t)\right)+\frac{T\left\|\zeta\left(M+\frac{1}{2}\boldsymbol{\tau}\right)\right\|^2}{2\zeta}+2|\zeta\boldsymbol{\tau}\boldsymbol{\gamma}|\sum_{t\in T}N_i(t) \tag{8-57}$$

因为 $\boldsymbol{\gamma}(0)=0$，并且 $0\leqslant\boldsymbol{\gamma}(T)\leqslant|N_i(t)|^2|\boldsymbol{\gamma}|$，定理得证。

证毕。

根据定理 8.3，r_i 取决于算法 8-1 的步长和相邻用户的数量，步长越小，流行度估计所能达到的精度就越高，然而，小的步长也会带来更慢的收敛速度，导致更多的计算开销。因此，为了平衡算法的性能和开销，应该考虑适当的步长。另外，相邻用户密度的增加也可能影响流行度评估的准确性。

（2）算法 8-2 与最优算法差值的上界分析

为了研究算法 8-2 与最优算法差值的上界，假设存在一个最优解 $\boldsymbol{y}_i^*$ 满足下式。

$$\boldsymbol{y}_i^*=\arg\min_{\boldsymbol{y}\in\text{式(8-18)}}\sum_{t\in T}f_i(\boldsymbol{y}) \tag{8-58}$$

定义 P1 的差值指数如下。

$$R_i=\sum_{t\in T}f_{i,t}\left(\boldsymbol{y}_i(t)\right)-\sum_{t\in T}f_{i,t}(\boldsymbol{y}_i^*) \tag{8-59}$$

定理 8.4 确定了 R_i 的上界。

定理 8.4： G_1、G_2 和 $\overline{\varrho}$ 分别为 $\nabla D_{i,t}\left(\mu(t)\right)$、$\mu(t)$ 和 $\boldsymbol{\varrho}(t)$，$\forall i,t$ 的上界。给定的 P2 的最优解 $\boldsymbol{y}_i^*$ 满足式（8-43），算法 8-2 使用式（8-38）、式（8-39）和式（8-41）

递归生成差值上界

$$R_i \leqslant \frac{1}{2\eta}G_2 - \frac{1}{2\eta}G_2^2 + \left(\frac{\eta}{2}+\frac{\eta^2}{2}\right)G_1^2 + T\overline{\varrho}$$

证明：

为了证明该定理，首先证明式（8-60）的上界

$$R_i^{\text{off}} = \sum_{t\in\mathcal{T}} f_{i,t}^{\text{off}}(\boldsymbol{y}_i(t)) - \sum_{t\in\mathcal{T}} f_{i,t}(\boldsymbol{y}_i^*) \tag{8-60}$$

然后证明式（8-61）的上界

$$D_i = \sum_{t\in\mathcal{T}} (f_{i,t}(\boldsymbol{y}_{i,t}(t)) - f_{i,t}^{\text{off}}(\boldsymbol{y}_i^*)) \tag{8-61}$$

其中，$f_t^{\text{off}}(\boldsymbol{y}_i(t))$表示去掉无噪声干扰下的$f_{i,t}(\boldsymbol{y}_i(t))$。

首先考虑R_i^{off}，对于 P1 的拉格朗日函数$L_{t,1}(\boldsymbol{y}_i(t),\mu(t))$，有以下对偶函数

$$D_{i,t}(\mu) = \min_{y_i(t)} L_{t,1}(\boldsymbol{y}_i(t),\mu(t)) \tag{8-62}$$

根据式（8-41），$\boldsymbol{y}_i(t) = \arg\min_{y_i} L_{t,1}(\boldsymbol{y},\mu(t))$，并且通过松弛条件，对偶问题$\sum_{t=\mathcal{T}} \max_{\mu(t)} D_i(\mu(t))$与式（8-17）～式（8-18）有共同最优解，$f_t(\boldsymbol{y}^*) = D_{i,t}(\mu^*)$，然后

$$\sum_{t\in\mathcal{T}} f_t^{\text{off}}(\boldsymbol{y}_i(t)) + \mu(t)\psi(\boldsymbol{y}_i(t)) - \sum_{t\in\mathcal{T}} f_t(\boldsymbol{y}^*) = \sum_{t\in\mathcal{T}} (D_{i,t}(\mu(t)) - D_{i,t}(\mu^*)) \tag{8-63}$$

其中，$\psi(\boldsymbol{y}_i(t)) = |\boldsymbol{y}(t)|\Delta t - b_i(t)$，由于$-D_{i,t}(\cdot)$是凸的，有

$$-D_{i,t}(\boldsymbol{y}) + D_{i,t}(\boldsymbol{x}) - \langle \boldsymbol{y}-\boldsymbol{x}, -\nabla D_{i,t}(x)\rangle \geqslant 0 \tag{8-64}$$

分别用$\mu(t)$和μ^*代替式（8-64）中的$\boldsymbol{y}$和$\boldsymbol{x}$

$$-D_{i,t}(\mu(t)) + D_{i,t}(\mu^*) - \langle \mu(t)-\mu^*, -\nabla D_{i,t}(\mu(t))\rangle \geqslant 0 \tag{8-65}$$

因此，有

$$D_{i,t}(\mu(t)) - D_{i,t}(\mu^*) \leqslant \langle \mu(t)-\mu^*, \nabla D_{i,t}(\mu(t))\rangle \tag{8-66}$$

并且$\mu(t+1) = \mu(t) + \eta\nabla D_{i,t}(\mu(t))$，可以得到

$$\|\mu(t+1)-\mu\|^2 = \|\mu(t)-\mu\|^2 + \eta^2\|\nabla D_{i,t}(\mu(t))\|^2 + 2\eta\langle\nabla D_{i,t}(\mu(t)), \mu(t)-\mu\rangle \tag{8-67}$$

用μ^*替换式（8-67）中的μ，可以得到

$$D_{i,t}(\mu(t)) - D_{i,t}(\mu^*) \leqslant \frac{\|\mu(t+1)-\mu^*\|^2 - \|\mu(t)-\mu^*\|^2}{2\eta} + \frac{\eta}{2}\|\nabla D_{i,t}(\mu(t))\|^2 \tag{8-68}$$

进一步可以推导出

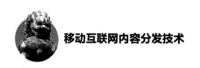

$$\| \mu(t+1)\|^2 = \| \mu(t) + \eta \nabla D_{i,t}(\mu(t))\|^2 = \\ \| \mu(t)\|^2 + 2\mu(t)\eta \nabla D_{i,t}(\mu(t)) + \eta^2 \| \nabla D_{i,t}(\mu(t))\|^2 \tag{8-69}$$

因为 $\nabla D_{i,t}\left(\mu(t)\right) = \psi\left(\boldsymbol{y}_i(t)\right)$，通过式（8-69）可以得到式（8-70）。

$$\mu(t)\psi(\boldsymbol{y}_i(t)) = \frac{\| \mu(t+1)\|^2 - \| \mu(t)\|^2}{2\eta} - \frac{\eta^2}{2} \| \nabla D_{i,t}(\mu(t))\|^2 \tag{8-70}$$

对于所有 i、t，$\left\|\nabla D_{i,t}(\mu(t))\right\| \leqslant G_1$，其中 G_1 是利普希茨常数，$\mu(t) \leqslant G_2$，并且 $\mu(0) = 0$，通过结合式（8-68）～式（8-70），可以得出不等式（8-71）。

$$\begin{aligned} R_i^{\text{off}} &= \sum_{t \in \mathcal{T}} f_i^{\text{off}}\left(\boldsymbol{y}_i(t)\right) - \sum_{t \in \mathcal{T}} f_t(\boldsymbol{y}^*) = \\ &\sum_{t \in \mathcal{T}} \left(D_{i,t}\left(\mu(t)\right) - D_{i,t}(\mu^*) - \mu(t)\psi\left(\boldsymbol{y}_i(t)\right)\right) \leqslant \\ &\sum_{t \in \mathcal{T}} \left(\frac{\left\|\mu(t+1) - \mu^*\right\|^2 - \left\|\mu(t) - \mu^*\right\|^2}{2\eta} + \frac{\eta}{2}\left\|\nabla D_{i,t}\left(\mu(t)\right)\right\|^2 - \right. \\ &\left. \frac{\left\|\mu(t+1)\right\|^2 - \left\|\mu(t)\right\|^2}{2\eta} + \frac{\eta^2}{2}\left\|\nabla D_{i,t}\left(\mu(t)\right)\right\|^2 \right) \leqslant \\ &\frac{1}{2\eta} G_2 - \frac{1}{2\eta} G_2^2 + \left(\frac{\eta}{2} + \frac{\eta^2}{2}\right) T G_1^2 \end{aligned} \tag{8-71}$$

然后，证明 D_i 的上界，根据式（8-39）～式（8-40），干扰函数和非干扰函数之间的差值可以表示为

$$f_i^{\text{no}}(t) - f_i^{\text{off}}(t) = \frac{1}{M_t(t)} \sum_{i \in M_i(t)} \varrho(l,t) \tag{8-72}$$

其中，$\varrho(l,t)$ 是伙伴 l 添加的拉普拉斯噪声，对所有 l、t 和 $\varrho(j,t) \leqslant \overline{\varrho}$ 有

$$D_i = \sum_{i \in \mathcal{T}} f_i^{\text{no}}(t) - \sum_{i \in \mathcal{T}} f_i^{\text{off}}(t) \leqslant T\overline{\varrho} \tag{8-73}$$

由于 $R_i = R_i^{\text{off}} + D_i$，定理 8.4 得证。

证毕。

8.4 实验验证和性能分析

本节基于真实用户的浏览记录进行一系列的模拟测试，并展示 DPDL-SVP 算法的性能。具体来说，首先验证算法 8-1 和算法 8-2 的收敛性，并检验流行度估计的

准确性。此外，还将 DPDL-SVP 算法与现有的几种同类型解决方案进行对比，验证 DPDL-SVP 算法在预取准确性、时延、通信开销方面的性能优势。

8.4.1　实验环境设置

为了评估 DPDL-SVP 算法的性能，我们从新浪微博提取了 1 000 个用户 1 个月内生成的内容浏览记录。因为用户观看的内容数量远小于网络上内容的总数，所以这些浏览日志显得比较稀疏。进一步地，从这 1 000 个用户的数据中选择了流行度排行前 100 的内容进行仿真。所有的内容都以 2 000 kbit/s 的比特率播放并被分成 2 s 长的块。当下载完 5 个数据块时，将启动播放。为了忽略启动时延，预取方案最多缓存 5 个内容块，所以在选择要预取的内容时，将下载 10 MB 大小的内容。为了模拟无线场景，本节基于网络仿真软件 NS-3 构造了一个具有 1 000 个移动节点的拓扑结构，每个移动节点在数据轨迹中表示一个浏览内容的用户。所有节点都配备了 LTE 和 Wi-Fi 通信模块，通过 LTE 连接基站来访问内容，在 Wi-Fi 连接下与其他用户形成分布式学习互动。移动性模型则采用随机路径节点模型，以上条件设置源于我们之前的工作[25]，每个移动节点速率的范围被设置成[5,15] m/s。由于浏览日志非常稀疏，因此将 1 个月的轨迹数据压缩到 1 440 s，仿真中的 1 s 等于实际轨迹中的 30 min。如此一来，相当于加速了仿真的速度，迭代速率是每秒 10 次。步长 ς 和学习速率 η 都设置为 10^{-4}，预取空间的缓存替换机制为最近最少使用（Least Recently Used，LRU）方案[25]。

8.4.2　实验结果对比分析

（1）算法 8-1 的收敛性

图 8-5 所示为在不同差分隐私变量 $\varepsilon(t)$ 下式（8-29）～式（8-31）是如何迭代收敛成为 P1 最优解的，量化了算法 8-1 的隐私性能和收敛性能。在图 8-5（a）～图 8-5（c）中，随机选择了 9 个用户的数据来分析第 1 个内容的受欢迎程度。如图 8-5 所示，随着算法迭代次数的增加，图中的每一条曲线都很好地收敛了到真实的流行程度曲线，虽有偏差但是偏差都比较小。根据理论分析，造成这种偏差的原因是观看行为的动态性，这一点直接影响了我们对流行度的估计。通过比较图 8-5（a）～图 8-5（c），还可以观察到收敛性随着 $\varepsilon(t)$ 的增加而变得更好，这是因为当 $\varepsilon(t)$ 增加时，拉普拉斯噪声会趋近于 0，从而使得算法达到了更高的精度，同时也加强了隐私的保护强度。

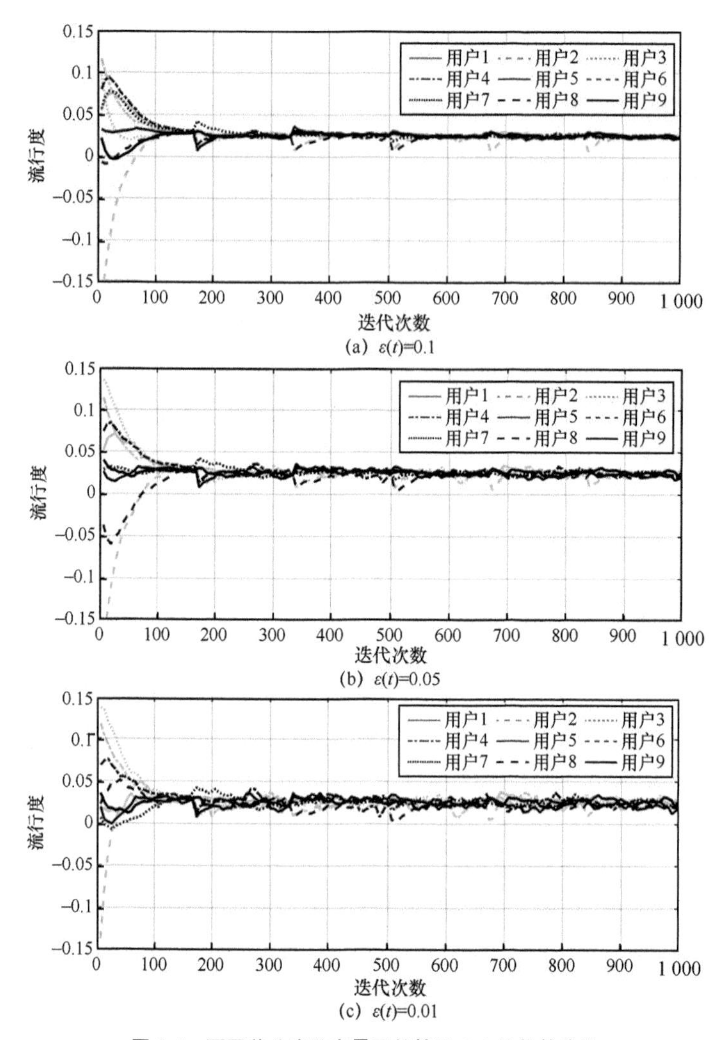

(a) $\varepsilon(t)$=0.1

(b) $\varepsilon(t)$=0.05

(c) $\varepsilon(t)$=0.01

图 8-5 不同差分隐私变量下的算法 8-1 的收敛曲线

（2）算法 8-1 中流行度的估计精度

为了验证估计流行度的准确性，随机抽取了 3 个内容，图 8-6 所示为它们的估计流行度与实际流行度之间的比较。如图 8-6 所示，虚线表示估计的流行度，实线表示实际流行度，随着迭代次数的增加，不同噪声条件下的所有虚线都逐渐逼近相应的实线，特别是经过 600 次迭代后，虚线几乎和实线一致，这一现象表明流行度估计的精度越来越高。根据该算法，移动用户在预测行为开始时只有小区域的信息资源（大约一或两跳），通过相邻用户之间的多次消息交换，移动用户开始对整体流行度有了全面的了解，从而呈现出估计精度的增长趋势。此外，通过比较附加噪

声 $\varepsilon(t)$ 的不同情况，可以发现随着 $\varepsilon(t)$ 的减小，性能也呈下降的趋势。这主要是因为消息携带的拉普拉斯噪声的交换损害了估计的准确性，$\varepsilon(t)$ 越小，不确定性就越大。

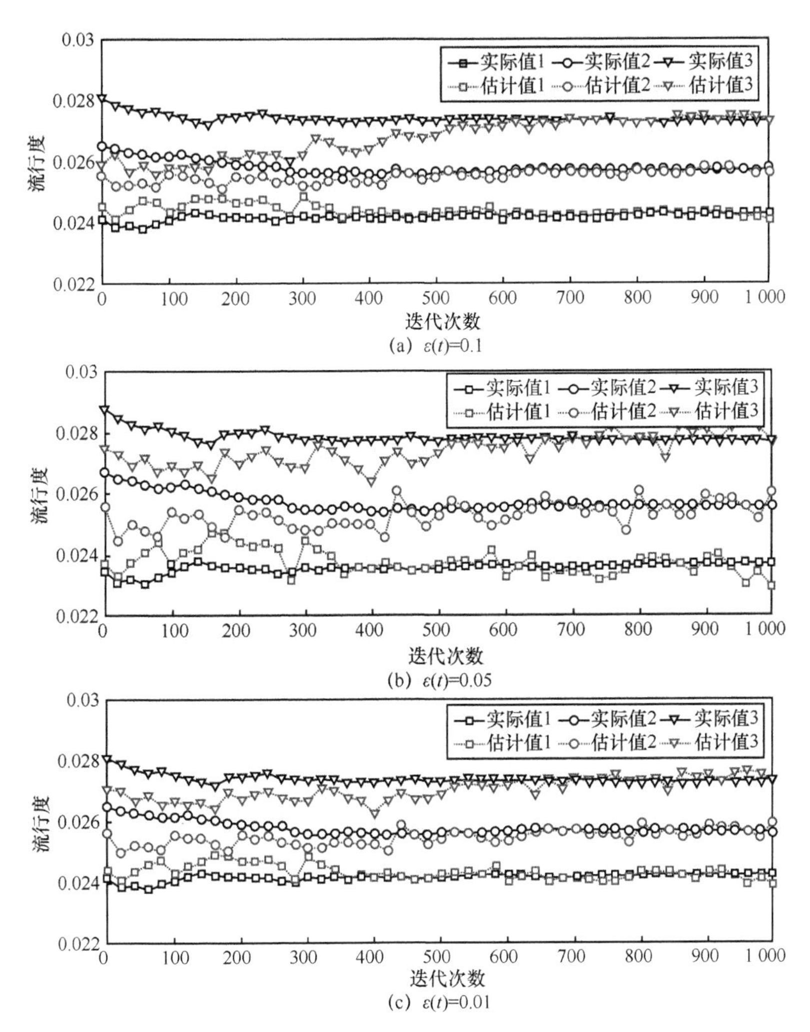

(a) $\varepsilon(t)$=0.1

(b) $\varepsilon(t)$=0.05

(c) $\varepsilon(t)$=0.01

图 8-6　估计流行度与实际流行度的比较

（3）算法 8-2 的收敛性

图 8-7 所示为算法 8-2 在不同差分隐私变量 $\varepsilon(t)$ 下的算法 8-2 的收敛曲线。如图 8-7 所示，尽管浏览日志 $w_i(t)$随时间变化，所有用户也都随迭代次数增加收敛到最优值。与图 8-5 的结论类似，算法 8-2 的精度随着 $\varepsilon(t)$ 的上升而呈现上升趋势。根据差分隐私定义，一个较大的 $e^{\varepsilon(t)}$ 可能会导致较小的噪声，但由于 $e^{\varepsilon(t)}$ 变得更大了，两个相似的集

合之间的差距也会变大。该结论表明，增加$\varepsilon(t)$可以获得更好的收敛性能，但会损害隐私保护性能。

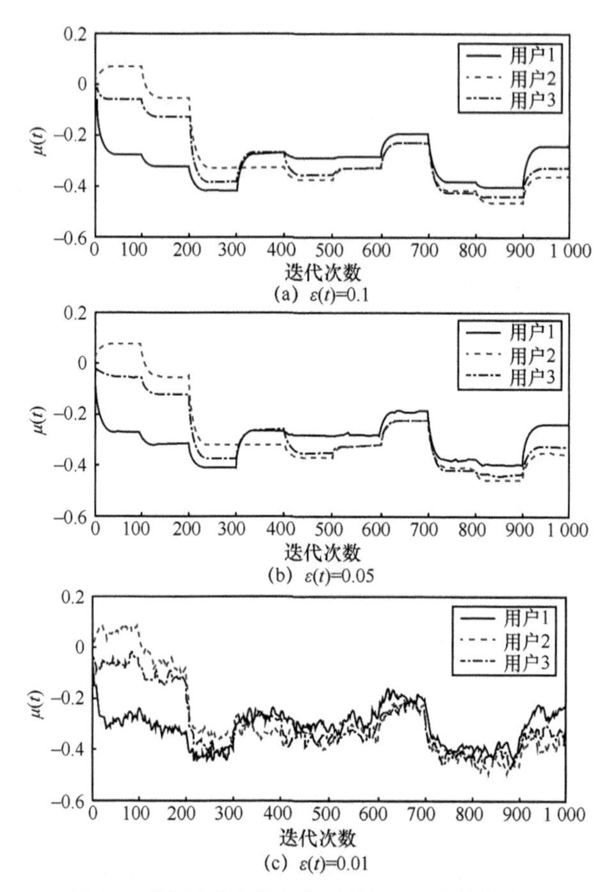

(a) $\varepsilon(t)$=0.1

(b) $\varepsilon(t)$=0.05

(c) $\varepsilon(t)$=0.01

图 8-7　不同差分隐私变量下的算法 8-2 的收敛曲线

接下来，将所提出的 DPDL-SVP 算法与其他 3 种不同的算法进行了比较，分别是：① 只基于流行度的预取（Popularity-Based Prefetching，PBP）算法；② 只基于社会关系的预取（Social Relationship-Based Prefetching，SRP）算法 [18]，其内容是通过用户之间的社交关系推送的；③ 文献[12]中的社交驱动的预取（Socially-Driven Prefetching，SDP）算法，其依赖于一个基于聚类的潜在偏差学习模型。

（1）平均预取精度（Average Prefetching Accuracy，APA）

令 $H(t)$和 $Y(t)$分别代表时隙 t 中预取内容被访问数和内容被访问总数，定义时隙 t 的预取精度为 $H(t)$和 $Y(t)$的比值，并通过每个时隙预取精度的时间平均和来衡量预

取精度。不同算法的平均预取精度见表 8-2，其中，不考虑隐私的 DPDL-SVP 算法达到了最高的精度。随着带宽的增加，相比其他算法，本章提出的算法表现出了更好的性能。在不考虑隐私的情况下，与 DPDL-SVP 算法相比，SDP 算法也表现出了相似的性能。另外两种算法具有相对较低的精度，其平均预取精度均未超过 55%。取得这样性能的原因是 DPDL-SVP 算法综合分析了用户偏好、内容流行度和社交关系等用户行为的主要影响因素，并提出了一种能够收敛到最优解的性能保证算法。基于集群的社交关系和潜在差异的模型可以捕捉内容访问的特征，因此 SDP 算法比 SRP 算法和 PBP 算法具有更好的性能。然而，在学习预取时，需要大量的信息，包括任意给定内容的特定社会交互，这就增加了隐私泄露的风险。SRP 算法在不考虑内容流行度的情况下推送内容给用户，因此，在内容规模很大的情况下会出现更低的精度。PBP 算法只预取流行的内容而不考虑用户的兴趣和社会影响。此外，也可以观察到当加入拉普拉斯噪声时预取精度会减少这一事实，这与收敛分析中观察到的加入噪声会影响算法的性能是一致的。

表 8-2　不同算法的平均预取精度

带宽/(Mbit·s^{-1})	DPDL-SVP 算法（不考虑隐私）/%	DPDL-SVP 算法（$\varepsilon(t)$=0.05）/%	PBP 算法/%	SRP 算法/%	SDP 算法/%
10	62.34	59.12	43.59	46.61	57.52
20	66.21	62.39	49.21	49.08	61.37
30	70.22	67.10	54.14	53.30	65.01

（2）时延减少量（Latency Reduction，LR）

由于预取的主要目标之一就是减少内容的访问时延，因此本节也测试了不同方法的时延减少量。令内容 l 在时隙 t 的下载时间为 $D(l,t)$，如果内容 l 被请求了并且本地缓存了该内容，时延 $D(l,t)$将会减少，定义时隙 t 中时延减少的总量为 $\sum_{l\in H_i(t)} D(l)$，因此，使用被减少的时延和被访问内容的比值来定义 LR，即 $\sum_{l\in H_i(t)} D(l)/Y(t)$。图 8-8（a）～图 8-8（c）所示为不同带宽下 4 种算法的时延减少量，如图 8-8 所示，随着带宽的增加，LR 开始减少，这是因为更大的访问带宽导致了更低的启动时延。在所有带宽条件下，不考虑隐私的 DPDL-SVP 算法在大多数情况下都能获得最好的性能。当用户带宽达到 30 Mbit/s 时，$\varepsilon(t)$=0.05 的 DPDL-SVP 算法比起 PBP 算法和 SRP 算法分别减少了大约 35%和 39%的访问时延，这一现象与预取精度的不同有相同原因，因为 DPDL-SVP 算法综合考虑了符合用户真实行为特征的 3 个因素：用户需求、内容流行度和社交关系，此外，还提出了一种有性能保障的两阶段算法，该算法能够得到预取问题的近似最优解。在这些条件综合影响下，DPDL-SVP 算法达到了最好的性能。SDP 算法同样表现出了比 PBP 算法和 SRP 算法更好效果。SDP 算法中基于聚类的潜在偏差模型对用户之间的社交关系进行了深入的研究，相对准确地描述了用户的观看行为。

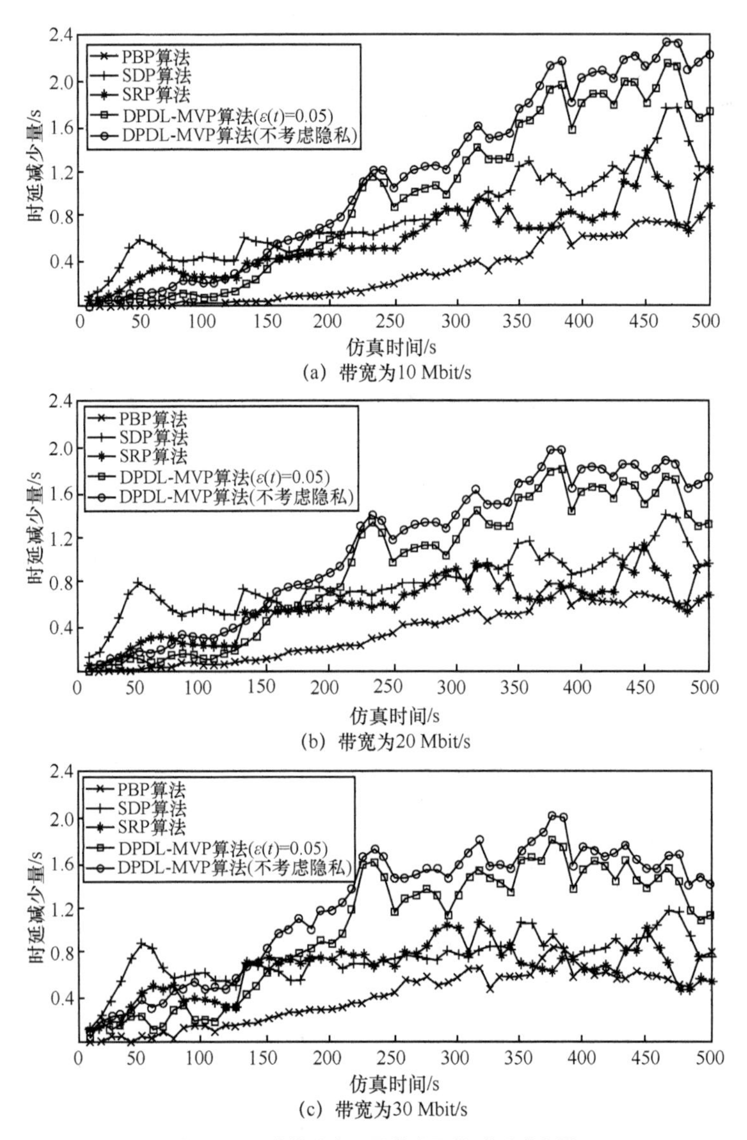

(a) 带宽为10 Mbit/s

(b) 带宽为20 Mbit/s

(c) 带宽为30 Mbit/s

图 8-8　4 种算法在不同带宽下的时延减少量

（3）平均通信开销（Average Communication Overhead，ACO）

本节还测量了每个移动用户的通信开销，即时隙 t 中与其他移动用户交换的累计消息数。令 $O(t)$为 t 时隙以前用户 i 交换的信息总量，ACO 在时间上的大小量化为 $1/N\Sigma_{i\in N}\Sigma_{k\leq t}O(t)$ 。图 8-9 所示为用户数为 300、500 和 1 000 时的平均通信开销。如图 8-9 所示，所有的通信开销都随时间的变化呈线性增长，这是因为每个时隙交换信息的数量都是相对稳定的，特别是随着用户规模的增加，ACO 的增量很小，因为交换信息的数量只与相邻用户和社交伙伴的数量有关，因此，本章提出的算法有良好的可扩展性。

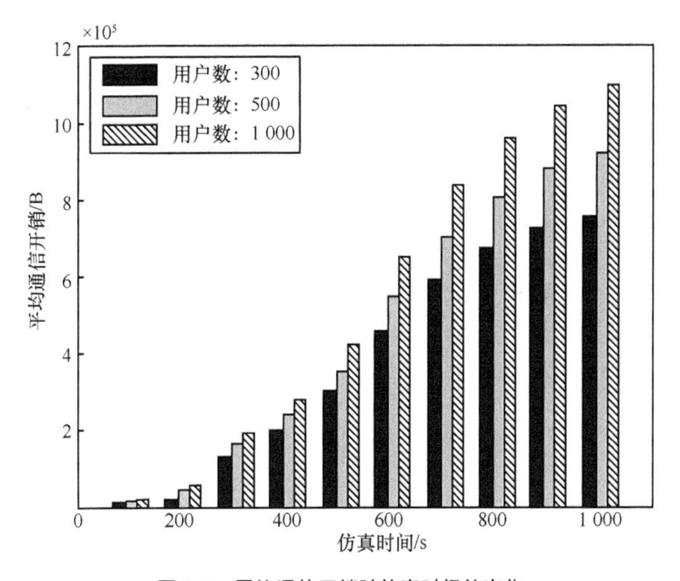

图 8-9　平均通信开销随仿真时间的变化

8.5　本章小结

本章主要研究了移动社交内容预取技术，并提出了一个面向分布式差分隐私的在线学习方法。首先研究了影响用户行为的主要因素，并通过对真实数据的分析揭示了内容预取规则。然后，根据预取规则把预取问题构建为一个在线凸优化问题模型，为了简化问题求解，进一步将该问题分解成两个子问题，并且介绍了一个分布式解决方案。基于所构建的问题，设计了 DPDL-SVP 算法，这种算法只需要移动用户与其相邻用户和社交伙伴进行信息交互就可以在用户侧解决上述两个子问题。除此之外，DPDL-SVP 算法还引入了差分隐私机制用来保护敏感的浏览信息。基于真实数据的仿真结果表明，本章提出的 DPDL-SVP 算法能够在预测准确性、访问时延等方面取得优异的性能，此外，本章还评估了通信开销，结果显示该算法具有良好的可扩展性。

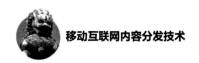

参考文献

[1] HU H, WEN Y, FENG S. Budget-efficient viral video distribution over online social networks: Mining topic-aware influential users[J]. IEEE Transactions on Circuits and Systems for Video Technology, 2018, 28(3): 759-771.

[2] WANG Z, SUN L, ZHU W, et al. Joint social and content recommendation for user-generated videos in online social network[J]. IEEE Transactions on Multimedia, 2013, 15(3): 698-709.

[3] WANG X, CHEN M, KWON T T, et al. AMES-cloud: A framework of adaptive mobile video streaming and efficient social video sharing in the clouds[J]. IEEE Transactions on Multimedia, 2013, 15(4): 811-820.

[4] XU C, JIA S, ZHONG L, et al. Socially aware mobile peer-to-peer communications for community multimedia streaming services[J]. IEEE Communications Magazine, 2015, 53(10): 150-156.

[5] HU H, WEN Y, NIYATO D. Spectrum allocation and bitrate adjustment for mobile social video sharing: Potential game with online QoS learning approach[J]. IEEE Journal on Selected Areas in Communications, 2017, 35(4): 935-948.

[6] WANG X, KWON T, CHOI Y, et al. Cloud-assisted adaptive video streaming and social-aware video prefetching for mobile users[J]. IEEE Wireless Communications, 2013, 20(3): 72-79.

[7] KILANIOTI I. Improving multimedia content delivery via augmentation with social information: The social prefetcher approach[J]. IEEE Transactions on Multimedia, 2015, 17(9): 1460-1470.

[8] XU Q, SU Z, ZHENG Q, et al. Game theoretical secure caching scheme in multihoming edge computing-enabled heterogeneous networks[J]. IEEE Internet of Things Journal, 2018, 6(3): 4536-4546.

[9] HU H, LI Y, WEN Y. Toward rendering-latency reduction for composable web services via priority-based object caching[J]. IEEE Transactions on Multimedia, 2018, 20(7): 1864-1875.

[10] XU C, ZHAO F, GUAN J, et al. QoE-driven user-centric vod services in urban multihomed P2P-based vehicular networks[J]. IEEE Transactions on Vehicular Technology, 2013, 62(5):

2273-2289.

[11] MA G, WANG Z, CHEN M, et al. APRank: Joint mobility and preference-based mobile video prefetching[C]//Proceedings of 2017 IEEE International Conference on Multimedia and Expo. Piscataway: IEEE Press, 2017: 7-12.

[12] WU C, CHEN X, ZHU W, et al. Socially-driven learning-based prefetching in mobile online social networks[J]. IEEE/ACM Transactions on Networking, 2017, 25(4): 2320-2333.

[13] HU W, HUANG J, WANG Z, et al. MUSA: Wi-Fi AP-assisted video prefetching via tensor learning[C]//Proceedings of 2017 IEEE/ACM 25th International Symposium on Quality of Service. Piscataway: IEEE Press, 2017: 1-6.

[14] SU Z, HUI Y, LUAN T H. Distributed task allocation to enable collaborative autonomous driving with network softwarization[J]. IEEE Journal on Selected Areas in Communications, 2018, 36(10): 2175-2189.

[15] XU D, WANG R, SHI Y Q. Data hiding in encrypted H. 264/AVC video streams by codeword substitution[J]. IEEE Transactions on Information Forensics and Security, 2014, 9(4): 596-606.

[16] MCSHERRY F, MIRONOV I. Differentially private recommender systems: Building privacy into the netflix prize contenders[C]//Proceedings of the 15th ACM SIGKDD International Conference on Knowledge Discovery and Data Mining. Piscataway: IEEE Press, 2009: 627-636.

[17] SU Z, WANG Y, XU Q, et al. A secure charging scheme for electric vehicles with smart communities in energy blockchain[J]. IEEE Internet of Things Journal, 2019, 6(3): 4601-4613.

[18] SHEN H, LI Z, LIN Y, et al. SocialTube: P2P-assisted video sharing in online social networks[J]. IEEE Transactions on Parallel and Distributed Systems, 2014, 25(9): 2428-2440.

[19] MAURI G, GERLA M, BRUNO F, et al. Optimal content prefetching in NDN vehicle-to-infrastructure scenario[J]. IEEE Transactions on Vehicular Technology, 2016, 66(3): 2513-2525.

[20] LIU D, YANG C. A learning-based approach to joint content caching and recommendation at base stations[C]//Proceedings of 2018 IEEE Global Communications Conference. Piscataway: IEEE Press, 2018: 1-7.

[21] DWORK C. Differential privacy: A survey of results[C]//Proceedings of International Conference on Theory and Applications of Models of Computation. Heidelberg: Springer, 2008: 1-19.

[22] DWORK C. Differential privacy[C]//Proceedings of the 33rd International Colloquium on Automata, Languages and Programming. Heidelberg: Springer, 2006.

[23] ZHOU P, ZHOU Y, WU D, et al. Differentially private online learning for cloud-based video recommendation with multimedia big data in social networks[J]. IEEE Transactions on Multimedia, 2016, 18(6): 1217-1229.

[24] ACS G, CONTI M, GASTI P, et al. Privacy-aware caching in information-centric networking[J]. IEEE Transactions on Dependable and Secure Computing, 2019, 16(2): 313-328.

[25] XU C, WANG M, CHEN X, et al. Optimal information centric caching in 5G device-to-device communications[J]. IEEE Transactions on Mobile Computing, 2018, 17(9): 2114-2126.

[26] CHEN X, ZHAO Y, LI Y, et al. Social trust aided D2D communications: Performance bound and implementation mechanism[J]. IEEE Journal on Selected Areas in Communications, 2018, 36(7): 1593-1608.

[27] BOYD S, BOYD S P, VANDENBERGHE L. Convex optimization[M]. Cambridge: Cambridge University Press, 2004.

[28] BERTSEKAS D P. Nonlinear programming[J]. Journal of the Operational Research Society, 1997, 48(3): 334.

[29] SWEENEY L. K-anonymity: A model for protecting privacy[J]. International Journal of Uncertainty, Fuzziness and Knowledge-Based Systems, 2002, 10(5): 557-570.

名词索引

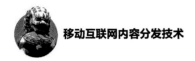

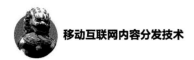